危险化学品安全培训丛书

危险化学品安全经营、储运与使用

（第二版）

王凯全　邵　辉　等编著

中国石化出版社

内 容 提 要

本书介绍了危险化学品安全经营、储运和处置的理论、法律法规和方法，内容包括：危险化学品安全包装、危险化学品安全经营、危险化学品安全储存、危险化学品安全运输、危险化学品安全使用、危险化学品废物安全处置等。

本书可供从事危险化学品包装、经营、储存、运输、使用以及危险化学品废物处理方面的技术人员和管理人员使用，也可作为高等学校安全工程专业师生和相关培训人员的参考书。

图书在版编目（CIP）数据

危险化学品安全经营、储运与使用／王凯全等编著．—2版．—北京：中国石化出版社，2010.1（2015.8重印）
（危险化学品安全培训丛书）
ISBN 978-7-5114-0208-0

Ⅰ.①危… Ⅱ.①王… Ⅲ.①化学品-危险物品管理：安全管理 ②化学品-危险货物运输-安全技术 Ⅳ.①TQ086.5

中国版本图书馆CIP数据核字（2010）第015772号

中国石化出版社出版发行
地址：北京市东城区安定门外大街58号
邮编：100011　电话：(010)84271850
读者服务部电话：(010)84289974
http://www.sinopec-press.com
E-mail:press@sinopec.com
北京富泰印刷有限责任公司印刷
全国各地新华书店经销
*
787×1092毫米16开本16.5印张315千字
2015年8月第2版第4次印刷
定价：32.00元

再版前言

危险化学品非生产性环节，包括危险化学品的包装、经营、储存、运输、使用、废弃等，由于通常不在厂区限定的范围内运行，安全防范措施相对较弱，自然环境复杂多变，与人们的社会生活有更加密切、更加直接的关系，较生产性环节事故多发且事故的危害更大。据统计，在危险化学品的各类非生产性环节发生的事故占全部危险化学品事故的90%以上。因此，加强对危险化学品非生产性环节的安全管理是十分重要的。

危险化学品的非生产性环节物理流程是：作为产品的危险化学品经包装之后，通过经营渠道进入市场，经储存、运输后交付用户使用，最后对废弃物进行处理回收或直接排入自然界。在上述非生产性环节中，始终存在着发生各类安全事故的危险，存在着对人类自身或生存环境的潜在危害。加强对危险化学品非生产性环节的安全管理，就是要辨识、分析危险化学品非生产性环节物理流程上每一节点的危险和有害因素，加强对这些节点的安全管理。

本书依据《危险化学品安全管理条例》及相关法律、法规，按照危险化学品非生产性环节物理流程的逻辑思路，分六章分析危险化学品包装、经营、储存、运输、使用、安全处置等环节的危险性特征，系统介绍了安全管理要点和经验。

“危险化学品安全包装”中，介绍了有关化学品安全标签、危险化学品标志、危险化学品安全技术说明书、危险化学品包装安全管理、危险化学品气体盛装安全管理、危险化学品包装物、容器定点生产管理等相关法律法规的内容。

“危险化学品安全经营”中，分析了危险化学品经营的危险性、介绍了危险化学品经营许可证管理、危险化学品经营企业开工条件和技术要求、危险化学品经营单位管理人员培训与考核管理、危险化学品经营单位安全管理制度等法律法规的内容，对与人们生活关系密切的危险化学品经营领域和经营单位——危险化学品进出口安全管理、加气站、加油站的安全管理特点作了较详细的阐述。

“危险化学品安全储存”中，分析了危险化学品储存的危险性，介绍了危险化学品储存规则、危险化学品储存的消防安全管理、易燃易爆品安全储存、毒害品安全储存、腐蚀性物品安全储存等相关法律法规，对危险化学品库区作业运行安全管理、库区设施安全管理作了较详细的阐述。

“危险化学品安全运输”中，分析了危险化学品运输的危险性，介绍了危险化学品道路运输、铁路运输、水路运输、航空运输、汽车运输以及港口危险化学品货物安全管理等相关法律法规。

“危险化学品安全使用”中，介绍了化学品安全使用公约、危险化学品使用登记制度、危险化学品使用安全管理、危险化学品事故应急管理等相关法律法规，重点对危险化学品使用过程中的安全管理的核心内容——控制程序、危险化学品使用单位的安全检查等作了较详细的阐述。

“危险化学品废物安全处置”中，分析了危险化学品废物及其危害，介绍了危险化学品废物处理法律和技术政策以及危险化学品废物综合治理的主要方法，对危险化学品废物安全储存、安全填埋、安全焚烧、医疗废物的安全处置、危险化学品废气的治理、危险废物经营许可证管理等法规和标准的内容作了重点说明。

编写过程中得到中国石化集团公司安全环保部、江苏工业学院、中国石化出版社同志们的热情关心、帮助和指导，书中参考并引用了大量有关文献和资料，在此表示衷心感谢！

本书自2005年出版之后，读者提出了很多建设性的修改意见；另外，在此期间国家又有一些新的法律法规出台。作者以此为基础对原书稿进行了修订，现呈上，恳请广大读者提出宝贵意见。

目　录

第1章　危险化学品安全包装

包装是指盛装和保护产品的容器。危险化学品包装的作用，首先在于防止被包装物品因接触雨、雪、阳光、潮湿空气和杂质，使物品变质或发生剧烈的化学反应而导致事故；其次是减少被包装物品在储存、运输过程所受到的撞击、摩擦和挤压，使其在包装的保护下处于完整和相对稳定的状态；第三是防止撒、漏、挥发以及性质相抵触的物品直接接触而发生事故；第四是便于装卸、搬运和储存保管，从而安全储存、运输。

两类危险源理论认为，任何事故都是由于两类危险源共同作用的结果。第一类危险源是可能发生意外释放的各种能量或危险物质，第二类危险源是使能量或危险物质的约束、限制措施失效、破坏的原因因素。在储存、运输和经营过程中，危险化学品是第一类危险源，危险化学品的包装物是第二类危险源。危险化学品是难以避免的固有危险因素，防止事故只能从防止包装物的破坏入手。危险品化学品储存、运输和经营中的事故教训也一再说明，由于包装方面的原因而造成的事故占事故总数的绝大部分。因此，在危险化学品的安全监督工作中，必须高度重视包装的安全管理。

《危险化学品安全管理条例》对危险化学品包装安全管理方面的规定是：

第十四条　生产危险化学品的，应当在危险化学品的包装内附有与危险化学品完全一致的化学品安全技术说明书，并在包装(包括外包装件)上加贴或者拴挂与包装内危险化学品完全一致的化学品安全标签。

第二十条　危险化学品的包装必须符合国家法律、法规、规章的规定和国家标准的要求。危险化学品包装的材质、型式、规格、方法和单件质量(重量)，应当与所包装的危险化学品的性质和用途相适应，便于装卸、运输和储存。

第二十一条　危险化学品的包装物、容器，必须由省、自治区、直辖市人民政府经济贸易管理部门审查合格的专业生产企业定点生产，并经国务院质检部门认可的专业检测、检验机构检测、检验合格，方可使用。重复使用的危险化学品包装物、容器在使用前，应当进行检查，并做出记录；检查记录应当至少保存2年。质检部门应当对危险化学品的包装物、容器的产品质量进行定期的或者不定期的检查。

1.1　危险化学品安全标签

危险化学品安全标签是针对在市场上流通的危险化学品而设计、用于警示其接触、使用或处置作业人员的一种信息源，它用简单、明了、易于理解的文字、图形表述有关化学品的危险特性及其安全处置的注意事项。

1.1.1 国外关于化学品安全标签的要求

1.1.1.1 欧共体国家的要求

欧共体国家规定化学危险品的安全标签应给出下列信息：

- 商品名称；
- 危险组分及其浓度；
- 危险性标志；
- 危险性说明和安全使用建议；
- 必要时应提供安全开启包装的方法；
- 生产者、包装或进口者的地址；
- 包装内的净重量。

其中危险性标志的大小尺寸应至少占安全标签面积的1/10，当同时使用两种危险标志时，其总和尺寸也应不少于1/10，且每个标志的最小尺寸为1cm^2。

欧共体国家对化学混合物的安全标签也作了规定，如果混合物具有其组成物质所引起的对应危险作用，则也应在标签上加以标识。其危险性标志所表示的危险程度根据物品中所列的不同组分的危险性累计得出，如果一种混合物可能具有几种危险特性，则在标签上只标明其最大的两种危险性的标志。

包装上安全标签的大小根据包装的体积制订，如表1－1。

表1－1 欧共体包装上安全标签的要求

包装体积 V/L	安全标签的最小尺寸	包装体积 V/L	安全标签的最小尺寸
<0.5	37mm×52mm	$10<V<50$	105mm×148mm
$0.5<V<1$	52mm×74mm		
$1<V<10$	74mm×105mm	$V>50$	148mm×210mm

1.1.1.2 加拿大的要求

加拿大规定不同情况的化学品安全标签的内容，见表1－2。

表1－2 加拿大对化学品安全标签的要求

标签信息	生产企业		实验室	
	容器上的标签		实验室供应商	实验室样品
	容积<100mL	容积>100mL	<10kg	<10kg
化学品名称	✓	✓	✓	✓
供应商名称	✓	✓		✓
提示参阅MSDS	✓	✓	✓	

续表

标签信息	生产企业		实验室	
	容器上的标签		实验室供应商	实验室样品
	容积<100mL	容积>100mL	<10kg	<10kg
危险性标志	✓	✓		
危险性说明		✓	✓	
防护措施		✓	✓	
急救措施		✓	✓	
化学品登记号				✓
应急电话				✓
灭火方法				✓

供应商安全标签的边框必须按 WHMLS 规定，但颜色、大小、形状无特殊规定，只要求标签颜色应和容器颜色具有明显对比。

1.1.1.3　美国的要求

美国国家标准（ANSL 2129. 1—1988）和美国化学品生产者协会（CMA）的“标签和安全技术说明书编制指南”对安全标签的内容规定如下：

- 警示词；
- 危险性说明；
- 安全措施；
- 急救方法；
- 提示参阅 MSDS。

1.1.1.4　新西兰的要求

新西兰的化学危险品的安全标签给出了下列信息：

- 商品名称；
- 化学成分及组成；
- 危险性说明；
- 有害标志；
- 急救；
- 安全注意事项（包括储存、泄漏处理、灭火）；
- 生产企业名称、地址；
- 提示远离儿童。

1.1.1.5　国际化学品使用安全建议书的要求

旨在强化化学品管理、有效预防和控制化学品危害的 170 公约第七条规定化学品应加贴标签，使经营和使用人员在接受或使用时，能加以确定或区分，以便安全地使用。根据 170 公约精神，《化学品使用安全建议书》（174 公约）对于危险化学品的安全标签提出了以下基本要求：

- 商品名称；
- 化学成分及组成；
- 供货人姓名、地址和电话；
- 有害标志；
- 与使用化学品有关的特殊危害的性质；
- 安全预防措施；
- 批号识别；
- 关于提供详细资料的安全技术说明书可从供应商处获得的说明；
- 根据国家标准进行的分类。

1.1.2 我国香港地区关于化学品安全标签的要求

香港参考英国《1984年危险品分类、包装和标签规定》和《国际海运危险品守则》，要求安全标签最少应包括的内容：

- 危险化学品的名称；
- 危险标志；
- 涉及的危险情况；
- 安全措施。

同时对混合物的安全标签作了具体说明：

（1）如果混合物含有一种或多种有毒物质，而且其重量超过1%，该混合物包装上需加贴安全标签，并要列明所有占混合物重量0.2%以上的有毒物质的相关资料。

（2）如果混合物含有一种或多种有害物质，而且其重量超过10%，该混合物包装上需加贴安全标签，并要列明所有占混合物重量1%以上的有毒物质的相关资料。

（3）如果混合物中含有一种或多种危险物质，其比例足以使该混合物成为一种腐蚀性、爆炸性、易燃、刺激性或助燃的物质，则混合物包装上需加贴安全标签，并列明与每一类别最危险的一种物质的有关资料便可。

对不同容积的包装容器，加贴标签的尺寸规定如表1-3。

表1-3 香港对包装物安全标签的要求

包装容器的容积	安全标签的最小尺寸	包装容器的容积	安全标签的最小尺寸
3L或以下	50mm×75mm	超过50L但不超过500L	100mm×150mm
超过3L但不超过50L	75mm×100mm	超过500L	150mm×200mm

并规定安全标记的大小不应小于标签面积的1/10，在任何情况下，不得小

于 1cm²。

1.1.3　我国关于化学品安全标签的要求

我国根据 170 公约精神，颁布了《危险化学品标签编写规定》GB/T 15258—1999，规定安全标签用文字、图形符号和编码的组合形式表示化学品所具有的危险性和安全注意事项。

1.1.3.1　安全标签的内容

(1) 化学品和其主要危害组分标识

① 名称　用中文和英文分别标明化学品的通用名称。名称要求醒目清晰，位于标签的正上方。

② 分子式　用元素符号和数字表示分子中各原子数，居名称的下方。若是混合物此项可略。

③ 化学成分及组成　标出化学品的主要成分和含有的危害组分、浓度或含量。

④ 编号　标明联合国危险货物编号和中国危险货物编号，分别用 UN No. 和 CN No. 表示。

⑤ 标志　标志采用联合国《关于危险货物运输建议书》和 GB 13690—2009《常用危险化学品分类及标志》规定的符号。每种化学品最多可选用两个标志。标志符号居标签右边。

(2) 警示词

根据化学品的危险程度和类别，用“危险”、“警告”、“注意”三个词分别进行危害程度的警示。具体规定见表 1－4。当某种化学品具有两种及两种以上的危险性时，用危险性最大的警示词。警示词位于化学名称下方，要求醒目、清晰。

表 1－4　警示词与危险性类别的对应关系

警示词	化学品危险性类别
危　险	爆炸品，易燃气体，有毒气体，低闪点液体，一级自燃物品，一级遇湿易燃物品，一级氧化剂，有机过氧化物，剧毒品，一级酸性腐蚀品
警　告	不燃气体，中闪点液体，一级易燃固体，二级自燃物品，二级遇湿易燃物品，二级氧化剂，有毒品，二级酸性腐蚀品，一级碱性腐蚀品
注　意	高闪点液体，二级易燃固体，有害品，二级碱性腐蚀品，其他腐蚀品

(3) 危险性概述

简要概述化学品燃烧爆炸危险特性、健康危害和环境危害，居警示词下方。

（4）安全措施

表述化学品在处置、搬运、储存和使用作业中所必须注意的事项和发生意外时简单有效的救护措施等，要求内容简明扼要、重点突出。

（5）灭火

化学品为易(可)燃或助燃物质，应提示有效的灭火剂和禁用的灭火剂以及灭火注意事项。

（6）批号

注明生产日期及生产班次。生产日期用××××年××月××日表示，班次用××表示。

（7）提示向生产销售企业索取安全技术说明书。

（8）生产企业名称、地址、邮编、电话。

（9）应急咨询电话

填写化学品生产企业的应急咨询电话和国家化学事故应急咨询电话。

1.1.3.2　制作

（1）编写

标签正文应简捷、明了、易于理解，要采用规范的汉字表述，也可以同时使用少数民族文字或外文，但意义必须与汉字相对应，字形应小于汉字。相同的含义应用相同的文字和图形表示。具体参照附录 A、附录 B 所提供的短语进行编写。当某种化学品有新的信息发现时，标签应及时修订、更改。

（2）颜色

标签内标志的颜色按 GB 13690—2009 规定执行，正文应使用与底色反差明显的颜色，一般采用黑白色。

（3）印刷

标签的边缘要加一个边框，边框外应留大于 3mm 的空白。标签的印刷应清晰，所使用的印刷材料和胶黏材料应具有耐用性和防水性。安全标签可单独印刷，也可与其他标签合并印刷，样例见图 1－1。

1.1.3.3　标签的使用

（1）标签的使用方法

标签应粘贴、挂拴、喷印在化学品包装或容器的明显位置。多层包装运输，原则上要求内外包装都应加贴(挂)安全标签，但若外包装上已加贴安全标签，内包装是外包装的衬里，内包装上可免贴安全标签；外包装为透明物，内包装的安全标签可清楚的透过外包装，外包装可免加标签。

（2）标签的位置

标签的位置规定如下：

桶、瓶形包装：位于桶、瓶侧身；

箱状包装：位于包装端面或侧面明显处；

袋、捆包装：位于包装明显处；

集装箱、成组货物：粘贴于四个侧面。

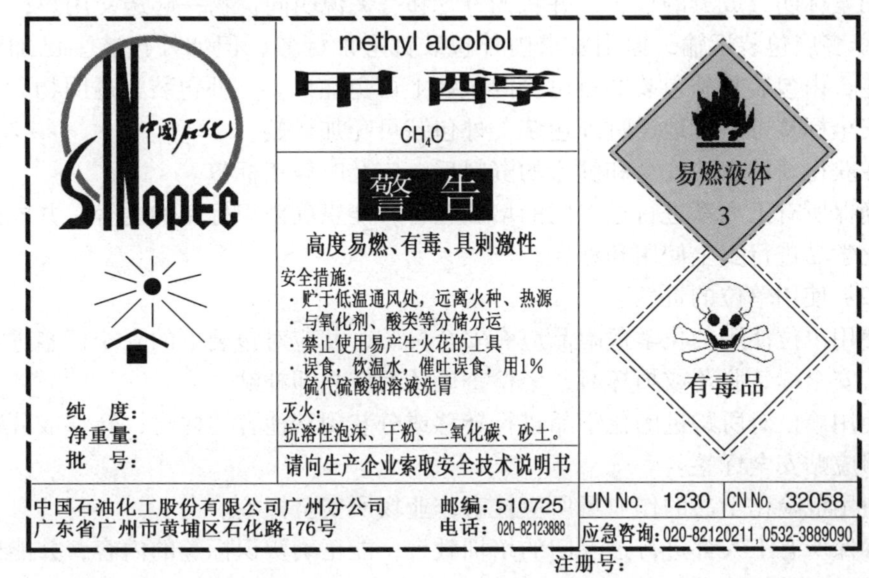

图1-1　化学品安全标签的样例

(3) 使用注意事项

① 标签的粘贴、挂拴、喷印应牢固，保证在运输、储存期间不脱落，不损坏。

② 标签应由生产企业在货物出厂前粘贴、挂拴、喷印。若要改换包装，则由改换包装单位重新粘贴、挂拴、喷印标签。

③ 盛装危险化学品的容器或包装，在经过处理并确认其危险性完全消除之后，方可撕下标签，否则不能撕下相应的标签。

(4) 与工商标签和运输标志的合用

由于安全标签只是法规要求的标签之一。产品出售还需有工商标签、运输还需有铁路和公路等要求的运输标志。为使安全标签和工商标签、运输标志之间减少冲突，协调一致，降低企业的成本，可以将三种标签融为一体，形成一个整体。

三种标签合并印刷时，要注意三个标准的内容、设计和颜色等方面的协调一致。参照国际运输要求，可将安全标签所要求的UN编号和CN编号与运输标志合并。

1.1.3.4　标签有关方的责任

(1) 生产企业的责任

生产企业必须确保本企业生产的危险化学品在出厂时加贴符合国家标准的安

全标签到所有危险化学品的包装上，下列几种情况可以例外：

① 化学品出口，可按进口国有关标签要求执行；

② 大批量散运，在这种情况下，装有危险化学品的容器至少应以适当的语言或图案标明其成分的危害，并将 MSDS 和有关说明同货物一起送交用户；

③ 多层包装运输，原则要求内外包装都应加标签，但如外包装上已加贴安全标签，内包装是外包装的衬里，内包装上可免加标签；外包装为透明物，内包装的安全标签可清楚地透过外包装，外包装可免加标签。

在获得新的有关安全和健康的资料后，应及时修正标签。

确保所有工人都进行过专门的培训教育，能正确辨识标签的内容，并能按内容对化学品进行安全使用和处置。

（2）使用单位的责任

使用单位使用的化学危险品应有安全标签，并应对包装上的安全标签进行核对。若安全标签脱落或损坏时，经检查确认后应立即补贴。

使用单位对所购进的化学品进行转移或分装到其他容器内时，转移或分装后的容器应贴安全标签。

使用危险化学品的作业场所应挂有作业场所安全标签。

确保所有工人都进行过专门的培训教育，能正确辨识标签的内容，并能按内容对化学品进行安全使用和处置。

（3）经销、运输单位的责任

经销单位经销的危险化学品必须具有安全标签。

进口的危险化学品必须具有符合我国标签标准的中文安全标签。

运输单位对无安全标签的危险品一律不能承运。

1.2 化学品安全说明书

充分了解危险化学品性能信息，是危险化学品管理最经济和有效的途径。国际上通常将物质安全说明书（Material Safety Data Sheet——MSDS）用于对化学品物质进行安全性能的描述和说明，因此将化学品安全说明书也称为 MSDS。MSDS 和产品的技术标准一样，在化学品的对外贸易中，是供货方通常都要提供的技术文件，并且是处理货物在包装、储藏、运输、保管、使用中发生问题而产生纠纷的书面依据。我国将化学品安全技术说明书用英文 Chemical Product Safety Data Sheet 表示，简称 CSDS。

化学品安全说明书是了解危险化学品性能，有针对性地采取安全防范预防事故和正确有效地应急救援措施的必备文件。要求化学品供应商提供的一种技术服务，已在国际上形成共识。国际劳工组织于 1990 年制定的《作业场所安全使用化学品公约》对化学品安全技术说明书的内容和各国应尽的义务做了具体规定。国际标准化组织于1994年制定的国际标准《化学品安全信息卡》，对化学品安全信息卡的内容进行了规范。为推动我国建立化学品安全技术说明书制度，我国于1996年制订了国家标准《危险化学品安全技术说明书编写规定》(GB 16483—1996)，并于2000年进行了修订(GB 16483—2000)。

1.2.1　化学品安全说明书(MSDS)概述

1.2.1.1　化学品安全说明书的作用

化学品安全技术说明书的主要作用体现在：

(1) 是作业人员安全使用化学品的指导性文件；

(2) 是企业进行职工安全培训教育的可靠教材；

(3) 是企业进行危害控制和预防措施设计的技术依据；

(4) 为危险化学品安全生产、使用、储存和处置提供服务。

国内化工企业要融入全球经济，参与国际竞争，必须熟悉、掌握与国际接轨的法律化、规范化的化学品安全说明书(MSDS)、化学品安全注意事项商标警语(Warning Label)。MSDS和Warning Label涉及有关法律、法规、标准(包括书写内容、格式等)条文，是一门规范、系统、严谨，集法规、技术知识(化学、生物、环境、毒理、危险化学评估、审核、职业健康等)为一体的重要规范程序。

由于在化学品的生产、经营、储运、销售、使用等环节都涉及其安全特性、毒性评估、审核、职业健康、生态环境等问题，因此国外很多地方都将MSDS规范的编制和应用作为企业安全、职业健康和环境科学管理的重要内容。尤其是进入美国、加拿大市场的所有化学品，必须附有MSDS，同时还要提供符合其法律要求的商标警语。但国内不少企业在编制MSDS时不够规范或不符合所出口国的法律规范要求，往往贻误商机，甚至遭到法律诉讼，从而造成重大损失。同时，中国境内的外资企业在我国境内购买化学品时，也要求附有MSDS。因此，MSDS已经成为化学品销售特别是出口的重要通行证。

1.2.1.2　化学品安全说明书的获取

(1) MSDS中国化资料的获取

目前，国内企业化学产品出口提供的MSDS有两种不恰当的方法：一是从国外大公司网站寻找同样化学品的MSDS，将其抄袭过来；还有一种方法，就是向国外生产厂家购买少量同类产品的样品，这样对方会提供相应的MSDS，然后把它改成自己产品的MSDS。但是，一方面由于产品所销往使用的国家或地区不一样，有关化学产品安全性管理的法律法规不一样，对产品MSDS的要求自然不一样；另一方面，由于不同厂家生产的产品副产物以及其含量不一样，正规编写的MSDS会有很大的差别。这样的抄袭，不仅对产品下游使用者不负责任，还会引起可怕的法律纠纷，损害自身的形象和利益。

为促进中国化工产品顺利进入国际化工市场，提高产品的国际竞争力，从目前国内出口化学品价格的恶性竞争，提高到企业品牌与产品规范的良性竞争，必须实施 MSDS 中国化。2002 年底，中国石油和化工网与美国化学咨询中心签订了中国区总代理协议，成为其全球化学品法律文件检索数据库 LOLI 的中国区总代理。并且与其合作，为国内企业化学品编写适应进口国要求、具备国际水准的 MSDS。

由周国泰主编，化学工业出版社出版的《危险化学品安全技术全书》，是依据国际标准 ISO11014《化学品安全信息卡》规定的数据模式，结合国内实际和需要编写的。该书经有关专家和部门审查，内容全面，包括了我国目前认定的 1000 种危险化学品，企业可以按照该书编写危险化学品安全技术说明书。

（2）MSDS 互联网获取

近几年来，在互联网上提供化学品 MSDS 服务的网站和网页日渐增多，其中绝大部分是提供免费服务的。主要有：

① http：//hazard. com/msds 美国安全信息资源公司（SIRI）的 MSDS 索引。这是一个全面提供有关 MSDS 服务的站点，可从企业名称、产品名称等途径检索，并下载检索到的 MSDS 的全文。

② http：//www. camd. lsu. edu/msds/jssearch. htm CAMD。这是美国路易斯安那州立大学的一个可进行 MSDS 检索的站点。

③ http：//bluebooktor. com/free b. asp。C & P 出版公司主办的可免费下载 MSDS 文件的站点。

④ http：//www . msdsprovid. net/。由各化学品生产厂商组织起来的专门提供 MSDS 服务的站点。

⑤ http：//physchom. ox. ac. uk/MSDS/peroxides. html。该站点专门提供在存储时能形成过氧化物的各种化学品的 MSDS 文件。

⑥ http：//www. igin. com/chemicals/chemgreen. html。绿色化学网络：仅提供某些杀虫剂的 MSDS 文件。

⑦ http：//www. hc－sc. gc. ca/hpb/lcdc/biosafty/msds。加拿大卫生与安全署主办的提供一些常用物质 MSDS 文件的站点。

⑧ http：//www. vwrsp. com/information/reference/hazsign/index. html。在该站点可查到有关各种危险标志和易燃、易爆品界定的材料信息。

⑨ http：//www. epa. gov/enviro/html/emci/chemref/index. html。该网页提供受美国环境保护署监控的化学品的一览表。

⑩ http：//www. mcs. com/~meridian/msds. html。该站点提供接受用户委托，为用户撰写特定化学品的 MSDS 文件的服务。

⑪ http：//www. hhmi. org/science/labsafe/lcss/listing. htm#html。美国的 Howard Hughs 医药研究所，提供实验室化学品安全数据。

⑫ http：//www. hcc. com/eocontents. htm。乙烯氧化物用户指南。

⑬ http：//ntp – db. niehs. nih. gov/Main pages/chem. – Hs. html。美国国立医学图书馆专门提供化学安全数据的网页。

⑭ http：//pharminfo. com/drugdb/db mnu . html。美国“医药信息网”的药品数据库。

⑮ http：//mail. odsnet. com/TRIFacts/。美国环保署的毒性物质数据页。

⑯ http：//ace. ace. orst. edu/info/extoxnet/pips/ghindex. html。农药信息文档：多家美国大学共同执行的信息工作项目，资料非常丰富。

⑰ http：//www. wco. com/˜jray/pyro/safety/msds。John Ray 的个人主页，主要提供烟花爆竹化学品的 MSDS。

⑱ http：//www. raccosafety. com. br/msds. htm。西班牙和葡萄牙的 MSDS 服务站点。

⑲ http：//www. eidos. it/omaggio/msds. htm ECDIN。意大利的 MSDS 服务站点。

⑳ http：//ecologia. nier. org/russkois/usrguide/msdsterm. html。俄罗斯 MSDS 服务站点。

㉑ http：//ulisse. etoit. Eudra. org/Ecdin/Ecdin. html ECDIN。国际化学品数据与信息网络。

此外，美国有些大学的站点还给出世界各地更多的提供 MSDS 服务的站点目录，如：

① http：//www. chelm. uky. edu/resources/msds . html。Kentucky 大学提供的 MSDS 站点列表。

② http：//www. phys. ksu. edu/¯tipping/msds. html。Kansas 州立大学提供的 MSDS 站点列表。

③ http：//www. astate. edu/docs/admin/es/index materialsaf. html。Arkansas 州立大学提供的 MSDS 站点列表。

1.2.2　我国的化学品安全技术说明书制度

为使我国化学品安全技术说明书编写格式和内容尽可能与国际标准一致，以尽快适应国际贸易、技术和经济交流的需要，我国国家标准 GB 16483—2000《危险化学品安全技术说明书编写规定》依据国际 ISO 11014—1 标准对原 GB 16483—1996 进行了修正，保留了其中实践证明适合我国国情又不影响国际标准内容的条款，将燃烧爆炸危险特性和毒性及健康危害作了适当调整，对安全、环境保护等方面作了必要的补充。

我国将化学品安全技术说明书用英文 Chemical Product Safety Data Sheet 表示，简称 CSDS。

1.2.2.1 化学品安全技术说明书的内容

《编写规定》包括了国际标准 16 项的内容，分别为：化学产品及标识；成分、组分信息；危险性概述；急救措施；燃爆特性及消防措施；泄漏应急处理；操作处置和储存；防护措施；理化特性；稳定性和反应活性；毒理学信息；环境资料；废弃；运输信息；法规信息；其他信息。

(1) 化学品及企业标识。

(2) 成分/组成信息：

标明该化学品是纯化学品还是混合物。纯化学品，应给出其化学品名称或商品名和通用名。混合物，应给出危害性组分的浓度或浓度范围。无论是纯化学品还是混合物，如果其中包含有害性组分，则应给出化学文摘索引登记号（CAS 号）。

(3) 危险性概述：

简要概述本化学品最重要的危害和效应，主要包括：危害类别、侵入途径、健康危害、环境危害、燃爆危险等信息。

(4) 急救措施：

指作业人员意外的受到伤害时，所需采取的现场自救或互救的简要处理方法，包括：眼睛接触、皮肤接触、吸入、食入的急救措施。

(5) 消防主要表示化学品的物理和化学特殊危险性，适合灭火介质，不合适的灭火介质以及消防人员个体防护等方面的信息，包括：危险特性、灭火介质和方法，灭火注意事项等。

(6) 泄漏应急处理：

指化学品泄漏后现场可采用的简单有效的应急措施、注意事项和消除方法，包括：应急行动、应急人员防护、环保措施、消除方法等内容。

(7) 操作处置与储存：

主要是指化学品操作处置和安全储存方面的信息资料，包括：操作处置作业中的安全注意事项、安全储存条件和注意事项。

(8) 接触控制/个体防护措施：在生产、操作处置、搬运和使用化学品的作业过程中，为保护作业人员免受化学品危害而采取的防护方法和手段。包括：最高容许浓度、工程控制、呼吸系统防护、眼睛防护、身体防护、手防护、其他防护要求。

(9) 理化特性：

主要描述化学品的外观及理化性质等方面的信息，包括：外观与性状、pH

值、沸点、熔点、相对密度(水 =1)、相对蒸气密度(空气 =1)、饱和蒸气压、燃烧热、临界温度、临界压力、辛醇/水分配系数、闪点、引燃温度、爆炸极限、溶解性、主要用途和其他一些特殊理化性质。

(10) 稳定性和反应性:

主要叙述化学品的稳定性和反应活性方面的信息，包括：稳定性、禁配物、应避免接触的条件、聚合危害、分解产物。

(11) 毒理学资料。

(12) 生态学资料。

(13) 废弃处置。

(14) 运输信息:

主要是指国内、国际化学品包装、运输的要求及运输规定的分类和编号。

(15) 法规信息。

(16) 其他信息。

1.2.2.2 化学品安全技术说明书的编写和使用

(1) 编写要求

安全技术说明书规定的 16 大项内容在编写时不能随意删除或合并，其顺序不可随便变更。各项目填写的要求、边界和层次，按“填写指南”进行。其中 16 大项为必须填，而每个小项可有三种选择，标明[A]项者，为必须填；标明[B]项者，此项若无数据，应写明无数据原因(如无资料、无意义)；标明[C]项者，若无数据，此项可略。

安全技术说明书的正文应采用简捷、明了、通俗易懂的规范汉字表述。数字资料要准确可靠，系统全面。

安全技术说明书的内容，从该化学品的制作之日算起，每五年更新一次，若发现新的危害性，在有关信息发布后的半年内，生产企业必须对安全技术说明书的内容进行修订。

(2) 种类

安全技术说明书采用“一个品种一卡”的方式编写，同类物、同系物的技术说明书不能互相替代；混合物要填写有害性组分及其含量范围。所填数据应是可靠和有依据的。一种化学品具有一种以上的危害性时，要综合表述其主、次危害性以及急救、防护措施。

(3) 使用

安全技术说明书由化学品的生产供应企业编印，在交付商品时提供给用户，作为为用户的一种服务随商品在市场上流通。

化学品的用户在接收使用化学品时，要认真阅读技术说明书，了解和掌握化学品的危险性，并根据使用的情形制订安全操作规程，选用合适的防护器具，培训作业人员。

(4)资料的可靠性

安全技术说明书的数值和资料要准确可靠，选用的参考资料要有权威性，必要时可咨询省级以上职业安全卫生专门机构。

1.2.2.3 化学品安全技术说明书范例

化学品安全技术说明书

第一部分 化学品及企业标识

化学品中文名称：苯

化学品俗名或商品名：

化学品英文名称：Benzene

企业名称：×××

地址：×××

邮编：×××

电子地址邮件：×××××

传真号码：(国家或地区代码)(区号)(电话号码)×××

企业应急电话：(国家或地区代码)(区号)(电话号码)×××

技术说明书编码：

生效日期： 年 月 日

国家应急电话：

第二部分 成分/组成信息

化学品名称：苯

有害物成分	含量	CAS No.
苯	100%	71－43－2

第三部分 危险性概述

危险性类别：第3.2类 中闪点易燃液体

侵入途径：吸入 食入 经皮吸收

健康危害：高浓度苯对中枢神经系统具麻醉作用，可引起急性中毒并强烈地作用于中枢神经很快引起痉挛；长期接触高浓度苯对造血系统有损害，引起慢性中毒。对皮肤、粘膜有刺激、致敏作用。可引起出血性白血病。

环境危害：该物质对环境有危害，应特别注意对水体的污染。

燃爆危险：易燃，其蒸气与空气可形成爆炸性混合物，遇明火、高热有燃烧爆炸危险。

第四部分　急救措施

皮肤接触：脱去污染的衣着，用肥皂水及清水彻底冲洗皮肤。

眼睛接触：立即翻开上下眼睑，用流动清水或生理盐水冲洗至少15min，就医。

吸　入：迅速脱离现场至空气新鲜处。保持呼吸道通畅。呼吸困难时给输氧。如呼吸及心跳停止，立即进行人工呼吸和心脏按摩术。就医。忌用肾上腺素。

食　入：饮足量温水，催吐，就医。

第五部分　消防措施

危险特性：其蒸气与空气形成爆炸性混合物，遇明火、高热能引起燃烧爆炸。与氧化剂能发生强烈反应。其蒸气比空气重，能在较低处扩散到相当远的地方，遇火源引着回燃。若遇高热，容器内压增大，有开裂和爆炸的危险。流速过快，容易产生和积聚静电。

有害燃烧产物：CO。

灭火方法及灭火剂：可用泡沫、二氧化碳、干粉、砂土扑救，用水灭火无效。

第六部分　泄漏应急处理

应急处理：切断火源。迅速撤离泄漏污染区人员至安全地带，并进行隔离，严格限制出入。建议应急处理人员戴自给正压式呼吸器，穿防毒服。尽可能切断泄漏源。防止进入下水道、排洪沟等限制性空间。小量泄漏：尽可能将溢漏液收集在密闭容器内，用砂土、活性炭或其他惰性材料吸收残液，也可以用不燃性分散剂制成的乳液刷洗，洗液稀释后放入废水系统。大量泄漏：构筑围堤或挖坑收容。用泡沫覆盖，降低蒸气灾害。喷雾状水冷却和稀释蒸气、保护现场人员。用防爆泵转移至槽车或专用收集器内，回收或运至废物处理所处理。

第七部分　操作处置与储存

操作注意事项：密闭操作，加强通风。操作人员必须经过专门培训，严格遵守操作规程。建议操作人员佩戴自吸过滤式防毒面具(半面罩)，戴化学安全防护眼镜，穿防毒物渗透工作服，戴橡胶耐油手套。远离火种、热源，工作场所严禁吸烟。使用防爆型的通风系统和设备。防止蒸气泄漏到工作场所空气中。避免与氧化剂接触。灌装时应注意流速(不超过5m/s)，且有接地装置，防止静电积聚。搬运时要轻装轻卸，防止包装及容器损坏。配备相应品种和数量的消防器材及泄漏应急处理设备。倒空的容器可能残留有害物。

储存注意事项：储存于阴凉、通风库房。远离火种、热源。仓温不宜超过30℃。保持容器密封。应与氧化剂、食用化学品分开存放，切忌混储。采用防爆型照明、通风设施。禁止使用易生产火花的机械设备和工具。储区应备有泄漏应急处理设备和合适的收容材料。

第八部分 接触控制/个体防护

最高容许浓度：中国(MAC)40mg/m^3[皮]。

监测方法：气相色谱法。

工程控制：生产过程密闭，加强通风。

呼吸系统防护：空气中浓度超标时，建议佩戴过滤式防毒面具(半面罩)。紧急事态抢救或撤离时，应该佩戴空气呼吸器或氧气呼吸器。

眼睛防护：戴化学安全防护眼镜。

身体防护：穿防毒物渗透工作服。

手防护：戴橡胶耐油手套。

其他防护：工作现场禁止吸烟、进食和饮水。工作前避免饮用酒精性饮料。工作后，淋浴更衣。进行就业前和定期体检。

第九部分 理化特性

外观与性状：无色透明液体，有强烈芳香味。

熔点(℃)：5.5　相对密度(水=1)：0.88

沸点(℃)：80.1　相对蒸气密度(空气=1)：2.77

饱和蒸气压(kPa)：13.33/26.1℃　燃烧热(kJ/mol)：3264.4

临界温度(℃)：289.5　临界压力(MPa)：4.92

辛醇/水分配系数的对数值：2.15

闪点(℃)：-11　爆炸上限%(*V/V*)：8

引燃温度(℃)：562　爆炸下限%(*V/V*)：1.2

溶解性：微溶于水、可与醇、醚、丙酮、二硫化碳、四氯化碳、醋酸等混溶。

主要用途：用作溶剂及合成苯的衍生物，如香料、染料、塑料、医药、炸药、橡胶等。

第十部分 稳定性和反应活性

稳定性：稳定

禁配物：强氧化剂。

避免接触的条件：明火、高热。

聚合危害：不能发生。

分解产物：一氧化碳、二氧化碳。

第十一部分　毒理学资料

急性毒性：LD_{50} 3306mg/kg（大鼠经口）；48mg/kg（小鼠经皮）LC_{50} 31900 mg/m^3，7小时（大鼠吸入）。

急性中毒：轻者有头痛、头晕、恶心、呕吐、轻度兴奋、步态蹒跚等酒醉状态；严重者发生昏迷、抽搐、血压下降，以致呼吸和循环衰竭而死亡。

慢性中毒：主要表现有神经衰弱综合征；造成系统改变：白细胞、血小板减少，重者出现再生障碍性贫血；少数病例在慢性中毒后可发生白血病（以急性粒细胞性为多见）。皮肤损害有脱脂、干燥、皲裂、皮炎。可致月经量增多与经期延长。

刺激性：a）家兔经眼2/24小时，重度刺激；b）家兔经皮500/24小时，中度刺激。

亚急性和慢性毒性：家兔吸入10，数天到几周，引起白细胞减少，淋巴细胞百分比相对增加。慢性中毒动物造血系统改变，严重者骨髓再生不良。

致突变性：a）DNA抑制 人白细胞2200mmol/L；b）姊妹染色单体交换：人淋巴细胞200mmol/L。

致畸性：大鼠吸收最低中毒浓度（TCL_0）150ppm 24小时（孕7～14天，）引起植入后死亡率增加和骨髓肌肉异常。

致癌性：国际癌症研究中心（IARC）已确认为致癌物。

第十二部分　生态学资料

生态毒理毒性：LC_{100} 12.8mmol/（L·24h）（梨形四膜虫）；

LC_{50} 27ppm/96h（小长臂虾）；LC_{50} 20ppm/96h（褐虾）；

LC_{50} 108ppm/96h（黄道蟹的蚤状幼蟹）；

LC_{50} 12mg/（L·1h）（一年欧鳟）；LC_{50} 63ppm/14d（虹鳟）；

LC_{50} 5.8－10.9ppm/96h（条纹石鲲）；

LC_{50} 370mg/（L·48h）（孵化后3～4周的墨西哥蝾螈）；

90mg/（L·148h）（孵化后3～4周的滑抓蟾）；

LD50 46mg/（L·24h）（金鱼）；60mg/（L·2h）（兰鳃太阳鱼）；

TLm 66～21mg/（L·24h），48h（海虾）；

TLm 35.5～33.5mg/（L·24h），96h软水，24.4～32mg/（L·24h），96h硬水软口鲦）；

TLm 22.5mg/（L·24h），96h，软水（蓝鳃太阳鱼）；

TLm 34.4 mg/(L·24h)，96h，软水(金鱼)；

TLm 36.6 mg/(L·24h)，96h，软水(虹鳟)；

TLm 395 mg/(L·24h)，96h(食蚊鱼)。

生物降解性：初始浓度为20ppm时，1、5和10周内分别降解24%、44%、47%(在棕壤中)；低浓度下，6～14天去除率为44%～100%(在污水处理厂)。

非生物降解性：光解半衰期为13.5(计算)或17天(实验)。

生物富集或生物积累性：BFC：日本鳗鲡3.5；大西洋鲱4.4；金鱼4.3。

注：ppm指对气态物质，通常用100万分的空气容积中某一种物质所占的容积分数(ppm)表示。对溶液浓度常用100万分的溶剂中某一种物质所占溶液的分数(ppm)表示。尽管ppm单位已经废止，但在国外文献中应用仍较普遍，为操作方便，在本标准中涉及到的ppm单位予以保留。

第十三部分　废弃处置

废弃物性质：危险废物

废弃处置方法：用控制焚烧法处理

第十四部分　运输信息

危险货物编号：32050

UN编号：1114

包装标志：易燃

包装类别：Ⅱ

包装方法：小开口钢桶；螺纹口玻璃瓶、塑料瓶或金属桶(罐)外普通木箱。

运输注意事项：夏季应早晚运输，防止日光曝晒。运输按规定路线行使。

第十五部分　法规信息

化学危险物品安全管理条例(1987年2月17日国务院发布)，针对化学危险品的安全生产、使用、储存、运输、装卸等方面均作了相应规定。

《常用危险化学品的分类及标志》(GB 13690—92)，将其划为第3.2类中闪点易燃液体。

第十六部分　其他信息

参考文献：

1. 周国泰，化学危险品安全技术全书. 北京：化学工业出版社，1997

2. 国家环保局有毒化学品管理办公室、北京化工研究院合编. 化学品毒性法规环境数据手册，北京：中国环境科学出版社. 1992

1.3　危险化学品包装安全管理

由于包装伴随危险品从出厂销售到经营、运输以至使用的全过程，经历的环境和状态十分复杂，因而对包装的安全管理是减少各类事故的关键环节。包装安全管理的要点是：根据危险化学品的性能采取合适的包装物；采取正确的包装标志和标记；根据可能的影响因素采取有效的管理措施；进行必要的强度实验等。

1.3.1　危险化学品包装的分类

危险化学品品种繁多，性能、外形、结构等各有差别，在流通中的实际需要不尽相同，对包装的要求也不同，因而包装的分类方法也有区别。

(1) 按流通中的作用分类

① 内包装　指和物品一起配装才能保证物品出厂的小型包装容器。如火柴盒、打火机用丁烷气筒等，是随同物品一起售于消费者的。

② 中包装　指在物品的内包装之外，再加一层或二层包装物的包装。如二十盒火柴集成的方形纸盒等，很多也随同物品一起售于消费者的。

③ 外包装　指比内包装、中包装的体积大很多的包装容器。由于在流通过程中主要用来保护物品的安全，方便装卸、运输、储存。所以外包装又称为运输包装或储运包装。如成箱的爆炸品，爆炸专用箱等。

(2) 按用途分类

① 专用包装　指只能用于某一种物品的包装。如易挥发和易燃的汽油再用密封的铁桶包装；

② 调用包装　指适宜盛装多种物品的包装，如水箱、麻袋、玻璃瓶等。

(3) 按制作形式分类

① 桶　指直立圆形的容器。桶按其材质还分可为：铁(钢)桶、纤维板桶、铝捅、胶合板桶、塑料桶、木琵琶桶等。

② 箱　指矩形体的容器。箱按包装材质还可分为：铁皮箱、木箱、胶合板箱、再生木箱、纤维板箱、塑料箱等。

③ 袋　指用软材料制(织)成的有口容器，袋按材质还可分为：纺织品袋(麻袋、棉袋)、塑料编织袋、塑料薄膜袋、纸袋等。

④ 瓶、坛　瓶是指腹大、颈长而口小的容器，如各种玻璃瓶、塑料瓶等；坛是指用陶土制成的容器，如酒坛、醋坛等。

(4) 按制作方式分类

① 单一包装　指没有内外包装之分，只用一种材质制作的独立包袋。这种包装主要是专业包装，如汽油桶等。

② 组合包装　指由一个以上内包装合装在一个外包装内组成的一个整体的包装。如乙醇玻璃瓶用木箱为外包装组合的包装；

③ 复合包装指由一个外包装和一个内容器组成一个整体的包装。这种包装经过组装，即保持为独立的完整包装。如内包装为塑料容器，外包装为钢桶而组成一个整体的包装即属复合包装。

（5）按包装的结构强度和防护性能及内装物品的危险程度分类

各种危险化学品包装，除了爆炸品、压缩气体和液化气体、感染性物品的包装另有专门的规定外，其余均按包装的结构强度和防护性能及内装物品危险性的大小分为3级：

Ⅰ级包装　指符合各项试验要求的适用于内装具有较大危险性的危险化学品的包装；

Ⅱ级包装　指符合各项试验要求的适用于内装具有中等危险性的危险化学品的包装；

Ⅲ级包装　指符合各项试验要求的适用于内装具有较小危险性的危险化学品的包装。

1.3.2　危险化学品包装的标记与标志

为了加强对危险化学品包装的管理，便于在装卸、搬运以及监督检查中，识别危险品的包装方法、包装材料及内、外包装的组合方式，国家对危险品包装规定了统一的标记代号和标志。

1.3.2.1　危险化学品包装的标记

（1）危险化学品包装级别的表示

危险化学品包装级别的代号用小写英文字母表示；

x——表示该包装符合Ⅰ、Ⅱ、Ⅲ级包装的要求；

y——表示该包装符合Ⅱ、Ⅲ级包装的要求；

z——表示该包装符合Ⅲ级包装的要求。

（2）危险化学品包装容器和包装材质的表示

危险品包装容器用阿拉伯数字表示，包装容器的材质用大写英文字母表示，见表1-6、表1-7。

表1-6　包装形式的数字表示

表示数字	包装形式	表示数字	包装形式
1	桶	6	复合包装
2	木琵琶桶	7	压力容器
3	罐	8	筐、篓
4	箱、盒	9	瓶、坛
5	袋、软管		

表1-7 包装材质的字母表示

表示数字	包装形式	表示数字	包装形式
A	钢	H	塑料材料
B	铝	L	编织材料
C	天然木	M	多层纸
D	胶合板	N	金属(除铜、铝外)
E	再生木板(锯末板)	P	玻璃、陶瓷、粗瓷
F	硬质纤维板(瓦楞纸板、硬纸板、钙塑板)	K	柳条、荆条、藤条及竹篾
G			

(3) 包装件组合类型的表示

包装件的组合类型有单一包装、组合包装和复合包装3种，所以其表示方法也依包装的组合类型而定。

单一包装的包装型号是由1个阿拉伯数字和1个英文字母组成，前者表示包装型式，后者表示包装材质。如：1A是指钢桶包装；1B是指铝桶包装；2C是指木琵琶桶包装；4C是指木箱包装。

单一包装还在型号的右下角增加1个阿拉伯数字，表示同一类型包装(容器不同开口的型号)。如1A，是指小开口钢桶(指桶顶开口直径不大于70mm的桶)；$1A_2$是指中开口钢桶(指桶顶开口直径大于小开口桶，小于全开口桶的桶)；$1A_2$是指全开口钢桶(桶顶可以全开的桶)。

组合包装型号由若干组数码组成，从左至右分别表示外包装和内包装，多层包装以此类推。每组数码由1个阿拉伯数字和1个大写英文字母组成。顺序与单一包装相同。例如：4C7P是指外包装为木箱、内包装为玻璃瓶的组合包装。

复合包装的包装型号是由一个表示复合包装的阿拉伯数字6和一组表示包装材质和包装型式的数码组成。这组符号为两个大写英文字母和一个阿拉伯数字表示；第一个英文字母表示内包装的材质；第二个英文字母表示外包装的材质；最后一个(右边)阿拉伯数字表示包装型式。如：$6HA_1$——指内包装为塑料容器，外包装为钢桶的复合包装；$6BA_3$——指内包装为铝容器，外包装为钢罐的复合包装。

(4) 包装标记项目的标示

为使各种类型的包装能够让人们正确的识别，对符合国家标准要求的危险品包装，应当在其外表标注持久清晰的标记。

危险品包装的标记项目有以下11项。

① 包装符号指国家或部颁的标准号，如GB——指符合国家标准；JT——指包装符合交通部部颁标准。

② 包装型号。

③ 相对密度对拟装液体的包装，如采用相对密度不大于1.2时，标记可以省略。

④ 货物质量(即重量)如为内装固体的包装，其最大总重以“kg”表示。

⑤ 包装级别　对包装级别可用下列符号表示；

X——用于Ⅰ级包装；.

Y——用于Ⅱ级包装；

Z——用于Ⅲ级包装。

⑥ 试验压力　如系内装液体的包装，其液压试验的压力以“kPa”表示。

⑦ 固体代号　对拟装固体的包装，用“S”表示。

⑧ 制造年份　只需标明年份的后两位数，对塑料桶和塑料罐还应标明生产月份。

⑨ 生产国别　如中国用CHN表示。

⑩ 生产厂代号。

⑪ 修复包装应标明修复的年份和符号“R”。

1.3.2.2　危险化学品包装的标志

为了保证危险品储存和运输的安全，使办理储存、运输、经营的人员在进行作业时提高警惕，以防发生危险和一旦发生事故时，便于消防人员能及时采取正确的措施进行。对危险品的包装必须具备国家统一规定的“危险货物包装标志”。

我国规定的各种危险货物的包装标志(GB 190—1990)是参照联合国、国际海事组织、国际铁路合作组织和国际民航组织的有关危险货物运输规则制订的，国家标准局于1990年12月25日发布。

(1) 标志的图形及名称

危险品包装的图形共有21种，19个名称。其图形分别标示了9类危险物品的主要特性。见表1－8。

表1－8　危险品包装的图形

标志号	标志名称	标志图形	对应的危险货物类项号	标志号	标志名称	标志图形	对应的危险货物类项号
标志1	爆炸品	1.5 爆炸品 1 (符号:黑色,底色:橙红色)	1.1 1.2 1.3	标志2	爆炸品	1.4 爆炸品 1 (符号:黑色,底色:橙红色)	1.4

续表

标志号	标志名称	标志图形	对应的危险货物类项号	标志号	标志名称	标志图形	对应的危险货物类项号
标志3	爆炸品	1.5 爆炸品 1（符号：黑色，底色：橙红色）	1.5	标志8	易燃固体	易燃固体 4（符号：黑色，底色：白色红条）	4.1
标志4	易燃气体	易燃气体 2（符号：黑色或白色，底色：正红色）	2.1	标志9	自燃物品	自然物品 4（符号：黑色，底色：上白下红）	4.2
标志5	不燃气体	不燃气体 2（符号：黑色或白色，底色：绿色）	2.2	标志10	遇湿易燃物品	遇湿易燃物品 4（符号：黑色或白色，底色：蓝色）	4.3
标志6	有毒气体	有毒气体 2（符号：黑色，底色：白色）	2.3	标志11	氧化剂	氧化剂 5.1（符号：黑色，底色：柠檬黄色）	5.1
标志7	易燃液体	易燃液体 3（符号：黑色或白色，底色：正红色）	3	标志12	有机过氧化物	有机过氧化物 5.2（符号：黑色，底色：柠檬黄色）	5.2

续表

标志号	标志名称	标志图形	对应的危险货物类项号
标志13	剧毒品	剧毒品 6 （符号：黑色，底色：白色）	6.1
标志14	有毒品	有毒品 6 （符号：黑色，底色：白色）	6.1
标志15	有害品（远离食品）	有害品 （远离食品） 6 （符号：黑色，底色：白色）	6.1
标志16	感染性物品	感染性物品 6 （符号：黑色，底色：白色）	6.2
标志17	一级放射性物品	一级放射性物品 Ⅰ 7 （符号：黑色，底色：白色，附一条红竖条）	7
标志18	二级放射性物品	二级放射性物品 Ⅱ 7 （符号：黑色，底色：上黄下白，附二条红竖条）	7
标志19	三级放射性物品	三级放射性物品 Ⅲ 7 （符号：黑色，底色：上黄下白，附三条红竖条）	7
标志20	腐蚀品	腐蚀品 8 （符号：上黑下白，底色：上白黑下）	8
标志21	杂类	杂类 9 （符号：黑色，底色：白色）	9

(2) 标志的尺寸和颜色

① 标志的尺寸

标志的尺寸一般分为4种，见表1-9。

表1-9 标志的尺寸

尺寸 / 号别	长	宽	尺寸 / 号别	长	宽
1	50	50	3	150	150
2	100	100	4	250	250

注：如遇特大或特小的运输包装件，标志的尺寸可按规定适当扩大或缩小。

② 标志的颜色

标志的颜色按标志1~21规定。

(3) 标志的使用

标志的标打位置和方法视粘贴或拴挂或钉附等方式的不同而有区别；当采取粘贴或拴挂时，箱状包装应位于包装两端或两侧的明显处；袋、捆包装应位于包装明显的一面；桶形包装应位于桶身或桶盖；集装箱应粘贴四面。当采取钉附时，将标有标志的金属板或木板，钉在包装的两端或两侧明显处即可。

危险化学品包装标志的粘贴应保证在货物的储存或运输期内不脱落。对于出口物资的标志应当按我国执行的有关国际公约（规则）办理。

危险化学品包装的标志应当根据各类危险品的性质及其分类、分项方法，按照国家标准的要求，由生产单位在出厂前标打。对于生产厂，凡是危险化学品必须标打相应的危险化学品标志，没有标志的危险化学品不准出厂、储存或运输。出厂后如改换包装，其标志发货单位应当严格标记。

危险化学品包装的标志正确、明显和牢固。当一种危险品化学同时具备易燃有毒、易燃腐蚀、易燃放射等性质，或不同品名的危险品装入一件包装内时，应根据不同性质，除了粘贴该类标志作为主标志以外，还应粘贴表明物资存在其他危险性的标志作为副标志。以便人们识别其主、副危险性和分别进行防护。但请注意，副标志图形的下角不应标有危险化学品的类、项号，以示主标志和副标志的区别。

1.3.3 危险品包装安全的基本要求

1.3.3.1 影响危险品包装的因素

包装是产品从生产者到使用者之间所采取的一种保护措施，在流通过程中会遇到外界各种因素的影响。所以在设计制作过程中需要充分认识并考虑可能的影响因素，以便采取相应的预防措施。通常包装在流通过程中受以下因素的影响较大。

（1）装卸作业的影响

产品从生产者手中转到使用者手中，要经过多次的装卸和短距离搬运作业。在作业过程中，可能产生从高处跌落、碰撞等，易使包装以至物品受到外力的冲击，甚至损坏或引起事故。所以，其装卸次数越多，对包装的影响也就越大。如在人工装卸搬运时，一般较大的包装多是用肩扛，高度通常都在 140cm 左右；而手搬运时，高度为 70cm 左右。所以不管是用肩扛还是用手搬，跌落时的冲击力都会对包装造成影响。随着现代科学技术的发展，叉车、吊车的广泛应用，使托盘包装、集装箱也广为采用。当吊车吊起或下落时，都有较大的惯力作用于包装上。因此，装卸机械、搬运方式都对包装有着直接的影响。所以包装在设计制作时，要充分考虑装卸机械所产生的外力作用，保证危险品的安全运输与储存。

（2）运输中的影响

危险品的长途运输方式，目前主要有汽车、火车、轮船和飞机 4 种。在使用这些运输工具时．一般包装物品所受到的冲击力没有装卸时大、但受振动损坏的机会较多。如汽车运输时，若公路不平，所产生的冲击力和振动力较大；火车运输时，急刹车也会有较大的冲击力；海上船舶运输时，也会产生颠簸震动力和冲击力。另外，负荷、温度、湿度等的变化也会对包装带来影响。

（3）储存中的影响

危险品在储存过程中，一般都要堆成具有一定高度的货垛就会对处于下层的包装产生较大的负荷；同时储存时间的长短，储存条件的好坏（如潮湿、霉雨）等也都会对包装产生影响。

（4）气象条件的影响

危险品在储存和运输过程中，有可能遇到大风、大雨、冰雪等恶劣天气的影响。如大风会使包装堆垛倒塌受到冲击，大雨、大雪会使包装受湿、受损、锈蚀以致破损、渗漏等。

1.3.3.2 危险品包装的基本安全要求

根据危险品的危险特性和储存与运输的特点，危险品包装应符合下列基本要求。

（1）包装的材质、种类、封口应与所装物品的性质相符

① 材质　危险品的性质不同，对其包装及容器材质的要求也不同。如苦味酸若与金属化合，能生成苦味酸的金屑盐类（铜、铅、锌盐类），此类盐的爆炸敏感度比苦味酸更大，所以此类炸药严禁使用金属容器盛装；氢氟酸有强烈的腐蚀性，能侵蚀玻璃，所以不能使用玻璃容器盛装，要用铅桶或耐腐蚀的塑料、橡胶桶装运和储存；铝在空气中能形成氧化物薄膜，对硫化物、浓硝酸和任何浓度的醋酸及一切有机酸类都有耐腐蚀性，所以冰醋酸、醋酐、甲乙混合酸、二硫化

碳（化学试剂除外），一般都用铝桶盛装；铁桶盛装甲醛应涂有防酸保护层（镀锌）；所有压缩及液化气体，因其处于较高的压力状态下，应使用特制的耐压气瓶装运。又如，丙烯酸甲酯对铁有一定的腐蚀性，储运中容易渗漏，且丙烯酸甲酯内含铁离子较多时，亦影响产品质量，所以不能用铁桶盛装。

② 种类　危险品的状态不同，所选用包装的种类也不同。如液氨是由氨气压缩而成的，沸点 -33.35℃，乙胺沸点 16.6℃，在常温下都必须装入耐压气瓶中；但若将氨气或乙胺溶解于水中，就成了氢氧化铵（氨水）和乙胺水溶液，这时因其状态发生了变化，所以就可用铁桶盛装。

③ 封口　危险品的性质不同，对其包装及容器封口的要求也不同。一般来说，包装的封口越严密越好。特别是各种气体以及易挥发的危险品包装的封口更应特别严密。如各种钢瓶充装的压缩气体和液化气体，当封口不严密而有气体跑出来时，不但剧毒和易燃的气体有中毒和着火危险，而且由于气瓶内压力很高，气瓶会快速朝放出气体的相反方向移动，可能造成很大的破坏和严重的人身伤亡事故；添加稳定剂的危险品（如黄磷、金属钠、金属钾、二硫化碳等），容器必须严密封口，不得有任何溢漏，否则稳定剂溢出，将会发生事故；绝大多数易燃液体，不但极易挥发，且有不同程度的毒性，若容器封口不严，液体溢出，极易造成中毒事故；粉状易燃体或有毒粉状体，若封口不严（桶、瓶、袋），粉末撒出与空气混合遇明火易发生爆炸事故或引起中毒，所以，这些危险品包装的封口必须严密不漏。但是，对于碳化钙（电石）等类危险品的包装，因其遇水或潮湿空气能产生（乙炔）气体，当桶内积聚（乙炔）气体过多而不能排出时，遇到装卸搬运过程中发生碰撞，或桶内坚硬的碳化钙块和铁桶壁碰撞产生火星时，即能引起电石桶内乙炔气的爆炸，所以盛装碳化钙的铁桶，除充氮者外，一般不能密封，而应留有排除（乙炔）气体的小孔；双氧水因受热后能急剧分解出氧，所以装入塑料容器时，应留有小孔透气，以防容器胀裂；油布、油纸及其制品如空气潮湿闷热，本身经重压或密不透气时，则很易积热不散而发生自燃，所以其包装应透气，堆垛也必须分层隔开，不能重压。

总之，包装及其容器的材质、种类、封口都要根据所盛装危险品的性质确定，否则会造成事故隐患。

(2) 包装及其容器要有一定的强度

包装及容器的强度，应能经受储运过程中正常的冲撞、震动、积压和摩擦。

① 材料的强度

包装材料的强度应根据其应力的大小来确定。应力表示材料本身在单位面积上能够承担的外力，其单位为 kPa。应力可分为“破坏应力”和“允许应力”。破坏应力（极限强度）表示材料受到外力作用直到破坏时所能产生的最大应力。但通常在使用材料时，为安全起见，其强度不能按其破坏应力作为计算依据，而应适当地保留材料的储备力量。从破坏应力中，减去一定的安全系数所得到的应力叫“允许应力”（或叫许用应力）。在计算材料强度时，应以允许压力作为标准。

② 包装的强度

包装的强度虽然与材料的强度有关，但两者并不是一回事。绝不能说，只要材料强度达到了要求，包装也就达到了要求。以木箱为例，其包装的强度除了和木材的强度有关外，还和木材的含水率，木箱的型式和结构，增强板条的数量，以及钉子的长度、数量和钉钉的方法有关。铁桶也是如此，它除了和铁皮强度有关外，还和两端边缘的接合方式，桶侧接缝的结合方式，滚动箍的型式，桶端上加边的型式等有关。钢瓶的强度除决定于钢材的强度外，主要还和钢瓶的制造工艺有关。所以除要求包装材料应具有一定的强度外，主要还应要求包装本身有一定的强度。一般地讲，性质比较危险，发生事故后危害较大的危险品，其包装强度要求应高；同一种危险品，单位包装质量越大，危险性也就越大，因而包装强度要求也越高；对于内包装较差或用瓶盛装液体的，外包装强度要求应更高；同一类包装，运输距离越远，途中搬运次数越多，外包装强要求也应越高。

③ 包装强度的检验

包装强度的检验，主要根据在储运过程中可能遇到的各种情况，做各种不同的试验，以检验包装的结构是否合理，制作是否正确，能否经受储运中遇到的各种情况等。

包装检验的内容通常包括：跌落试验（装卸搬运时可能发生的跌落）；堆码试验（货物堆垛后可能发生倒塌）；液压试验；气密性试验 4 种。这 4 种试验，并非每一类包装全要做，而是根据材质和包装物品的性质做其中的某几项。

④ 改进包装应注意的问题

由于实际中遇到的情况很复杂，改进包装时，需要根据实际情况具体掌握。如有人将硝铵炸药的外包装改用合成纤维的编织物，强度和密度均较麻袋略好，但是这种包装物非常光滑，装在车内或库内，如果码放没有挤牢，车辆冲撞或其他震动很容易滑下而发生事故。所以从储存和运输角度考虑，不宜改用此种包装。又如以条筐代替木箱做外包装，新条筐的强度可能符合要求，但由于露天储存，风吹、雨淋、日晒等，易使筐子腐烂和结构松散，储运中仍然易出事故。再如，有人将纸箱的外铁皮腰改为五股刷胶纸绳捆扎，强度不够且无铁扣，储运中纸箱相互摩擦，纸箱易折断，包装易散开，不能保证安全等，这些都是值得注意的问题。

(3) 包装应有适当的衬垫

包装要根据物品的特性和需要，采用适当的材料和正确的方法对物品进行衬垫，以防止运输过程中内、外包装之间，包装和包装之间以及包装和车辆、装卸机械之间发生冲撞、摩擦、震动，致使包装破损。同时，有些物品的衬垫还能防止液体物品挥发和渗漏；当液体泄漏后，还可起到一定吸附作用。如钢瓶上的胶圈，盛装铁桶间的胶皮衬垫等，属于防震、防摩擦的外衬垫材；瓦楞纸、细刨花、草套、塑料套、泡沫塑料、蛭石、弹簧等属于防震、防摩擦的内衬垫材料；矽藻土、陶土、稻草、草套、草垫、无水氯化钙等属于防震和吸附衬垫物。衬垫材料的选用应符合盛装危险品的性质，如硝酸坛的外衬垫就不能用稻草，因为硝酸的氧化力极强，破漏后接触稻草即可自燃而起火；桶装易燃液体不可用易燃材料作衬垫，以防止带来事故危险。又如，有机乳剂农药，在用玻璃瓶盛装时，不能外加塑料袋，因为这种药液腐蚀性强，会使塑料袋软化或穿孔，玻璃破碎时，也会将塑料袋扎破，药液流出，起不到吸附作用。如加草套、草垫等衬垫既能起到防震作用，又能起到吸附作用；如有的用大块煤渣作为溴素瓶的衬垫材料，不但起不到衬垫和吸附作用，反而容易碰破瓶子造成事故；有的用黄土、黄砂作为酸坛的衬垫和吸附材料，能起到吸附作用，但因太重而增加了装卸搬运的难度，有时木箱不牢固，还易造成事故。总之，衬垫材料的选择应符合所装危险品的性质。

(4) 包装应能经受一定范围内温、湿度变化的影响

① 温度的影响

我国幅员辽阔，同一时间各地气温相差很大。如一月份平均最低气温，哈尔滨为 -25.8℃，而广州为9.2℃；八月份平均最高气温，昆明为24.5℃，而南京、上海为33.0℃。由于同一时间内南北气温相差很大，有些危险品运输距离较远时，也会随温度的变化而发生变化。如无水的醋酸，在低温时凝固成冰状，俗称冰醋酸，如用坛子盛装或储运，而液体的冰醋酸遇冷结冰，凝固使体积膨胀，易将坛子胀裂。再由低温地区运往气温较高地区时，冰醋酸会因熔化（熔点16.71℃）而渗漏。所以运输距离较远，温差较大的地区，用这种包装很不合适。

在同一地区，由于季节的变化也会有很大的影响。如北京地区冬季的最低气温为 -27.4℃，夏季的最高气温为40.6℃，有些危险品在储存期间也会随温度的变化而发生变化，这就要求包装能适应此种变化。如氰化氢、四氧化二氮本身都是液体，但它们的沸点极低，一般在20℃以上即变为气体，所以必须用钢瓶盛装。

② 湿度的影响

和温度一样，在同一时间内各地的相对湿度也相差很大。如八月份的平均相对湿度，上海为84%，乌鲁木齐却为44%。在同一地区，季节不同，相对湿度也大不一样。以北京地区为例，四、五月份的相对湿度为50%～60%，而八月份的相对湿度为70%～80%。由于相对湿度的影响，包装的防潮措施就应按相对湿度最大的地区和季节考虑。尤其忌湿危险品的包装，应能经受一定范围内湿度变化的影响。

包装的防潮措施一般应从两方面考虑。首先，应采用防潮衬垫，危险品包装防潮衬垫的作用是，防止物品吸潮后变质利吸潮后引起化学变化而发生事故。常用的防潮衬垫有塑料袋、沥青纸、铝箔纸、耐油纸、蜡纸、防潮玻璃纸、抗潮及吸潮干燥剂等。其次，危险品包装本身亦应具有一定的防潮性能。如纸箱本身虚刷油，使其具有一定的防水性。特别是将水箱、条筐等改为纸箱时，一定要对纸箱的防水性能提出具体要求。采用纸袋、麻袋、布袋等防潮性差的包装盛装危险品时，除要求里面有防潮衬垫外，袋子本身亦应有防潮层。

（5）包装的客积、质量和型式应便于装卸和运输

每件包装的容积、质量（重量）利型式都应适应装卸利搬运的条件，不应过大或过重。每件包装容积和质量的大小与装卸机具、机械化程度以及包装的强度有关。人工装卸时还与人体的负重能力有关。如国家颁发的《装卸搬运劳动作业条件规定》（1956年）：女工及未成年男工，其单人负重一般不超过25kg，两人抬运的总质量不超过50kg：成年男工单人负重不得超过80kg；两人抬运时每人平均质量不超过70kg。参照此规定，当人工装卸搬运易燃易爆等怕震、怕摔、怕碰的危险品时，男工的单人负重不得超过50kg，两人抬运时，每人平均负重不应超过40kg。如若单人负重超过50kg时，平地上搬运距离不应大于20m。根据此规定精神，国家对需要人工搬运的危险品包装，如各种袋类包装，木桶、木琵琶桶和易碎的玻璃瓶、陶坛等，最大质量不得大于50kg；

当采用机械吊装时虽可大大提高载重量，但考虑到危险品的危险性和其他机械及人员操作的因素，也限制质量不应大于400kg。

考虑到包装强度对包装容积的影响，对包装强度较小的包装容器的容积都应有严格的限制。如国家规定，对胶合板桶，硬质纤维板桶、木琵琶桶容积不应大于60L，玻璃瓶、陶坛等易碎容器的容积不应大于32L等，其他材质的各种包装的最大容积也不得大于450L。此外，根据装卸和搬运的需要，对于较重的包装件，还应有便于提起的提手、抓手或吊装的环扣，以便于装卸作业。

根据我国《危险货物运输包装通用技术条件》（GB 12463—1990）的规定，对危险品包装的最大容积和最大重量的限制如表1－10所示。

表1－10　各种危险品包装允许的最大容积与最大质最

类　别	包装型式与型号	最大包装容积/L	最大包装质量/kg
桶　类	钢桶（1A）	450	400
	铝桶（1B）	450	400
	钢罐（3A）	60	120
	胶合板桶（1D）	250	400
	木琵琶桶（2C）	250	400
	硬质纤维板桶（1F）	250	400
	覆纸板桶（10）	450	400
	塑料桶（1H）	450	400
	塑料罐（3H）	60	120

续表

类　别	包装型式与型号	最大包装容积/L	最大包装质量/kg
箱　类	木箱(4C) 胶合板箱(4D)		400 400
	再生木板箱(4F) 纸板箱(4G) 钢箱(4A)		400 400 400
袋　类	纺织品编织袋(5I) 塑料编织袋(5H) 塑料袋(SH4) 纸袋(5M)		
瓶　类	玻璃瓶、陶坛	30	50

1.3.4　危险品包装的性能试验

由于危险品具有特殊的危险性质，为了确保安全储存、运输、销售和使用等，避免所装的危险品在正常的储存、运输、销售和使用条件下受到损害，对危险品的包装必须进行规定的性能试验，试验合格后才可使用。

每一种包装在开始生产前就应对该包装的设计、材料、制造和包装方法等各方面进行试验。

无论设计还是材料或制造方法有变动，都应重新进行试验。同时还应按照主管部门规定的间隔时间，对生产的包装进行定期的重复试验或抽样检查试验，以确保包装的质量。

1.3.4.1　危险品包装试验的基本要求

在试验时，包装件应处于待装状态，拟装物品可用非危险品代替，并按物质状态的不同选择。

对固态物质至少应与拟装物质的物理特性、相对密度粒径等相同；液态物质应至少与拟装物品的物理特性、相对密度、黏度等相同。其装满度：固态物质必须装至包装容积的95%；液态物质必须装至包装容积的98%；对于纸质或纤维板包装，应置于控制温度和相对湿度的大气中持续至少24h。温度和湿度有3种选择，可任选择其中之一，最好是在大气温度23℃±2℃，相对湿度48%~52%的气候状态下进行。也可以是在气温18~20℃，相对湿度63%~67%，或气温25~29℃和相对湿度63%~67%的气候状态下进行试验。

对于塑料包装，温度应降至<-18℃以下进行。内装物为液体的应保持液态，如需要防冻时可加入防冻剂。对木琵琶桶至少应在试验前24h盛满水。

封闭器应由类似不通风的封闭器代替或将孔口封闭。

1.3.4.2　危险品包装的试验项目

包装需要检验的项目根据包装类型的不同有所区别。如跌落试验每种类型的包装都要做，而袋类包装只需进行跌落试验一种，木琵琶桶每种试验项目都要做。各类危险品包装所需要求的试验项目见表 1－11 所示。

表 1－11 各类危险品包装所需要求的试验项目

包装类型	跌落试验	气密试验	液压试验	堆码试验	桶体试验
铁(钢)桶(罐)	✓	✓	✓	✓	—
铝桶	✓	✓	✓	✓	—
胶合板桶	✓	—	—	✓	—
纤维板桶	✓	—	—	✓	—
塑料桶(罐)	✓	✓	✓	✓	✓
木琵琶桶	✓	✓	—	✓	
铁皮箱	✓			✓	
木箱	✓			✓	
胶合板箱	✓			✓	
再生木箱	✓			✓	
纤维板箱	✓			✓	
塑料箱	✓			✓	
纺织品袋	✓				
塑料编织袋	✓				
塑料薄膜袋	✓				
纸袋	✓				

注：“✓”表示要试验项目，“—”表示不需要试验项目。

1.3.4.3 危险品包装的性能试验

危险品包装的性能实验主要有：跌落实验、气密实验、液压实验、堆码实验和桶体实验 5 种。

(1) 跌落试验

跌落试验的目标应为坚硬、无弹性、平坦和水平的表面。试验时应当平落，重心垂直于撞击点上。试样的数量与跌落方位依包装类型的不同有不同的要求，详见表 1－12 所示。

表 1－12 跌落试验的要求

包装试样	试样数量	跌落部位
铁(钢)桶(罐) 铝桶 胶合板桶 纤维板桶 塑料桶(罐) 木琵琶桶 复合包装(桶状)	试样 6 个，试验分两次，每次跌落 3 个	第一次跌落(用 3 个试样)应以桶的凸边成对角线地撞击在冲击面上。如包装件没有凸边，则以圆周的接缝处或边缘撞击。 第二次跌落(用另外 3 个试样)将桶以第一次跌落时没有试验到的最薄弱部位撞击在冲击面上。如对某些圆柱形桶，以桶体纵向焊接接缝处撞击

续表

包装试样	试样数量	跌落部位
木箱 胶合板箱 再生木箱 纤维板箱 铁皮箱 塑料箱 复合包装(箱状)	试样5个，分5次跌落，每次跌落1个	第一次跌落：以箱底平落； 第二次跌落：以箱顶平落； 第三次跌落：以一长侧面平落； 第四次跌落：以一个短侧面平落； 第五次跌落：以一个角跌落
纺织品袋 塑料编织袋	试样3个，每次跌落2个	第一次跌落：以袋的平面平落； 第二次跌落：以袋的端部平落
塑料袋 纸袋	试样3个，每次跌落3个	第一次：宽面平落； 第二次：窄面平落； 第三次：袋的端部跌落

跌落试验的跌落高度依拟装物品的状态有所不同，同时液体物品又依物品的相对密度不同有不同的要求，见表1－13所示。

表1－13　跌落试验的高度/m

包装介质状态	Ⅰ级包装	Ⅱ级包装	Ⅲ级包装
固体	1.8	1.2	0.8
包装介质相对密度 <1.2 时	1.8	1.2	0.8
包装介质相对密度 >1.2 时	1.5d	1d	0.67d

注：①“d”为拟装物质的相对密度。

② 跌落高度应按悬吊包装件最低点和冲击面之间的最近距离计算。

经过跌落试验的危险品包装及其内部容器，不得有任何渗漏或严重破裂。如系盛装爆炸品的包装不允许有任何破裂。当开口桶准备用来盛装固体时，其跌落试验的方法应用顶部撞击在目标上。如果通过某项装置(如塑料袋)内容仍保持完整无损，即使桶盖不再具有防漏能力，该包装应视为试验合格。对于盛装液体的包装，内外压力达到平衡时，包装不漏为试验合格。对于袋类包装，其外层及外包装没有严重破裂，内装物没有损失才为试验合格。

(2) 气密试验

气密试验只适用于铁桶、铝桶、塑料桶和木琵琶桶。试样数量要求每个桶都要进行试验。试验要在第一次使用前和修复后的再次使用之前进行。

试验的方法是将被试验的包装浸入水中(浸水方法不能影响试验效果)，并向包装内充灌气压；达到的压力标准不应小于表1－14的要求。试验后不漏气即为合格。

表1-14 危险品包装气密性试验的气压标准

包装级别	Ⅰ级包装	Ⅱ级包装	Ⅲ级包装
压力/kPa	30	20	20

(3) 液压(内压)试验

液压试验适用于铁(钢)桶(罐)、铝桶、塑料桶和木琵琶桶。试样数量一般为3个。方法是将被试包装连续均匀地加压，在整个试验期间应保持稳定。包装不得用机械支撑。若采用机械支撑包装的方法时，不得影响试验效果。考虑到储存或运输过程中可能遇到的最高温度，要求达到的试验压力应不低于55℃时的总表压(充满物质的蒸气压力加上惰性气体的压力)乘上安全系数1.5。对于总表压，应在同体物质充装至其容积的95%，液体物质充装至其容积的98%和充灌温度为15℃时的最大限度充灌的基础上确定。但对于拟装Ⅰ类包装物品(一级危险品)的包装试验压力不应低于250kPa；对拟装Ⅱ、Ⅲ类包装物质(二、三级危险品)包装的试验压力，不应低于100kPa。试验压力的持续时间，视包装材质的不同而定，对于塑料包装利内容器为塑料材质的复合包装为30min，其他材质的包装和复合包装为5min。在保压持续时间内不漏气为合格。

(4) 堆码试验

堆码试验适用于桶类包装和箱类包装。试样数量为3个。试验方法是，在试样上面施加相当于在其上堆码3m高度(一般堆码的高度为3m，海运堆码高度为8m)、同等货物的总质量，保持24h。

对拟装液体的塑料包装，应能承受≥40℃的条件下为期28天的堆码试验。经试验，包装没有严重破裂，装在其中的容器没有任何破裂和渗漏，且包装本身没有强度降低或造成堆积不稳的任何变形等，即为试验合格。

(5) 桶体试验

危险品包装的桶体试验只适用于木琵琶桶。方法是用试样一个，拆下空桶中腹以上所有桶箍，保持至少2天，如若桶上半部横部面直径的扩张不超过10%，即为合格。

1.4 危险化学品气体盛装安全

相当部分危险化学品在常温下处于气态。以压缩气体或液化气体形式盛装危险化学品可以大大减少成本，提高效率，但同时也带来新的危险因素。

广义地讲，气瓶是指盛装压缩气体或液化气体的瓶式压力容器。这里所说的气瓶是指工作压力为1.0～30MPa(表压)、公称容积为0.4～1000L的盛装压缩气体或液化气体的气瓶。不包括盛装溶解气体、吸附气体的气瓶，灭火剂的气瓶，非金属材料制成的气瓶，以及运输工具上和机器设备上附属的瓶式压力容器。掌握气瓶的安全特性是危险化学品包装安全管理的重要内容。

1.4.1　气瓶的构造

气瓶是专门盛装压缩气体或液化气体的金属容器，因为压缩气体或液化气体是在一定压力下装入钢瓶的，且气体有受热膨胀性，所以要求气瓶要有较高的强度。制造气瓶的材料，必须选用镇静钢；高压气瓶还必须用合金钢或优质碳素钢。气瓶工作压力大于或等于 12.5kPa 时应采用无缝钢结构。制造焊接气瓶（盛装低压气体的材料），要具有良好的可焊性。制造气瓶的材料，要根据所装气体的性质选用。气瓶侧头上的连接螺纹，用于可燃气体的为左旋，用于不燃气体的为右旋。氧气瓶的气阀密封填料应采用不燃烧和无油脂的材料，安全帽上应有泄气孔。现以氧气瓶为例，说明气瓶的构造，见图 1－2 所示。

氧气瓶的阀门应用黄铜制造，并另加安全塞，内装磷铜片（即爆破片），在超过气瓶允许工作压力 10% 以上，即破裂泄气。安全帽上有泄气孔。在制造气瓶时，焊缝必须进行射线透视检查。

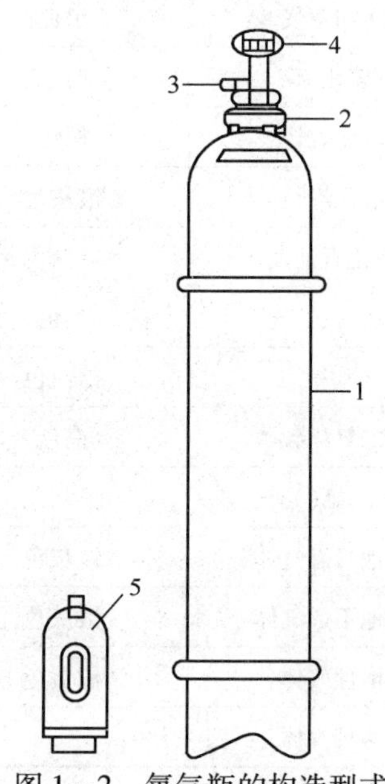

图 1－2　氧气瓶的构造型式

1—瓶身；2—颈部；3—阀门；4—安全阀；5—安全帽

气瓶制成后，必须进行液压试验，并在液压试验的同时，作容积残余变形测定。气瓶气密性试验的试验压力为气瓶的最高工作压力。试验时，将气瓶沉没于水中，在试验压力下持续 3min，无漏气现象，即认为合格。在进行容积和质量测定时，应事先彻底清除内外表面氧化皮等杂物。

气瓶质量不包括气阀、安全帽和防震网的质量。新瓶出厂要有质量合格证。

1.4.2　气瓶的漆色

各种气瓶，根据所装气体的性质、在瓶内的状态和压力，国家规定有不同的漆色，见表 1－15 所示。

不论盛装何种气体的气瓶，在其肩部刻钢印的位置上一律涂上白色薄漆。气瓶漆色后，不得任意涂改、增添其他图案或标记。气瓶的漆色必须完好，如脱落应及时补漆。气瓶的日常漆色工作由气体制造厂负责。气瓶的漆色和标志方法如图 1－3 所示。

表 1－15 气瓶的漆色

气瓶名称	外表面颜色	字 样	字样颜色	色 样
氢气	淡绿色	氢	火红色	淡黄色
氧气	淡酞蓝色	氧	黑色	白色
氨气	淡黄色	液氨	黑色	
氮气	深绿色	液氮	白色	
压缩空气	黑色	空气	白色	白色
硫化氢	白色	液化硫化氢	大红色	红色
液化烷烃	棕色	气体名称	白色	
液化烯烃	银灰色		淡黄色	
液化石油气	铝白色	气体名称	大红色	
氟、氯烷气	黑色	气体名称	黑色	
氮气	铝白色	氮气	淡黄色	白色
二氧化碳	白色	液化二氧化碳	黑色	黑色
碳酰二氯(光气)	银灰色	液化光气	黑色	
其他可燃气体	银灰色	气体名称	大红色	无机深绿
其他不燃气体	银灰色	气体名称	黑色	有机淡黄
惰性气体	橘黄色	气体名称	深绿色	白色
特种气体		气体名称	深绿色	白色

1.4.3 气瓶的技术检验

为了保证气瓶的使用安全，各种气瓶必须进行定期技术检验。充装一般气体的气瓶每3年检验一次；充装腐蚀性气体的气瓶，每2年检验一次。气瓶在使用过程中，如发现有严重腐蚀或其他严重损伤，应提前进行检验。气瓶的定期技术检验工作，应由气体制造厂负责，定期技术检验的项目包括以下两项。

（1）内外表面检查

内外表面检查应在气瓶液压试验前后进行，检查前应先将瓶内铁锈、油污等杂技清除干净。

检查盛装有毒或易燃气体的气瓶时，必须先将瓶内残存的气体排除干净。气瓶经过内外表面检查，发现瓶壁有裂缝、鼓疤或明显的变形时应报废。发现有硬伤、局部片状腐蚀或密集斑点腐蚀时，应根据剩余壁厚进行校核，以确定是否达到要求。

（2）液压试验

液压试验的目的是查明容器及各连接处的强度和紧密性。它是最安全的试验方法。试验压力为最高工作压力的1.5倍。试验时应缓慢升压至工作压力，检查接头处有无渗漏。如无渗漏现象，再继续升压至试验压力，并保压1～2min，然后降至工作压力进行全面检查。

气瓶在做液压试验的同时，应进行容积残余变形的测定，残余变形率用下式计算：

$$残余变形率 = (\Delta V'/\Delta V) \times 100\%$$

式中　$\Delta V'$——容积残余变形值，mL；

ΔV——全变形值：mL。

气瓶作液压试验时，无渗漏现象，且容积残余变形率不超过10%，即认为合格。气瓶经检验后，必须在气瓶肩部的规定位置（图1-4）按下列项目顺序打钢印：

① 合格的气瓶检验单位代号，本次和下次检验日期；

② 降压的气瓶检验单位代号，本次和下次检验日期；

③ 报废的气瓶检验单位代号，检验日期。

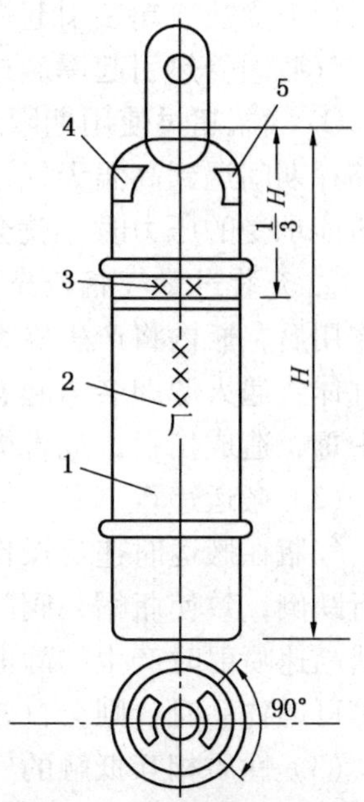

图1-3　气瓶漆色标志示意

1—整体漆色；2—所属单位名称；3—气体名称（横条）；4—制造钢印（白色）；5—检验钢印（白色）

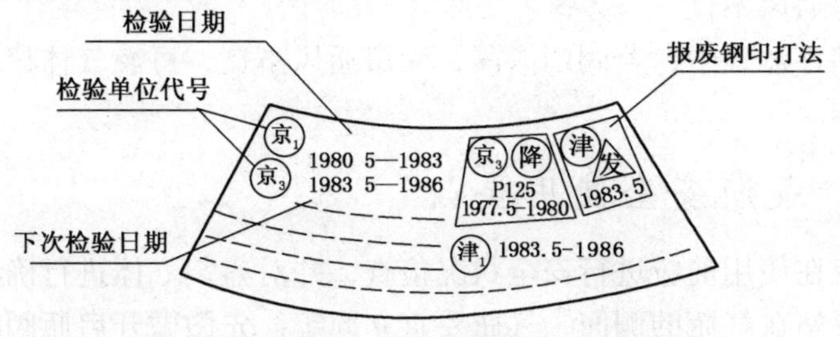

图1-4　气瓶制造厂和检验单位打的钢印标记

1.4.4　气瓶事故的主要原因

气瓶属于压力容器、不论充装的是压缩气体还是液化气体，一旦逸出瓶外，极易扩散。且压缩气体或液化气体中大多具有易燃、易爆、剧毒、氧化性、起火、爆炸等特点，事故的危险性很大。

综合分析气瓶事故情况，在储运过程中气瓶发生事故的主要原因一般有以几种。

(1) 受热、超装引起爆裂或爆炸

气瓶因受热引起爆裂或爆炸的原因有 2 种情况：

① 气瓶超过使用期限或材质不良在充装气体时，即使不超过设计压力，若在储存期间遇到高温天气，气瓶内的压力会随着温度的升高而升高，当超过了气瓶所能承受的压力时，就会发生爆裂；

② 充装过量气瓶若充装过量，特别是液化气体，在遇到阳光曝晒或其他热源作用后，瓶内将产生极大的膨胀力，把气瓶胀破。气瓶爆裂后如果逸出的是可燃气体，遇火源即会引起着火或爆炸；如果逸出的是剧毒气体，周围人员就会引起中毒，造成伤亡，危害极大。

(2) 搬运违章

气瓶在搬运时违反操作规程，被抛掷、碰撞、滚滑或堆放时气瓶旋转歪斜、自行跌倒，致使瓶帽、阀门撞开或损坏，气体逸出。如果气瓶盛装的可燃气体，则遇高速喷射时产生的静电火花，会引起着火或爆炸；如系氧化性气体，遇有油脂等可燃物品时，则会自燃起火，甚至爆炸。

(3) 性质相互抵触的气瓶混存混运

性质相互抵触的气瓶(如氢气与氯气、乙炔与氯气)混存一库或混装一车，如遇阀门渗漏，性质相互抵触的气体接触混合就会发生爆炸。如氢气与氯气混合形成爆炸性气体，此混合气体见光即爆炸；氯气与氨气接触可能产生易燃的氯化氮；氯气与乙炔气接触即着火。另外，气瓶如和其他易燃危险品混存混运时，其他危险品着火也会使气瓶受热爆炸。

(4) 库房通风不良

气瓶在储存过程中，若阀门渗漏，库房通风不良，可燃气体聚积，遇着火源可能发生爆炸。

1.4.5 气瓶安全使用要点

(1) 气瓶在使用前应进行安全状况检查，并对盛装气体进行确认。使用高压气瓶时，人要站在气瓶的侧面，气瓶要直立固定，先微微开启瓶阀吹气，以吹净气瓶嘴内可能有的垃圾。放气要经过减压阀减压。减压阀有倒、顺螺纹两种，必须正确选用。安装减压阀要仔细旋妥，至少旋进 7 圈螺纹。放气时，要缓慢旋开瓶阀，待减压阀上的高压端压力表指针动作至适当压力后，再缓开减压阀，至低压端压力表指针指到需要压力时为止。所有高压系统的管理，必须完好不漏，连接牢固。如为有毒气体，室内要保持良好的通风。

(2) 使用液化气瓶时，若在冬季瓶内压力过低会出气缓慢，可用热水或蒸汽加热瓶身，但温度不得超过 40℃，不得用明火烘烤。

(3) 气瓶不得敲击、碰撞，及在气瓶上进行电弧焊。不得靠近明火、热源，并应保持10m以上的间距。若有困难时，应有隔热措施，但不得小于5m。夏季应防止曝晒，立放时应有防止倾倒措施。

(4) 气瓶在使用过程中，如遇到瓶阀螺杆冒气或嗞嗞作响时应立即停止使用，将瓶阀旋紧，并用粉笔在瓶身上写明“漏气”退库。

如气瓶的低熔合金塞遇到热融而漏气时，应立即用冷水浇瓶身，同时用小木塞敲入熔孔堵漏(如为剧毒气体，应在佩戴防毒面具后进行)。如果漏气严重、措施无效，应将将气瓶推入水池，一面进水，一面将水泄入下水道。

(5) 使用氧气等气化性气体钢瓶时，要绝对忌油，在与之相连的管道等整个系统内操作者的手、衣服等和使用现场附近均不得有油污、油类存在，以防止气体冲出后自燃起火或爆炸。

1.5　危险化学品包装物、容器定点生产管理

危险化学品包装物、容器(以下简称包装物、容器)是指根据危险化学品的特性，按照有关法规、标准专门设计制造的，用于盛装危险化学品的桶、罐、瓶、箱、袋等包装物和容器，包括用于汽车、火车、船舶运输危险化学品的槽罐。

由国家经济贸易委员会2002年10月颁布，2002年11月15日起施行的《危险化学品包装物、容器定点生产管理办法》规定，危险化学品包装物、容器必须由取得定点证书的专业生产企业定点生产，并应通过评价机构的评价。

1.5.1　定点企业基本条件

定点企业基本条件包括：

(1) 具有营业执照；

(2) 具有能够满足生产需要的固定场所；

(3) 具有能够保证产品质量的专业生产、加工设备和检测检验手段；

(4) 具有完善的管理制度、操作规程、工艺技术规程和产品质量标准；

(5) 具有完善的产品质量管理体系；

(6) 具有满足生产需要的专业技术人员、技术工人和特种作业人员。

生产压力容器的，还应当取得压力容器制造许可证。

申请定点生产的企业自主选择具有资质的评价机构，对本单位的生产条件进行评价。

生产压力容器的，还应当提交压力容器制造许可证复印件。

1.5.2 定点企业的生产

（1）取得定点证书的企业应当按照国家有关法规和国家、行业标准设计、生产危险化学品包装物、容器。危险化学品包装物、容器经国家质检部门认可的专业检测检验机构检测合格后方可出厂。

（2）用于运输危险化学品的船舶的本载容器应当按照国家关于船舶检验的规范进行生产，并经国家海事管理机构认可的船舶检验部门检验合格后方可出厂。

（3）取得定点证书的企业，应当在其生产的包装物、容器上标注危险化学品包装物、容器定点生产标志(以下称定点标志)。

1.5.3 对定点生产企业生产条件的评价

评价机构应当对申请定点生产的企业是否符合规定的条件逐项进行评价，并出具评价报告。

（1）生产条件评价的前期准备工作

① 根据被评价单位的委托书，索取本被评价单位的营业执照或企业名称预先核定通知书、土地使用证、租赁合同和相关批准文件的复印件。

② 与被评价单位签定评价合同。

③ 组建评价组，了解被评价单位的情况，收集有关资料。

（2）现场检查和评价

① 查验被评价单位按本导则“生产条件评价的前提条件”的要求所提供文件或合同复印件的真实性。

② 确定被评价企业可以生产的包装物、容器名称和类别。

③ 根据包装物、容器定点生产企业实际，划分评价单元。评价单元一般可划分为产品质量管理单元合资源管理单元。

④ 危险化学品包装物、容器定点生产企业生产条件评价现场检查表。

⑤ 分析评价。

⑥ 对生产条件不足之处提出建议、对策和措施。

⑦ 整改情况的复查。

⑧ 评价结论。

评价结论分为：具备生产条件；基本具备生产条件；不具备生产条件。

第 2 章　危险化学品安全经营

危险化学品的经营是指企业、单位、个体工商户、百货商店（场）、企业分支机构、化工生产企业在厂外设立的销售网点经过申批的批发、零售爆炸品、压缩气体和液化气体、易燃液体、易燃固体、自燃物品和遇湿易燃物品、氧化剂和有机过氧化物、有毒品和腐蚀品等危险化学品的商业行为。

危险化学品具有易燃、易爆、有毒、腐蚀等危险特性，在经营环节中，由于环境条件变化以及管理不善极易引起燃烧、爆炸、灼伤、中毒等恶性事故，给人民生命财产造成严重损失。

《危险化学品安全管理条例》在危险化学品经营安全管理方面的规定是：

(1) 国家对危险化学品经营销售实行许可制度。未经许可，任何单位和个人都不得经营销售危险化学品。

(2) 危险化学品经营企业，必须具备的条件是：经营场所和储存设施符合国家标准；主管人员和业务人员经过专业培训，并取得上岗资格；有健全的安全管理制度；符合法律、法规规定和国家标准要求的其他条件。

(3) 经营剧毒化学品和其他危险化学品的，应当提出申请。经审查，符合条件的，颁发危险化学品经营许可证。申请人凭危险化学品经营许可证向工商行政管理部门办理登记注册手续。

(4) 经营危险化学品，不得有下列行为：

① 从未取得危险化学品生产许可证或者危险化学品经营许可证的企业采购危险化学品；

实现危险化学品经营安全的关键是：危险化学品经营单位必须获得经营许可证，必须满足企业开工条件和技术要求；经营单位管理人员必须经过严格的培训与考核；经营单位必须建立并落实完整的安全管理制度；为了防止危险化学品越境污染和毒害，还必须严格规范危险化学品进出口经营行为。

② 经营国家明令禁止的危险化学品和用剧毒化学品生产的灭鼠药以及其他可能进入人民日常生活的化学产品和日用化学品；

③ 销售没有化学品安全技术说明书和化学品安全标签的危险化学品。

(5) 危险化学品生产企业不得向未取得危险化学品经营许可证的单位或者个人销售危险化学品。

(6) 危险化学品经营企业储存危险化学品，应当遵守储存危险化学品的有关规定。危险化学品商店内只能存放民用小包装的危险化学品，其总量不得超过国家规定的限量。

（7）剧毒化学品经营企业销售剧毒化学品，应当记录购买单位的名称、地址和购买人员的姓名、身份证号码及所购剧毒化学品的品名、数量、用途。记录应当至少保存1年。

剧毒化学品经营企业应当每天核对剧毒化学品的销售情况；发现被盗、丢失、误售等情况时，必须立即向当地公安部门报告。

（8）购买剧毒化学品，应当遵守下列规定：

① 生产、科研、医疗等单位经常使用剧毒化学品的，应当向设区的市级人民政府公安部门申请领取购买凭证，凭购买凭证购买；

② 单位临时需要购买剧毒化学品的，应当凭本单位出具的证明(注明品名、数量、用途)向设区的市级人民政府公安部门申请领取准购证，凭准购证购买；

③ 个人不得购买农药、灭鼠药、灭虫药以外的剧毒化学品。

剧毒化学品生产企业、经营企业不得向个人或者无购买凭证、准购证的单位销售剧毒化学品。剧毒化学品购买凭证、准购证不得伪造、变造、买卖、出借或者以其他方式转让，不得使用作废的剧毒化学品购买凭证、准购证。

2.1 危险化学品经营的危险性分析

2.1.1 近年危险化学品经营典型事故

2005年1月11日14时30分，山西省临汾市襄汾县京安村襄浏花炮厂发生爆炸事故，25人死亡，9人受伤。

2005年9月15日17时10分，湖南省益阳市安化县江南镇花炮厂(个体)发生烟花爆竹爆炸事故，造成13死亡(男1人，女12人)，4人受伤(其中1人重伤)。

2005年10月26日15时40分，首钢总公司动力厂煤气管道发生泄漏，导致现场9名职工中毒，中毒职工被紧急送往医院，经医院诊断，9人已无生命特征，确认9人全部中毒死亡。煤气防护站人员现场检测后，当即通知动力厂切断了气源。

2006年1月20日12时17分，四川眉山市仁寿县中石油西南油气田分公司输气管理处仁寿运销部富加输气站出站处管线发生管道爆裂燃烧，造成10人死亡，3人重伤，47人轻伤。

2006年1月29日14时30分，河南省林州市林淇镇梨林村花炮有限公司发生爆炸。据河南省安全监管局报告并于河南省政府沟通，经连夜清查核实，现已发现事故死亡36人，重伤8人(其中7人伤情危重)，轻伤40人。

2006年8月6日，位于潼南县城的一家临街气体经营部发生氧气瓶爆炸事故，致5人死亡、1人重伤。据悉，该经营部各种手续齐全。由于经营部楼上住人，又紧邻加气站，当地居民对其取得合法手续感到不解。

2007年1月23日下午，上海市大连路一户居民家中发生煤气泄漏，室内4名装修工人丧生。

2007年2月15日下午4时许，山东省济南市仲宫烟花爆竹市场发生鞭炮爆炸，一个燃烧的花炮在极短的时间引燃了市场上140多处烟花爆竹摊位，整个市场陷入一片火海，三四十辆机动车被炸毁，消防人员奋战3个多小时才将大火全部扑灭。现场烟花爆竹经营业者有200多人，加上采购人员，市场上估计有三四百人。所幸市场周边空地较多，出口畅通，人员得以及时撤离，未出现人员伤亡。但所有摊位已全部化为灰烬。

2007年2月18日晚，广西百色市一家销售烟花爆竹批发店发生烟花爆竹爆炸事故，造成1死1伤的后果。

2007年8月29日傍晚湖北省黄冈市蕲春县发生一起氧气瓶爆炸事故，导致3人死亡，3人轻伤。

2.1.2　危险化学品经营中的主要问题

大量事故暴露出目前我国危险化学品经营安全管理存在着严重的问题，主要是:

(1) 国家相关法律标准规范尚不完善

我国目前已经建立了一系列与危险化学品经营相关的法律法规、标准规范。如《中华人民共和国安全生产法》、《危险化学品安全管理条例》、《危险化学品经营许可证管理办法》、《关于(危险化学品经营许可证管理办法)的实施意见》以及各类危险化学品的标准规范等，具有一定的强制性和指导性。但是对危险化学品经营的场所与数量尚缺乏相应的量化要求，尤其是企业经营中允许储存和一次性销售的数量没有法规标准进行规范，使得对经营危险化学品企业管理的可操作性不强。

(2) 经营安全管理制度不健全

当前一些危险化学品经营企业只重经济效益而不顾安全管理，对建立健全安全管理制度的认识不足，仅仅流于形式或应付检查，敷衍塞责。甚至有的经营企业没有任何安全管理制度，对企业各类岗位没有确定操作规程。所有这些是导致无视操作和发生误操作的根源，也是企业经营活动中的重大事故隐患。

(3) 经营单位建筑简陋、设备设施老化，缺乏更新和维护

经营单位的建筑、设备设施是确保安全经营的关键因素之一。由于危险化学

品易燃易爆、腐蚀等特性，国家对经营危险化学品企业的建筑、电气和消防设施等都有相应的规定。如一些加油站本就年久，站内管线和储罐等设备缺少必要的检测和维护，加油机软管老化，是造成油品跑、冒、滴、漏的重要来源；消防设施或数量不足，或不按照物性要求配置，或过期失效，所有这些都不能有效预防和消除火灾事故。

(4) 从业人员素质参差不齐，安全意识淡薄

国家对经营危险化学品从业人员实行上岗培训制度，并取得相应的资质后持证上岗。然而，部分危险化学品经营企业上岗人员无证上岗作业。操作人员虽然经过专门的培训，但对经营物质物性认识不足，麻痹大意，随心所欲，为事故的发生埋下了重大隐患。

2.1.3 危险化学品经营的危险性分析

从危险化学品经营中的典型事故和管理中存在的问题可以看出，危险化学品经营的危险性主要是：

(1) 无证经营

企业没有经营许可证，操作人员没有上岗证是大多数危险化学品经营事故共同的特点。危险化学品经营企业量大面广，没有严格的申报、审查、许可程序擅自经营，难以避免各类事故的发生。

(2) 不具备安全经营条件下经营

从事危险化学品经营必须具备相应的装备条件、技术条件、管理条件，地理位置、建筑等级等应达到基本要求，仓储、运输、废弃物处理以及安全组织、安全操作等都有严格的规定。不具备条件的企业从事危险化学品经营必将成为危险源。

(3) 经营者和操作者没有经过严格的培训和考核

对主要负责人和主管人员、安全管理人员以及操作人员要进行相关法律法规、安全管理、安全技术理论培训和实际安全管理能力训练，没经过考核者不能从事危险化学品经营的相关工作。大量事故都说明，人失误既是造成事故隐患的直接原因，也是事故危害扩大化的直接原因。

(4) 企业没有健全的管理制度

根据《中华人民共和国安全生产法》和《危险化学品安全管理条例》规定，危险化学品经营单位应建立健全安全管理制度，以确保危险化学品经营单位达到基本的安全标准。危险化学品经营单位应根据各自的经营特点和实际情况，确定适合本单位的具体安全管理制度种类和内容。结合实际将各项安全管理制度的要点加以细化，充实和完善具体内容。完善的制度是安全工作不断提高的保证，也是使各类事故隐患消灭在萌芽阶段的最有力措施。

2.1.4 经营危险化学品企业安全管理对策措施

（1）完善与危险化学品经营相关的标准规范

完善经营危险化学品的相关标准规范，必须在国家法律的指导下，结合我国现有实际，并参考借鉴国外的管理经验，通过对不同种类、不同性质的危险化学品的危险程度，确定各种或各类危险化学品在特定经营场所的储存量及储存品种，即建立标准以量化的形式来控制危险化学品的经营，有利于经营危险化学品的安全管理。

（2）建立健全并实施企业的经营管理制度和安全生产管理制度

建立健全危险化学品经营的各项制度，是保证危险化学品企业安全经营的前提，也是企业发展的客观需要。

经营管理制度主要包括经营人员岗位责任制、危险化学品购销管理制度、危险化学品经营手续环节交接责任制度、危险化学品运输管理制度、危险化学品储存保管制度等。安全生产管理制度主要包括各级安全生产责任制、各类岗位安全操作规程、安全生产检查制度、安全生产培训教育制度、事故调查报告处理制度、特种设备及特种作业人员安全管理制度、劳动保护用品发放管理制度、安全生产奖惩制度等。

企业要根据自身的特点，建立健全经营管理和安全生产管理的各项制度并组织实施，确保制度到位，责任到人。

（3）加强各类岗位人员的教育培训和管理

事故往往因人的不安全行为而起，管理好人是保证危险化学品企业安全经营的重要环节。根据国家标准《企业职工伤亡事故分类》(GB 6441—1986)，对人的不安全行为表现分为：操作错误、忽视安全、忽视警告；造成安全装置失效；使用不安全设备；手代替工具操作；物体存放不当；冒险进入危险场所；攀坐不安全位置；在起吊物下作业、停留；机器运转时加油、修理、检查、调整、焊接、清扫等工作；有分散注意力行为；在必须使用个人防护用具的作业或场合中忽视其使用；不安全装束；对易燃易爆等危险品处理错误等。

产生这些不安全行为有主观上的心理因素、生理因素和技能因素，客观上有管理因素、教育训练因素、设备及环境因素和社会因素。因此企业除了改善工作条件，建立良好的团队之外，首先要强化对员工的安全教育与培训，提高员工素质，特别是让员工明确所经营危险化学品的性质，以保证安全操作。

（4）加强经营储存场所设施建设，定期检查维护，改善作业环境

企业经营、储存设施状况的好坏直接影响着企业的安全。因此要求经营危险化学品企业选用符合相关规范要求的设备，特别是特种设备必须按规定申请定期检测，同时做好企业内部的检查维护工作，改善作业环境，保证经营危险化学品

在允许的环境条件下储存、搬运、流通。

（5）建立危险化学品经营企业事故应急救援预案

合理的建立事故应急救援预案，是贯彻“安全第一，预防为主”的安全生产方针的重要环节。事故具有突发性，一旦发生，扰乱正常的经营秩序，人们的思想往往会出现慌乱，领导或临时成立的抢救组制定不出有效的抢救措施、事先物质准备不充分、抢救人员迟迟不到位以及其他种种现象，从而延误抢救的最佳时机，导致事故扩大，很多事故证明了这一点。如果事先制定并实施了事故应急救援预案，就可以避免上述情况的发生，及时有效、正确地实施现场抢险救援措施，最大限度减少人员伤亡和财产损失。因此，制定和实施事故应急救援预案，对危险化学品经营企业必不可少。主要负责人要根据企业安全生产经营状况，组织有关部门、专家和技术人员认真研究本企业可能出现的事故，明确从业人员各自的责任，制定出符合实际、操作性强的事故应急救援预案。预案要发到每个职能部门、每个班组，组织全员学习演练，使从业人员熟知内容，掌握救援方法。当企业安全经营条件发生变化，要重新制定事故应急救援预案。一旦事故发生，企业要按照事故应急救援预案中确定的救援方案，立即开展各项工作。

为了强化危险化学品经营企业安全管理，确保危险化学品生产、储存、销售、使用和废弃全过程的安全，国家应完善经营危险化学品相关标准，量化危险化学品的经营许可数量。同时，经营危险化学品企业在合法经营的前提下，不断完善企业的管理制度，改善经营环境，进一步落实安全责任，促进企业将安全生产工作抓实、抓好。

2.2 危险化学品经营许可证管理

由国家经济贸易委员会2002年10月颁布，2002年11月15日起施行的《危险化学品经营许可证管理办法》规定，国家对危险化学品经营销售实行许可制度。一切经营、销售危险化学品的企业、单位、个体工商户、百货商店（场）、企业分支机构的批发、零售、化工生产企业在厂外设立的销售网点，都必须依法取得《中华人民共和国危险化学品经营许可证》（以下简称经营许可证），并凭经营许可证依法向工商行政管理部门申请办理登记注册手续。未取得经营许可证和未经工商登记注册，任何单位和个人不得经营销售危险化学品。

《危险化学品经营许可证管理办法》对经营范围、许可证种类、许可证的申请与审批、经营许可证的监督管理等做出了明确规定。

2.2.1 经营范围

危险化学品许可经营范围包括：爆炸品、压缩气体和液化气体、易燃液体、易燃固体、自燃物品和遇湿易燃物品、氧化剂和有机过氧化物、有毒品和腐蚀品等。危险化学品许可经营范围不包括：民用爆炸品、放射性物品、核能物质和城镇燃气（包括民用液化石油气）；禁止经营《淘汰落后生产能力、工艺和产品的目录》中的落后产品中的危险化学品、《禁止进口货物目录》和《禁止出口货物目录》中的危险化学品。

可以经营属于危险化学品类农药的单位包括：

（1）供销合作社的农业生产资料经营单位；

（2）植物保护站；

（3）土壤肥料站；

（4）农业、林业技术推广机构；

（5）森林病虫害防治机构；

（6）农药生产企业；

（7）国务院规定的其他经营单位。

个体工商户和百货商店（场）不得经营工业生产、农业生产、国防军工等使用的危险化学品和运输工具使用的成品油和液化气；个体工商户不得经营建筑装饰、科教文卫、家庭生活等使用的剧毒化学品；百货商店（场）不得经营家庭生活使用的危险化学品以外的危险化学品。

经营具有危险性的监控化学品、成品油、运输工具用液化气（液化石油气、液化天然气）、属于一类易制毒化学品的危险化学品，须出具市级主管部门的批准文件。

2.2.2　许可证种类

经营许可证分为甲、乙两种。取得甲种经营许可证的单位可经营销售剧毒化学品、成品油和运输工具用液化气〔液化石油气、液化天然气〕和其他危险化学品；取得乙种经营许可证的单位只能经营销售除剧毒化学品、成品油和运输工具用液化气（液化石油气、液化天然气）以外的危险化学品。

2.2.3　经营许可证的申请与审批

（1）危险化学品经营单位基本条件

危险化学品经营单位，应当具备以下基本条件：

① 经营和储存场所、设施、建筑物符合国家标准《建筑设计防火规范》（GB 50016—2006）、《爆炸危险场所安全规定》和《仓库防火安全管理规则》等规定，建筑物应当经公安消防机构验收合格；

② 经营条件、储存条件符合《危险化学品经营企业开业条件和技术要求》（GB 18265—2000）、《常用危险化学品储存通则》（GB 15603—1995）的规定；

③ 单位主要负责人和主管人员、安全生产管理人员和业务人员必须经过专业培训，并经考核，取得上岗资格；

④ 有健全的经营管理制度和安全生产管理制度；

⑤ 有本单位事故应急救援预案。经营单位租赁经营场所或储存场所的，经营单位应当与经营场所或储存场所的所有者共同编制事故应急救援预案。

(2) 对危险化学品经营经营单位的安全评价

申请经营许可证的单位自主选择具有资质的安全评价机构，对本单位的经营条件进行安全评价。安全评价机构应当依据国家安全生产监督管理局《危险化学品经营单位安全评价导则》，对申请经营许可证的单位进行评价，并出具安全评价报告书。

(3) 申请经营许可证需要提交的材料

申请经营许可证，必须由本单位的主要负责人申办，提交下列材料：

①《危险化学品经营许可证申请表》一式 3 份和电子版 1 份；

② 安全评价报告书，该报告书由有资质的评价单位制作，且报告中存在的问题已整改完毕；

③ 经营和储存场所建筑物消防安全验收文件的原件及复印件；

④ 经营和储存场所、设施产权或租赁证明文件原件及复印件；

⑤ 单位主要负责人和主管人员、安全生产管理人员和业务人员经专业培训考核的合格证书原件及复印件；

⑥ 经营管理制度和安全生产管理制度。经营管理制度，主要包括经营人员岗位责任制、危险化学品（剧毒物品）购销管理制度、危险化学品经营手续环节交接责任管理制度、危险化学品运输管理制度、危险化学品储存保管管理制度等。安全生产管理制度，主要包括各级安全生产责任制、各岗位安全操作规程、安全生产检查制度、安全生产培训教育制度、事故调查报告处理制度、特种设备及特种作业人员安全管理制度、劳动保护用品发放管理制度、安全生产奖惩制度等。

⑦ 本单位事故应急预案，包括机构设置、人员分工、救护措施等；

⑧ 经营具有危险性的监控化学品、成品油（包括运输工具用液化气）须出具国家、市级经济贸易主管部门的批准文件。经营属于一类易制毒化学品和农药的危险化学品必须出具市级有关主管部门的批准文件。

(4) 经营许可证的发放

发证机关应当在受理申请后，按照行改审批程序对申请人提交的材料进行审查和现场核查，对符合条件的，颁发经营许可证。

经营许可证应当载明下列事项：

① 经营单位名称；

② 经营单位住所(地址和经营场所)；

③ 经营单位法定代表人或负责人姓名；

④ 经营单位的经济类型；

⑤ 许可经营范围(剧毒化学品应当注明品名，其他危险化学品应当注明类项；成品油应当注明油品名称)；

⑥ 经营方式；

⑦ 发证机关；

⑧ 发证日期和有效期限；

⑨ 登记编号。

经营单位改建、扩建或者迁移经营、储存场所，扩大许可经营范围，应当事前重新申请办理经营许可证。

经营单位变更单位名称、经济类型或者注册的法定代表人或负责人，应向原发证机关申办变更手续，换发新的经营许可证。

经营单位将经营许可证损坏、丢失，不补发，应重新申请办理经营许可证。原经营许可证自行注销。经营单位不得转让、买卖、出租、出借、伪造或者变造经营许可证。

经营许可证有效期为3年。有效期满后，经营单位继续从事危险化学品经营活动的，应当在经营许可证有效期满前3个月内向原发证机关提出换证申请，经审查合格后换领新证。

经营单位每年12月底将本单位年度经营、安全、事故情况通报发证机关。

发证机关应将经营许可证的发放情况，定期向同级公安、环保部门通报。

2.2.4　经营许可证的监督管理

经营许可证的审批分为受理、审核、中止审批、复核、审定、告知六个程序。发证机关应当坚持公开、公平、公正的原则，严格依照法律、法规、规章和标准规定的条件及程序，审批、发放经营许可证。

发证机关应当加强对经营许可证的监督管理，建立、健全经营许可证审批、发放档案管理制度，该档案保管期为4年。

区、县级发证机关应当在每月10日前将本辖区上月经营许可证的审批、发放情况和发证企业的《危险化学品经营许可证申请表》(一份)报市安全生产监督管理局备案。市安全生产监督管理局应当将本行政区年度经营许可证的审批、发放情况报国家安全生产监督管理局备案。

发证机关应当对已取得经营许可证的单位进行监督检查。经营单位应当接受发证机关依法实施的监督检查，无正当理由，任何单位和个人不得拒绝、阻挠。

2.3 危险化学品经营企业开业条件和技术要求

2000年1月1日颁布的《危险化学品经营企业开业条件和技术要求》(GB 18265—2000)，对危险化学品经营从业人员技术的要求、企业经营条件、储运条件、废弃物处理以及经营许可证等做出了明确要求。

2.3.1 从业人员技术要求

(1) 危险化学品经营企业的法定代表人或经理应经过国家授权部门的专业培训，取得合格证书方能从事经营活动。

(2) 企业业务经营人员应经国家授权部门的专业培训，取得合格证书方能上岗。

(3) 经营剧毒物品企业的人员，除满足(1)、(2)要求外，还应经过县级以上(含县级)公安部门的专门培训，取得合格证书方可上岗。

2.3.2 企业经营条件

(1) 危险化学品经营企业的经营场所应坐落在交通便利、便于疏散处。

(2) 危险化学品经营企业的经营场所的建筑物应符合 GB 50016—2006 的要求。

(3) 从事危险化学品批发业务的企业，应具备经县级以上(含县级)公安、消防部门批准的专用危险品仓库(自有或租用)。所经营的危险化学品不得放在业务经营场所。

(4) 零售业务只许经营除爆炸品、放射性物品、剧毒物品以外的危险化学品。并满足如下条件:

① 零售业管的店面应与繁华商业区或居住人口稠密区保持500m以上距离。

② 零售业务的店面经营面积(不含库房)应不小于$60m^2$，其店面内不得设有生活设施。

③ 零售业务的店面内只许存放民用小包装的危险化学品，其存放总量不得超过1t。

④ 零售业管的店面内危险化学品的摆放应布局合理，禁忌物料不能混放。综合性商场(含建材市场)所经营的危险化学品应有专柜存放。

⑤ 零售业务的店面内显著位置应设有“禁止明火”等警示标志。

⑥ 零售业务的店面内应放置有效的消防、急救安全设施。

⑦ 零售业务的店面与存放危险化学品的库房(或罩棚)应有实墙相隔。单一品种存放量不能超过500kg，总量不能超过2t。

⑧ 零售店面备货库房应根据危险化学品的性质与禁忌分别采用隔离储存或隔开储存或分离储存等不同方式进行储存。

⑨ 零售业务的店面备货库房应报公安、消防部门批准。

(5) 经营易燃易爆品的企业，应向县级以上(含县级)公安、消防部门申领易燃易爆品消防安全经营许可证。

(6) 危险化学品经营企业，应向供货方索取并向用户提供《化学品安全资料表》GB/T 17519.1—1998 第 5 章 MSDS 的内容和一般形式所规定的 16 个项目的有关信息。

2.3.3　储运条件

2.3.3.1　仓储

(1)地点设置

① 危险化学品仓库按其使用性质和经营规模分为三种类型：大型仓库(库房或货场总面大于 9000m^2)；中型仓库(库房或货场总面积在 550m^2 ~ 9000m^2 之间)；小型仓库(库房或货场总面积小于 550m^2)；

② 大中型危险化学品仓库应选址在远离市区和居民区的当在主导风向的下风向和河流下游的地域；

③ 大中型危险化学品仓库应与周围公共建筑物、交通干线(公路、铁路、水路)、工矿企业等距离至少保持 1000m；

④ 大中型危险化学品仓库内应设库区和生活区，两区之间应有 2m 以上的实体围墙，围墙与库区内建筑的距离不宜小于 5m，并应满足围墙建筑物之间的防火距离要求；

⑤ 大型仓库应符合企业经营条件之(4)⑦、⑧、⑨的规定；

⑥ 危险化学品专用仓库应向县级以上(含县级)公安、消防部门申领消防安全储存许可证。

(2) 建筑结构

① 危险化学品的库房建筑应符合 GB 50016—2006 的要求；

② 危险化学品仓库的建筑屋架应根据所存危险化学品的类别和危险等级采用木结构、钢结构或装配式钢筋混凝土结构。砌砖墙、石墙、混凝土墙及钢筋混凝土墙；

③ 库房门应为钛门或木质外包铁皮，采用外开式。设置高侧窗(剧毒物品仓库的窗房应加高铁护栏)；

④ 毒害性、腐蚀性危险化学品库房的耐火等级不得低于二级。易燃易爆性危险化学品库房的耐火等级不得低于三级。爆炸品应储存于一级轻顶耐火建筑内，低、中闪点液体、一级易燃固体、自燃物品、压缩气体和液化气体类应储存

于一级耐火建筑的库房内。

（3）储存管理

① 危险化学品仓库储存的危险化学品应符合 GB 15603—1995《常用化学危险品储存通则》、GB/T 17901.1—1999《信息技术 安全技术 密钥管理》、GB 17915—1999《腐蚀性商品储藏养护技术条件》、GB 17916—1999《毒害性商品储藏养护技术条件》；

② 入库的危险化学品应符合产品标准，收货保管员应严格按 GB 190—1990《危险货物包装标志》的规定验收内外标志、包装、容器等，并做到账、货、卡相符；

③ 库存危险化学品应根据其化学性质分区、分类、分库储存，禁忌物料不能混存。灭火方法不同的危险化学品不能同库储存；

④ 库存危险化学品应保持相应的垛距、墙距、柱距。垛与垛间距不小于 0.8m，垛与墙、柱的间距不小于 0.3m。主要通道的宽度不于小于 1.8m；

⑤ 危险化学品仓库的保管员应经过岗前和定期培训，持证上岗，做到一日两检，并做好检查记录。检查中发现危险化学品存在质量变质、包装破损、渗漏等问题应及时通知货主或有关部门，采取应急措施解决；

⑥ 危险化学品仓库应设有专职或兼职的危险化学品养护员，负责危险化学品的技术养护、管理和监测工作；

⑦ 各类危险化学品均应按其性质储存在适宜的温湿度内。

2.3.3.2 运输

（1）运输危险化学品的车辆应专车专用，并有明显标志。

（2）危险化学品在运输中，包装应牢固。各类危险化学品包装应符合 GB 12463的规定。

（3）运输剧毒物品时，应持有公安部门签发的《剧毒物品运输证》。应有专人押运，防止被盗、丢失现象。

（4）互为禁忌物料不能装在同一车、船内运输。

（5）易燃、易爆品不能装在铁帮、铁底车、船内运输。

（6）易燃液体闪点在 28℃以下的，气温高于 28℃时应在夜间运输。

（7）禁止无关人员搭乘运输危险化学品的车、船和其他运输工具。

（8）运输危险化学品的车、船应有消防安全设施。

2.3.3.3 安全保证

（1）安全设施

① 危险化学品仓库应根据经营规模的大小设置、配备足够的消防设施和器材，应有消防水池、消防管网和消防栓等消防水源设施。大型危险物品仓库应设有专职消防队，并配有消防车。消防器材应当设置在明显和便于取用的地点，周

围不准放物品和杂物。仓库的消防设施、器材应当有专人管理，负责检查、保养、更新和添置，确保完好有效。对于各种消防设施、器材严禁圈占、埋压和挪用；

② 危险化学品仓库应设有避雷设施，并每年至少检测一次，使之安全有效；

③ 对于易产生粉尘、蒸气、腐蚀性气体的库房，应使用密闭的防护措施，有爆炸危险的库房应当使用防爆型电气设备。剧毒物品的库房还应安装机械通风排毒设备；

④ 危险化学品仓库应设有消防、治安报警装置。有供报警、联络的通讯设备。

（2）安全组织

危险化学品经营企业应设有安全保卫组织。危险化学品仓库应有专职或义务消防、警卫队伍。无论专职还是义务消防、警卫队伍，都应制定灭火预案并经常进行消防演练。

（3）安全制度

① 危险化学品仓库应有完善的安全管理制度和逐级安全检查制度，对查出的不安全隐患应及时整改；

② 进入危险化学品库区的机动车辆应安装防火罩。机动车装卸货物后，不准在库区、库房、货场内停放和修理；

③ 汽车、拖拉机不准进入甲、乙、丙类物品库房。进入甲、乙类物品库房的电瓶车、铲车应是防爆型的；进入丙类物品库房的电瓶车、铲车，应装有防止火花溅出的安全装置；

④ 对剧毒物品的管理应执行"五双"制度，即：双人验收、双人保管、双人发货、双把锁、双本账；

⑤ 储存危险化学的建筑物、区域内严禁吸烟和使用明火。

（4）安全操作

① 装卸毒害品人员应具有操作毒品一般知识。操作时轻拿轻放，不得碰撞、倒置，防止包装破损，商品外溢。

作业人员应佩带手套和相应的防毒口罩或面具，穿防护服。

作业中不得饮食，不得用手擦嘴、脸、眼睛。每次作业完毕，应及时用肥皂（或专用洗涤剂）洗净面部、手部，用清水漱口，防护用具应及时清洗，集中存放。

② 装卸易燃易爆品人员应穿工作服，带手套、口罩等必需的防护用具，操作中轻搬轻放、防止摩擦和撞击。

各项操作不得使用能产生火花的工具，作业现场应远离热源和火源。

装卸易燃液体须穿防静电工作服。禁止穿带钉鞋。大桶不得在水泥地面滚动。

桶装各种氧化剂不得在水泥地面滚动。

③ 装卸腐蚀人员应穿工作服、戴护目镜、胶皮手套、胶皮围裙等必需的防护用具。操作时，应轻搬轻放，严禁背负肩扛，防止摩擦震动和撞击。

不能使用沾染异物和能产生火花机具，作业现场须远离热源和火源。

④ 各类危险化学品分装、改装、开箱(桶)检查等应在库房外进行。

⑤ 在操作各类危险化学品时，企业应在经营店面和仓库，针对各类危险化学品的性质，准备相应的急救药品和制定急救预案。

2.3.4 废弃物处理

(1) 禁止在危险化学品储存区域内堆积可燃性废弃物。

(2) 泄漏或渗漏危险化学品的包装容器应迅速转移至安全区域。

(3) 按危险化学品特性，用化学的或物理的方法处理废弃物品，不得任意抛弃，防止污染水源或环境。

2.3.5 危险化学品经营许可证

(1) 企业从事危险化学品经营活动必须取得危险化学品经营许可证。

(2) 危险化学品经营许可证由国家授权的部门统一制作、发放。

(3) 危险化学品经营企业应符合前述要求，并取得消防安全许可证后，方可申领《危险化学品经营许可证》。并凭《危险化学品经营许可证》申办营业执照。

2.4 危险化学品经营单位人员培训和考核管理

《危险化学品经营企业开业条件和技术要求》(GB 18265—2000)规定，危险化学品经营企业的法定代表人或经理应经过国家授权部门的专业培训，取得合格证书方能从事经营活动。企业业务经营人员应经国家授权部门的专业培训，取得合格证书方能上岗。

2.4.1 法定代表人或经理的培训和考核

2.4.1.1 培训的目的和要求

(1) 培训的目的

对于危险化学品经营单位的法定代表人或经理，按照规定必须接受安全管理和安全技术培训。通过培训，使培训对象熟悉危险化学品经营安全管理的有关法律、法规、规章和国家标准，掌握危险化学品基本特性、安全技术等专业知识，了解职业卫生防护和应急救援知识，具有一定的危险化学品安全管理技能，达到危险化学品经营安全管理工作要求。

（2）培训要求

① 安全培训包括相关法律法规、安全管理、安全技术理论培训和实际安全管理能力训练. 培训要坚持理论与实际相结合，注重职业道德、安全意识和实际管理能力的综合培养。

② 实际操作训练中，应视具体情况采取相应的安全防范措施。

③ 培训应有足够的教学场地、设备和器材等条件。

④ 应安排讲课、现场培训、复习、考试等环节. 讲课内容根据不同的人员而定。

2.4.1.2　培训内容

根据《危险化学品经营单位法定代表人或经理、安全管理人员培训大纲及考核标准》(试行)(安监管人字(2003)31 号)规定，对危险化学品经营单位的法定代表人或经理的培训内容包括：

（1）危险化学品安全管理的重要性及相关法律法规。

（2）危险化学品基本知识。

（3）危险化学品经营的安全管理。

（4）危险化学品事故应急预案和应急救援。

（5）危险化学品经营单位的安全技术措施。

（6）工作场所职业危害及预防。

（7）危险化学品登记办法。

（8）实际操作培训。

2.4.1.3　学时安排

危险化学品经营单位法定代表人或经理培训不少于 48 学时，具体章节课时安排参考见表 2－1。

表 2－1　培训课时安排参考表

授 课 内 容	课 时	备 注
危险化学品安全管理的重要性及有关法律、法规	6 课时	
危险化学品基本知识	6 课时	
案例分析与讨论	2 课时	
危险化学品经营的安全管理	12 课时	
事故应急救援和应急处置	4 课时	
案例分析与讨论	2 课时	
危险化学品经营的安全技术措施。包括防火防爆、压力容器、电气安全	6 课时	
工作场所职业危害及预防	4 课时	
案例分析与讨论	2 课时	

续表

授 课 内 容	课 时	备 注
综合复习	2 课时	
考核	2 课时	
合 计	48 课时	

2.4.1.4 考核方式及标准

（1）考核分为基础知识考试和实际能力考核两部分。

（2）基础知识为闭卷笔试。考试时间为 90 分钟。考核采用百分制，60 分及以上为合格。

（3）实际能力考核成绩评定分为优良、合格、不合格。

（4）考试及实际能力考核均合格者，方判为合格。考试(核)不合格允许补考一次，补考仍不合格者需要重新培训。

2.4.1.5 理论考核要点

（1）危险化学品基本知识。

（2）化学品安全技术说明书、化学品安全标签。

（3）危险化学品经营的安全管理。

（4）危险化学品储存的安全管理。

（5）危险化学品运输、包装的安全管理。

（6）危险化学品事故应急救援和应急处置。

（7）危险化学品经营安全管理的法律责任。

（8）危险化学品经营单位的安全管理要求。

（9）防火防爆。

（10）压力容器。

（11）电气安全。

（12）工作场所职业危害及预防。

（13）危险化学品登记办法。

2.4.1.6 实际能力考核

（1）能认真贯彻执行国家的安全生产方针、政策和安全生产法规。

（2）有一定的安全生产实际经验和组织管理能力。

（3）能主持制定安全管理规章制度，并切实组织实施。

（4）能有效地组织安全检查和处理事故隐患，正确进行事故处理。

（5）使用《危险货物品名表》(GB 12288—1990)、《常用危险化学品的分类及标志》(GB 13690—1992)，查阅指定品种的归类、归项和危险特性，并能表述出经营的安全管理要点。

(5) 会阅读和使用安全技术说明书和安全标签，并能表述出经营的安全管理要点。

2.4.2 企业业务经营人员和安全生产管理人员

2.4.2.1 培训目的和要求

(1) 培训目的

对于危险化学品经营单位的企业业务经营人员和安全管理人员，通过培训，使培训对象熟悉危险化学品经营单位安全管理的有关法律、法规、规章和国家标准，掌握危险化学品基本特性、安全技术等专业知识，了解职业卫生防护和应急救援知识，具有一定的危险化学品安全管理技能，达到独立上岗履行安全管理职责的工作要求。

(2) 培训要求

① 安全培训包括相关法律法规、安全管理、安全技术理论培训和实际安全管理能力训练，培训要坚持理论与实际相结合，注重职业道德、安全意识和实际管理能力的综合培养。

② 实际操作训练中，应视具体情况采取相应的安全防范措施。

③ 培训应有足够的教学场地、设备和器材等条件。

④ 应安排讲课、现场培训、复习、考试等环节。

2.4.2.2 培训内容

根据《危险化学品经营单位法定代表人或经理、企业业务经营人员和安全管理人员培训大纲及考核标准》(试行)(安监管人字(2003)31号)规定，对危险化学品经营单位的企业业务经营人员和安全管理人员的培训内容包括：

(1) 危险化学品安全管理的重要性及相关法律法规。

(2) 危险化学品基本知识。

(3) 危险化学品经营的安全管理。

(4) 危险化学品事故应急预案和应急救援。

(5) 危险化学品经营单位的安全技术措施。

(6) 工作场所职业危害及预防。

(7) 危险化学品登记办法。

(8) 实际操作培训。

2.4.2.3 学时安排

企业业务经营人员和安全生产管理人员培训56学时，其中安全管理和安全理论培训时间为50学时，案例讨论时间为6学时。具体章节课时安排参考见表2-2。

表2-2 培训课时安排参考表

授课内容	课时	备注
危险化学品安全管理的重要性及有关法律、法规	6课时	
危险化学品基本知识	10课时	
案例分析与讨论	2课时	
危险化学品经营的安全管理	12课时	
事故应急救援和应急处置	6课时	
案例分析与讨论	2课时	
危险化学品经营的安全技术措施，包括防火防爆、压力容器、电气安全	8课时	
工作场所职业危害及预防	4课时	
案例分析与讨论	2课时	
综合复习	2课时	
考核	2课时	
合计	56课时	

2.4.2.4 考核方式及标准

（1）考核分为基础知识考试和实际能力考核两部分。

（2）基础知识为闭卷笔试。考试时间为90分钟。考核采用百分制，60分及以上为合格。

（3）实际能力考核成绩评定分为优良、合格、不合格。

（4）考试及实际能力考核均合格者，方判为合格。考试(核)不合格允许补考一次，补考仍不合格者需要重新培训。

2.4.2.5 理论考核要点

（1）危险化学品基本知识。

（2）化学品安全技术说明书、化学品安全标签。

（3）危险化学品经营的安全管理。

（4）危险化学品储存的安全管理。

（5）危险化学品运输、包装的安全管理。

（6）危险化学品事故应急救援和应急处置。

（7）危险化学品经营安全管理的法律责任。

（8）危险化学品经营单位的安全管理要求。

（9）防火防爆。

（10）压力容器。

（11）电气安全。

(12) 工作场所职业危害及预防。

(13) 危险化学品登记办法。

2.4.2.6　实际能力考核

(1) 能认真贯彻执行国家的安全生产方针、政策和安全生产法规。

(2) 有一定的安全生产实际经验和组织管理能力。

(3) 能组织制定安全管理规章制度，并切实组织实施。

(4) 能有效地组织安全检查和处理事故隐患，正确进行事故处理。

(5) 会阅读和使用安全技术说明书和安全标签，并能表述出经营的安全管理要点。

(6) 对一个给定的危险化学品仓库(或经营场所)，能分析其存在的事故隐患或者对其进行危险分析，并在编写的书面报告中提出应采取的主要安全对策。

2.5　危险化学品经营单位安全管理制度

严格的规章制度是危险化学品经营单位实现安全生产的基本保障。根据《中华人民共和国安全生产法》和《危险化学品安全管理条例》规定，危险化学品经营单位应建立健全安全管理制度，以确保危险化学品经营单位达到基本的安全标准，也为安全评价机构评价经营单位安全管理状况提供基本资料。

2.5.1　危险化学品经营单位安全管理制度种类

按危险化学品经营单位的经营范围可以将安全管理制度分为公共、经营、储存、运输和加油站五类。"公共"是指所有经营单位都必须建立的管理制度；"经营"是指涉及经营环节的管理制度；"储存"是指涉及储存环节的管理制度；"运输"是指涉及运输环节的管理制度；"加油站"是指涉及加油站特点的管理制度。

表2-3列出了常用的危险化学品经营单位安全管理制度。

表2-3　危险化学品经营单位安全管理制度一览表

类　别	序　号	名　　称	备　注
安全生产责任制	1	决策层安全生产责任制	公共
	2	管理层安全生产责任制	
	3	岗位安全生产责任制	
安全生产规章制度	1	危险化学品购销管理制度	经营
	2	剧毒化学品购销管理制度(如有剧毒化学品)	
	3	危险化学品经营手续环节交接责任管理制度	

续表

类别	序号	名称	备注
安全生产规章制度	4	危险化学品储存保管制度	储存
	5	出入库登记管理制度	
	6	危险化学品养护管理制度	
	7	易燃易爆危险化学品管理制度	
	8	毒害性危险化学品管理制度	
	9	腐蚀性危险化学品管理制度	
	10	危险化学品运输管理制度	运输
	11	废弃危险化学品处理办法	公共
	12	危险化学品安全技术说明书和安全标签管理办法	
安全生产规章制度	13	安全检查管理制度	公共
	14	安全教育培训制度	
	15	安全奖惩制度	
	16	消防制度	
	17	事故报告处理制度	
	18	设备管理制度	
	19	特种作业人员安全管理制度	
	20	劳动保护用品发放制度	
	21	危险化学品安全事故应急救援预案	
	22	动火管理制度	
	23	重大危险源管理制度(如有重大危险源)	
	24	用电管理制度	
	25	加油站储油罐区管理制度	加油站
	26	加油站进出车辆、人员管理制度	
	27	装卸油安全管理制度	
岗位安全操作规程	1	市场开发岗位；定货岗位；验货及验票岗位；发货岗位	经营
	2	出入库岗位；库房管理岗位；库房养护岗位；巡检岗位；搬运、装卸岗位	储存
	3	司机岗位；押运员岗位；车辆保养维修岗位	运输

2.5.2 安全管理制度编写要点

经营单位的安全管理制度主要包括安全生产责任制、安全生产规章制度和岗位安全操作规程三部分。

2.5.2.1 安全生产责任制

安全生产责任制是各项安全生产规章制度的核心，是明确单位各级领导、各个部门、各类人员在各自职责范围内对安全生产应负责任的制度。在编制安全生产责任制时，应根据各部门和人员职责分工来确定具体内容，要充分体现责权利相统一的原则，要“横向到边、纵向到底，不留死角”，形成全员、全面、全过程安全管理的完整制度体系。

对身兼数职的人员，可根据其兼职情况，承担其相应各职位的安全生产责任。

(1) 决策层安全生产责任制

① 明确决策层包括哪些人员。

② 明确上述人员的职责范围、所分管的工作内容及对其的资格要求。

③ 应涉及的责任制内容：

a. 明确对安全生产责任制责任主体和工作内容的要求(包括建立、健全、执行、检查和修订各阶段)。

b. 明确对安全生产规章制度和岗位安全操作规程责任主体和工作内容的要求(包括建立、健全、执行、检查和修订各阶段)。

c. 明确体现在生产经营活动中安全生产工作应同时计划、布置、检查、总结、评比。

d. 明确对安全生产投入的要求(必要资源、安全组织机构、人员配置等)。

e. 明确对安全检查及事故隐患处理的要求。

f. 明确对事故应急救援预案的要求(组织、制定、实施、完善等)。

g. 明确对生产安全事故处置的要求(调查、处理、上报)。

(2) 管理层安全生产责任制

① 明确管理层包括哪些人员。

② 明确上述人员的职责范围、所分管的工作内容及资格要求。

③ 应涉及的责任制内容：

a. 明确对各阶段安全生产责任制责任主体和工作内容的要求(包括制定、执行、检查和修订等阶段)。

b. 明确对各阶段安全生产规章制度和操作规程(包括制定、执行、检查和修订等阶段)。

c. 明确体现在生产经营活动中安全生产工作应同时计划、布置、检查、总结、评比。

d. 明确对贯彻执行上级指示的要求。

e. 明确对安全检查(检查、落实、监督、检查记录等)及重大事故隐患管理的要求。

f. 明确对事故应急救援预案的要求(组织制订、落实)。

g. 明确对化学品安全技术说明书和安全标签管理的要求。

h. 明确对年度经营、安全、事故情况总结的要求(调查、处理、上报)。

i. 完成领导临时交办的工作。

(3) 岗位安全生产责任制

① 明确岗位职责范围。

② 明确岗位人员安全生产责任及资格要求。

③ 应涉及的责任制内容:

a. 明确认真学习规章制度及业务知识的要求。

b. 明确遵守规章制度和操作规程的要求。

c. 明确有拒绝违章指挥、违章作业的权力。

d. 明确有阻止他人违章作业的权力。

e. 明确认真学习和提高事故预防及应急处理能力的要求。

f. 明确岗位安全检查的要求。

g. 明确事故隐患上报的要求。

h. 明确本岗位设备设施保养的要求。

i. 明确如实做好本岗位记录的要求。

2.5.2.2 安全生产规章制度

安全生产规章制度是国家安全生产法律法规的延伸，也是各单位贯彻执行法律法规的具体体现，是保障职工人身安全健康以及财产安全的最基本的规定。各经营单位应当在本纲要的基础上，根据各单位特点，制定具体且操作性强的规章制度。

(1) 危险化学品购销管理制度

① 明确适用范围(涉及到的采购、运输、销售等环节)。

② 明确承担主体的职责范围(如采购、销售人员职责范围)及资格要求。

③ 购销管理应涉及的内容:

a. 明确经政府相关部门许可的经营范围。

b. 明确采购时对供货方资格的要求。

c. 明确销售时对购买方资格的要求。

d. 明确承担运输、储存的单位和人员应具备的条件及资格要求。

e. 明确购买时对索取化学品安全技术说明书和安全标签的要求。

f. 明确销售时对化学品安全技术说明书和安全标签的下传责任。

g. 明确在操作过程中应注意的问题。

(2)剧毒化学品购销管理制度

① 明确适用范围(涉及到的采购、销售、出入库管理、运输等环节)。

② 明确承担主体的职责范围(如采购、保管、运输及销售人员的职责范围)及资格要求。

③ 购销管理应涉及的内容

剧毒化学品购销管理的内容除应执行《危险化学品购销管理制度》的基本要求外，还应包括：

a. 明确购买剧毒品前，应办理的证件及手续。

b. 审验采购合同文本，明确从供货方应获取的资料内容(资格、安全技术说明书和安全标签等)。

c. 明确销售环节的工作内容。

d. 明确销售剧毒危险品的记录要求(内容、保存期限等)。

e. 明确发生异常情况的处理要求(如误售、泄漏、被盗等)。

f. 明确与运输、储存部门的交接内容。

g. 明确剧毒化学品的管理要求，体现剧毒化学品管理。

h. 明确操作程序和防护用品穿戴要求。

i. 明确经营情况向主管部门备案的要求。

j. 购销环节中涉及到各相关资料、记录的要求。

(3) 危险化学品经营手续环节交接责任管理制度

① 明确适用范围(涉及到的采购、运输、入库、销售等环节)。

② 明确承担主体的职责范围(如采购、保管、运输及销售等人员的职责范围)及资格要求。

③ 经营手续环节交接管理应涉及的内容：

a. 审验采购合同文本。

b. 索取化学品安全技术说明书和安全标签。

c. 与运输储存部门的交接手续。

d. 明确销售环节的工作内容。

e. 明确经营手续各环节涉及到的各相关资料、记录管理的要求。

(4) 危险化学品储存保管制度

① 明确适用范围(涉及到的出入库、保管等环节)。

② 明确承担主体的职责范围(如储存保管人员的职责范围)及资格要求。

③ 储存保管应涉及的内容：

a. 审核储存合同文本或任务单、储存单位资格。

b. 明确出入库应交接的内容。

c. 明确对储存危险化学品库房(场所)的要求(温度、湿度、标志、耐火等级等)。

d. 明确存储方式和禁配要求。

e. 明确储存物品的堆垛要求、检查要求。

f. 明确发生异常情况下，应采取的应急措施。

g. 明确储存经营涉及到的相关资料、记录管理的要求。

(5) 危险化学品出入库管理制度

① 明确适用范围(涉及货物的出入库管理各个环节)。

② 明确承担主体的职责范围(如验收、保管、发货等人员的职责范围)及资格要求。

③ 出入库管理应涉及的内容:

a. 明确货物的验收程序、方式、地点等。

b. 明确出入库应查验的内容(品种、数量、规格、包装、标志等)。

c. 明确上账内容(包括品名、数量、经手人等)、账物必须相符。

d. 明确不符合入库规定货物的处理原则。

e. 明确出库的顺序原则。

f. 明确对进入储存区域的人员、车辆的要求。

g. 明确对储存库房的消防设施的要求及检查要求。

h. 明确对储存保管涉及到的相关资料、记录管理的要求。

(6) 危险化学品养护管理制度

① 明确适用范围(自有仓库和租赁仓库的危险化学品的养护管理环节)。

② 明确承担主体的职责范围(如从事危险化学品养护活动的自有人员、委托单位的人员的职责范围)及资格要求。

③ 危险化学品养护管理应涉及的内容:

a. 明确入库时的检验内容(品名、规格、数量、质量、包装、标志、化学品安全技术说明书和安全标签等)。

b. 明确储存中应检查的内容和周期。

c. 明确安全操作要求。

d. 明确对检查结果的处理方式或方法。

e. 明确对养护管理相关资料、记录管理的要求。

(7) 易燃易爆危险化学品管理制度

① 明确适用范围。

② 明确承担主体的职责范围及资格要求。

③ 易燃易爆危险化学品管理应涉及的内容:

a. 明确各类易燃易爆危险化学品存储库房的要求(耐火等级、温度、湿度、电气、通风、库房周边、卫生等)。

b. 明确储存中的禁忌要求(写明禁配物料名称)和储存方式。

c. 明确储存中的堆垛要求。

d. 明确运输要求和运输方法。

e. 明确安全操作要求。

f. 明确对易燃易爆危险化学品相关资料、记录管理的要求。涉及到爆炸品的要体现"五双"管理要求。

(8) 毒害性危险化学品管理制度

① 明确适用范围。

② 明确承担主体的职责范围及资格要求。

③ 毒害性危险化学品管理应涉及的内容:

a. 明确各种毒害性危险化学品存储库房的要求(耐火等级、温度、湿度、电气、通风、库房周边、卫生等)。

b. 明确储存中的禁忌要求(写明禁配物料名称)和储存方式。

c. 明确储存中的堆垛要求。

d. 明确运输要求和运输方法。

e. 明确安全操作要求。

f. 明确对毒害品相关资料、记录管理的要求。涉及到剧毒化学品的要体现"五双"管理要求。

(9) 腐蚀性危险化学品管理制度

① 明确适用范围。

② 明确承担主体的职责范围及资格要求。

③ 腐蚀性危险化学品管理应涉及的内容:

a. 明确各种腐蚀性危险化学品存储库房(棚)的要求(耐火等级、温度、湿度、电气、通风、库房周边、卫生等)或罐区设备设施要求。

b. 明确储存中的禁忌要求(写明禁配物料名称)和储存方式。

c. 明确储存中的堆垛要求。

d. 明确运输要求和运输方法。

e. 明确安全操作要求。

f. 明确对腐蚀性危险化学品相关资料、记录管理的要求。

(10) 危险化学品运输管理制度

① 明确适用范围(涉及到与运输有关的人员和单位)。

② 明确承担主体的职责范围(如司机、押运员等的职责范围)及资格要求。

③ 运输管理具体内容要点:

a. 审验运输合同文本或任务单、运输单位资格。

b. 明确运输工具、包装物应符合的要求。

c. 明确对运输单位和从业人员的告知义务及告知内容(禁忌、标志、防护、应急处理等)。

d. 明确运输、装卸作业中，应注意的问题。

e. 明确剧毒化学品运输时的特殊要求和管理规定。

(11) 废弃危险化学品处理办法

① 明确适用范围(自有仓库和租赁仓库的废弃危险化学品处理环节)。

② 明确承担主体的职责范围(如从事危险化学品废弃活动的自有人员、委托单位的人员的职责范围)及资格要求。

③ 废弃危险化学品处理环节管理的具体内容要点：

a. 审验合同文本(安全责任界定、废弃危险化学品品名是否明确)或任务来源。

b. 搜集与废弃活动有关的国家法律法规和其他要求。

c. 明确实施处理地点。

e. 明确废弃处理环节的具体工作内容。

f. 明确对废弃处理环节相关资料、记录管理的要求。

(12) 化学品安全技术说明书和安全标签管理办法

① 明确适用范围。

② 明确承担主体的职责范围。

③ 化学品安全技术说明书和安全标签管理应涉及的内容：

a. 明确索取化学品安全技术说明书和安全标签的内容和要求。

b. 明确化学品安全技术说明书和安全标签的传递程序和方法。

c. 明确化学品安全技术说明书和安全标签的建档和更新要求。

d. 明确与相关部门(培训、储存、养护、运输、应急救援等)进行信息沟通的途径和方法。

(13) 安全检查制度

① 明确适用范围。

② 明确承担主体的职责范围。

③ 安全检查应涉及的内容：

a. 明确安全检查方式(如日常、定期、季节性、节假日前后或者一般性、专业性的)及检查周期。

b. 明确安全检查内容(包括对思想认识、管理制度、现场环境、安全标志、问题整改、工艺、检测仪表等方面的检查内容)。

c. 明确检查内容及记录保存时限。

d. 明确对检查中发现问题的处理原则。

e. 明确对事故隐患下发限期整改要求及复查要求。

(14) 安全教育培训制度

① 明确适用范围。

② 明确承担主体的职责范围。

③ 安全教育培训管理应涉及的内容:

a. 明确安全教育培训的对象(如负责人、管理人员、一般员工、新进员工、外来人员、临时工作人员等)。

b. 明确各类人员接受安全教育的内容(思想、政策、法律法规、事故教训、安全基本技能、常识等)。

c. 明确培训应达到的目的及资格要求。

d. 明确安全教育培训方式(脱产学习或日常教育等)。

e. 明确培训时间、考核方式。

f. 明确哪些人员必须持证上岗(如危险化学品经营单位的法定代表人或主要负责人及安全生产管理人员应经过国家授权部门的专业培训，取得合格证书方能从事经营活动；单位其他从业人员应经过专业培训，取得合格证书方能上岗；特种作业人员经国家授权部门的专业培训，取得合格证书方能上岗)。

(15) 安全奖惩制度

① 明确适用范围。

② 明确承担主体(考核部门)的职责范围。

③ 安全奖惩应涉及的内容:

a. 明确应当受到奖励或处罚的人员及行为(如对安全生产工作做出贡献的部门和个人、违反各项规章制度的部门和个人等)。

b. 明确具体奖惩办法。

c. 明确考核方法(如平时的安全检查、抽查、培训考核等)。

(16) 消防(防火)管理制度

① 明确适用范围。

② 明确承担主体的职责范围。

③ 消防(防火)管理应涉及的内容:

a. 消防(防火)管理组织机构。

b. 明确各级人员的责任。

c. 明确义务消防组织。

d. 明确建立消防档案及档案内容。

e. 明确消防检查要求。

f. 明确防火的基本要求(如防雷、防静电、用火管理等)。

g. 明确消防器材的放置地点、器材种类的要求、数量的要求。

h. 明确消防设施的维护保养方式、方法。

(17) 生产安全事故管理规定

生产安全事故管理规定应依据《生产安全事故报告和调查处理条例》(2007 年 3 月 28 日国务院第 172 次常务会议通过，2007 年 6 月 1 日起施行。)及《特别重大事故调查程序暂行规定》(1989 年 1 月 3 日国务院第 31 次常务会议通过 1989 年 3 月 29 日国务院令第 34 号发布)进行编制。其要点包括：

① 明确适用范围。

② 明确承担主体的职责范围。

③ 生产安全事故管理应涉及的内容：

a. 依据政府有关规定及单位特点，划分事故等级及类别。

b. 按事故种类，明确事故的主管部门或负责人。

c. 对正在发生的事故，明确报告程序(如当事人直接或逐级上报主管负责人，发生火灾或人身事故应先报火警或医疗救护)。

d. 对正在发生的事故，明确处理原则。

e. 根据事故等级，确定是否上报政府主管部门。

f. 明确上报内容(事故发生的时间、地点、单位；事故的简要经过、伤亡人数，直接经济损失的初步估计；事故发生原因的初步判断；事故发生后采取的措施及事故控制情况；事故报告单位等)。

g. 明确调查程序(一般事故及重大事故分别由谁组织调查、参加)。

h. 明确对事故直接责任者、管理者等的处理原则(“四不放过”原则)。

i. 明确对发生过的事故进行登记的内容(时间、地点、事故经过、伤亡情况或经济损失、原因分析、防范措施、处理意见等)。

(18) 设备管理规定

① 明确适用范围。

② 明确承担主体的职责范围。

③ 设备管理应涉及的内容：

a. 明确应建立设备档案。

b. 明确设备的定期检查要求。

c. 明确设备维护应达到的要求(如正常运转、没有泄漏、没有严重腐蚀等)。

d. 明确设备问题的处理原则或程序。

e. 明确设备检修的基本要求。

f. 明确验收中应注意的问题。

g. 明确对强检设备的检测检修要求。

h. 明确重点设备有专门的管理方式。

i. 明确设备的报废要求。

(19) 特种作业人员安全管理规定

① 明确适用范围。

② 明确承担主体的职责范围。

③ 特种作业人员安全管理应涉及的内容:

a. 明确特种作业人员的种类。

b. 明确特种作业人员应具备的基本要求(身体健康、没有职业禁忌症等)。

c. 明确特种作业人员上岗必须符合国家及北京市对特种作业人员培训、考核(包括复审)管理规定的要求。

d. 明确证件管理的内容。

(20) 劳动保护用品管理规定

① 明确适用范围。

② 明确承担主体的职责范围。

③ 劳动保护用品管理应涉及的内容:

a. 确定劳动保护用品的发放对象及发放周期。

b. 明确劳动保护用品选用原则和要求,劳动保护用品的种类应与作业项目相适应。

c. 明确劳动保护用品的使用及检查的要求。

d. 明确劳动保护用品失效、报废要求。

(21) 危险化学品安全事故应急预案

① 明确适用范围。

② 明确承担主体的职责范围。

③ 危险化学品安全事故应急预案应涉及的内容:

a. 基本情况介绍(企业的周边环境、原材料的性质与数量、生产工艺、人员情况、现有安全措施、管理制度等)。

b. 可能事故及其危险、危害程度(范围)的预测(如火灾、爆炸、泄漏、自然灾害等,事故预测应符合实际情况)。

c. 应急救援的组成和职责(明确组织机构、内部分工、各自职责、负责人等内容)。

d. 报警与通讯(明确报警方式、救援中的相互联系方式、对外信息发布等)。

e. 现场抢救(针对事故预测,确定应急处置方案。包括:工程抢险、医疗救护、交通管制、人员疏散、现场监测等方案)。

f. 条件保障(包括:抢险队伍的组织、调集、物资及器材的供应保障等)。

g. 培训、演练及其记录(对应急人员的培训、预案的演练、预案的修订有明确的要求)。

(22)动火安全管理制度

① 明确适用范围。

② 明确承担主体的职责范围。

③ 动火安全管理应涉及的内容:

a. 明确申报程序。

b. 明确作业现场的检查内容。

c. 根据动火对象(盛装过危险化学品的工艺设施、容器或一般性作业)确定审批的权限,没有审批不得用火。

d. 明确对动火监护人的要求。

e. 明确对动火人的要求。

f. 明确一般应采取的安全防火措施(对设备、环境、器材、人员的要求等)。

g. 明确动火结束后检查确认的内容。

(23) 重大危险源管理制度

① 明确适用范围。

② 明确承担主体的职责范围。

③ 劳动保护用品管理应涉及的内容:

a. 建立重大危险源档案。

b. 定期进行安全检测、评估、监控。

c. 制定应急预案。

d. 明确相关人员在紧急情况下应采取的措施。

e. 对应急预案定期进行演练。

f. 明确重大危险源上报的内容及要求。

(24) 用电管理制度

① 明确适用范围。

② 明确承担主体的职责范围。

③ 用电管理应涉及的内容:

a. 明确对用电设备环境的要求。

b. 电气设备应有明显的警示标志。

c. 明确用电设备操作中应注意的问题。

d. 明确电气设备日常维护中应注意的问题。

e. 明确对移动用电设备安装安全保护装置(如漏电保护器)的要求。

f. 明确对特殊危险环境中的电气设备的特殊要求(如防爆型、增安型等)。

g. 明确临时用电应有审批的要求。

(25) 储油罐区管理制度

① 明确适用范围。

② 明确承担主体的职责范围及资格要求。

③ 储油罐区管理应涉及的内容：

a. 明确对储油罐区环境的要求。

b. 明确对储油罐区警示标志的要求。

c. 明确对储油罐区消防灭火器材配置的要求。

d. 明确储油罐日常维护应注意的问题。

e. 明确在储油罐区及附近用电、用火或机械作业的安全要求。

(26) 加油站进出车辆、人员管理制度

① 明确适用范围(包括进出加油站的内外部所有车辆)。

② 明确承担主体的职责范围(如一般汽车司机、油罐车司机、站内车辆管理等人员)。

③ 进出车辆、人员管理应涉及的内容：

a. 明确进出站时车辆的车速限制。

b. 明确对车内的人员的管理和限制。

c. 明确车辆进站、出站时的要求。

d. 明确对司机及外来人员的吸烟及用火的限制。

e. 明确站内车辆停放的具体位置要求。

f. 明确站内车辆维修应注意的问题。

g. 明确油罐车进站卸油的要求。

(27) 装卸油安全管理制度

① 明确适用范围。

② 明确承担主体的职责范围。

③ 装卸油安全管理应涉及的内容：

a. 明确对装卸油前应做好的准备工作的要求。

b. 明确装卸油过程中应监控的内容。

c. 明确装卸油过程中对人员、车辆、加油站管理的要求。

d. 明确装卸油后应确认的内容和应完成的工作。

e. 明确装卸油过程相关记录的填写和管理要求。

2.5.2.3 岗位安全操作规程

岗位安全操作规程是对经营单位各岗位如何遵守有关规定完成本岗位工作任务的具体做法的规定。

(1) 岗位安全操作规程种类

企业应当根据自身实际情况确定相应的岗位，保证本单位安全生产责任制中涉及到的所有岗位均有相应的岗位安全操作规程。

(2) 岗位安全操作规程编制

岗位安全操作规程应包括以下内容：

① 明确适用范围。

② 明确本岗位工作职责、权力和义务。

③ 岗位安全操作规程应涉及的内容：

a. 明确本岗位工作人员应当了解和掌握国家有关法律、法规、规范以及本岗位工作中所涉及的材料(含危险化学品)、设备、仪器等相关安全技术知识。

b. 明确本岗位必须具备的工作条件(包括人员资质、工作环境、工作场所、个体防护等)。

c. 明确本岗位工作程序(包括可能出现的异常情况及应急处理程序)。

2.6 危险化学品进出口安全管理

由于危险化学品对人体和环境存在着巨大的潜在危害，各国都制定了一系列法律法规，严格规范危险化学品的进出口行为，其中最具代表性和最有影响的是欧盟颁布的《危险化学品进出口管理法规》。我国的相应法规是《化学品首次进口及有毒化学品进出口环境管理规定》。

2.6.1 欧盟《危险化学品进出口管理法规》

为实施《关于在国际贸易中对某些危险化学品和农药采用事先知情同意程序的鹿特丹公约》；为促进在危险化学品的国际贸易中分担责任和开展合作，以保护人类健康与环境免受潜在危害；为保护各国的环境要求。欧盟颁布的《危险化学品进出口管理法规》共包含 26 章和 6 个附件。

2.6.1.1 法规适用范围

该法规适用于：鹿特丹公约事先知情同意程序下的危险化学品；欧共体或某一成员国禁止或严格限制的化学品；分类、包装和标签所涉范围下的所有出口化学品。

需要发出口通知的化学品范围见表 2－4。

表 2－4 需要发出口通知的化学品

化 学 品	化学文摘号	类 别
1,1,1－三氯乙烷	71－55－6	工业
1,2－二溴乙烷(EDB)	106－93－4	农药
二氯乙烯	107－06－2	农药
2－萘胺及盐	91－59－8	工业
2,4,5－涕	93－76－5	农药

续表

化学品	化学文摘号	类别
4－溴联苯及盐	92－67－1	工业
4－硝基联苯	92－92－3	工业
砷化合物		农药
石棉类 青石棉 铁石棉 直闪石 阳起石 透闪石 温石棉	 12001－28－4 12172－73－5 77536－67－5 77536－66－4 77536－68－6 132207－32－0	工业
乙基谷硫磷	2642－71－9	农药
苯	71－43－2	工业
对氨基联苯及盐和衍生物	92－87－5	
乐杀螨	485－31－4	农药
镉及其化合物	7440－43－9	工业
敌菌丹	2425－06－1	农药
四氯化碳	56－23－5	工业
杀虫脒	6164－98－3	农药
4－溴－2－(4－氯苯基)－1－(乙氧甲基)－5－(三氟甲基)－1*H*－吡咯－3－腈	122453－73－0	农药
乙酯杀螨醇	510－15－6	农药
氯仿	67－66－3	工业
杂芬油及相关物质	8001－58－9 61789－28－4 84650－04－4 90640－84－9 65996－91－0 90640－80－5 65996－82－2 8021－39－4 122384－78－5	工业
氯氟氰菊酯	68085－85－8	农药
DDB	75113－37－0	农药
三氯杀螨醇	115－32－2	农药
地乐酚和地乐酚盐	88－85－7	农药
地乐消	1420－07－1	农药

续表

化 学 品	化学文摘号	类 别
二硝基原甲酚	534-52-1	农药
环氧乙烷	75-21-8	农药
三苯基乙酸锡	900-95-8	农药
三苯基氢氧化锡	76-87-9	农药
氰戊菊酯	51630-58-1	农药
三(*N*,*N*-二甲基-二硫代氨基甲酸)铁	14484-64-1	农药
敌蚜胺	640-19-7	农药
六六六(混合异构体)	608-73-1	农药
六氯乙烷	67-72-1	工业
林丹	58-89-9	农药
(a)马来酰肼及盐 (b)马来酰肼的氯、钾、钠盐	123-33-1 51542-52-0	农药
汞化合物，包括无机汞化合物，烷基汞化合物和烷氧基及芳基汞化合物		农药
甲胺磷(有效成分含量超过1000g/L的可溶性液剂)	10265-92-6	极为危险的农药制剂
甲基对硫磷(有19.5%、40%、50%、和60%活性成分的对硫磷甲基可乳化浓缩体的某些制剂和有1.5%，2%和3%活性成分的粉尘)	298-00-0	极为危险的农药制剂
久效磷(有效成分含量超过600g/L的可溶性液剂)	6923-22-4	极为危险的农药制剂
绿谷隆	1746-81-2	农药
甲基-二溴-二苯基甲烷	99688-47-8	农药
甲基-二氯-二苯基甲烷		农药
甲基-四氯-二苯基甲烷	76253-60-6	农药
除草醚	1836-75-5	农药
对硫磷(除悬浮剂(CS)以外的所有制剂-气溶胶、可粉化的粉剂(DP)、乳油(EC)、颗粒剂(GR)和可湿性粉剂(WP)-均在此列)	56-38-2	极为危险的农药制剂
五氯苯酚	87-86-5	农药
二氯苯醚菊酯	52645-53-1	农药
磷胺(有效成分含量超过1000g/L的可溶性液剂)	13171-21-6(混合物、(E)和(Z)异构体)、23783-98-4((Z)-异构体)、297-99-4((E)-异构体)	极为危险的农药制剂

续表

化　学　品	化学文摘号	类　　别
多溴联苯(PBB)	36355－01－8(六－) 27858－07－7(八－) 13654－09－6(十－)	工业用
多氯三联苯(PCT)	61788－33－8	工业用
异丙基苯基氨基甲酸酯	122－42－9	农药
吡唑磷	13457－18－6	农药
五氯硝基苯	82－68－8	农药
1,2,4,5－四氯－3－硝基苯	117－18－0	农药
三有机锡化合物		农药；工业用
三(2,3－二溴丙磷酸酯)磷酸盐	126－72－7	工业用
三吖啶基氧化磷	545－55－1	工业用
代森锌	12122－67－7	农药

符合通知要求的化学品范围见表2－5。

表2－5　符合通知要求的化学品

化　学　品	化学文摘号	类　　别
2－奈胺及盐	91－59－8	工业
4－溴联苯及盐	92－67－1	工业
4－硝基联苯	92－92－3	工业
石棉类 青石棉 铁石棉 直闪石 阳起石 透闪石 温石棉	 12001－28－4 12172－73－5 77536－67－5 77536－66－4 77536－68－6 132207－32－0	工业
对氨基联苯及盐和衍生物	92－87－5	
4－溴－2－(4－氯苯基)－1－(乙氧甲基)－5－(三氟甲基)－1H－吡咯－3－腈	122453－73－0	农药
三氯杀螨醇	115－32－2	农药
地乐消	1420－07－1	农药
二硝基原甲酚	534－52－1	农药
三苯基乙酸锡	900－95－8	农药
三苯基氢氧化锡	76－87－9	农药
甲基－二溴－二苯基甲烷	99688－47－8	农药
甲基－二氯－二苯基甲烷		农药

续表

化学品	化学文摘号	类别
甲基－四氯－二苯基甲烷	76253－60－6	农药
除草醚	1836－75－5	农药
对硫磷(除悬浮剂(CS)以外的所有制剂－气溶胶、可粉化的粉剂(DP)、乳油(EC)、颗粒剂(GR)和可湿性粉剂(WP)－均在此列)	56－38－2	极为危险的农药制剂
吡唑磷	13457－18－6	农药
五氯硝基苯	82－68－8	农药
1,2,4,5－四氯－3－硝基苯	117－18－0	农药

适用事先知情同意的化学品见表2－6。

表2－6 适用事先知情同意的化学品

化学品	化学文摘号	类别
2,4,5－涕	93－76－5	农药
艾氏剂	309－00－2	农药
乐杀螨	485－31－4	农药
敌菌丹	2425－06－1	农药
氯丹	57－74－9	农药
杀虫脒	6164－98－3	农药
乙酯杀螨醇	510－15－6	农药
滴滴涕	50－29－3	农药
狄氏剂	60－57－1	农药
地乐酚和地乐酚盐	88－85－7	农药
1,2－二溴乙烷(EDB)	106－93－4	农药
二氯乙烯	107－06－2	农药
环氧乙烷	75－21－8	农药
敌蚜胺	640－19－7	农药
六六六(混合异构体)	608－73－1	农药
七氯	76－44－8	农药
六氯苯	118－74－1	农药
林丹	58－89－9	农药
汞化合物，包括无机汞化合物，烷基汞化合物和烷氧烷基及芳基汞化合物		农药
五氯苯酚	87－86－5	农药
毒杀酚	8001－35－2	农药
久效磷(有效成分含量超过600g/L的可溶性液剂)	6923－22－4	极为危险的农药制剂
甲胺磷(有效成分含量超过1000g/L的可溶性液剂)	10265－92－6	极为危险的农药制剂

续表

化 学 品	化学文摘号	类 别
磷胺(有效成分含量超过1000g/L的可溶性液剂)	13171－21－6(混合物、(E)和(Z)异构体)、23783－98－4((Z)－异构体)、297－99－4((E)－异构体)	极为危险的农药制剂
甲基对硫磷(有19.5%、40%、50%、和60%活性成分的对硫磷甲基可乳化浓缩体的某些制剂和有1.5%，2%和3%活性成分的粉尘)	298－00－0	极为危险的农药制剂
对硫磷(除悬浮剂(CS)以外的所有制剂－气溶胶、可粉化的粉剂(DP)、乳油(EC)、颗粒剂(GR)和可湿性粉剂(WP)－均在此列)	56－38－2	极为危险的农药制剂
青石棉	12001－28－4	工业用
多溴联苯(PBB)	36355－01－8(六－) 27858－07－7(八－) 13654－09－6(十－)	工业用
多氯联苯(PCB)	1336－36－3	工业用
多氯三联苯(PCT)	61788－33－8	工业用
三(2,3－二溴丙磷酸酯)磷酸盐	126－72－7	工业用

2.6.1.2　向缔约方和其他国家发出的出口通知

(1) 化学品从欧共体出口到某缔约方或其他国家时，出口商应在其出口行为发生前，不迟于30日内通知其国内的指定主管部门。此后，在任何日历年内的首次出口，出口商应在其出口行为发生前，不迟于15日内通知其国内的指定主管部门。此通知应完全符合规定内容要求。

各国指定主管部门应检查其通知是否符合规定的内容要求，并应迅速地将出口通知递交欧共体的专业委员会。

欧共体委员会应采取必要措施确保进口缔约方或其他国家的相应主管部门在该化学品首次出口前不迟于15日内收到此份出口通知。此后，在任何日历年内的首次出口前，收到此类通知。此通知将不涉及该化学品在进口缔约方或其他国家的期望用途。

每份出口通知将被记录在欧共体委员会的数据库中，化学品和进口缔约方或其他国家的信息清单每年更新一次，该记录将被公开，并被散发给各成员国的指定主管部门。

出口通知的基本格式如下：

出口通知

1. 出口物质的名称：

(a) 国际纯化学和应用化学联合会命名的名称

(b) 其他名(通用名、商品名和缩写名)

(c) 欧盟名录号和美国化学文摘号

(d) CUSNo. 和 CNCNo.

(e) 物质的主要杂质

2. 出口制剂的名称：

(a) 商品名和制剂名称

(b) 列于附件一中的物质的百分比与上条要求的特殊信息

3. 出口信息：

(a) 目的地国

(b) 产地国

(c) 当年第一次出口期望日期

(d) 在目的地国的用途

(e) 进口公司或进口商的名称、地址和其他特殊信息

(f) 出口公司或出口商的名称、地址和其他特殊信息

4. 指定的国家主管当局

(a) 欧盟指定主管当局官员的姓名、地址、电话和电传、和传真号码等

(b) 进口国指定主管当局官员的姓名、地址、电话和电传、和传真号码等

5. 预防信息包括危险分类等级和安全措施

6. 理化、毒理和生态毒理信息摘要

7. 该化学品在欧盟的用途

(a) 在鹿特丹公约中的用途、分类和欧共体的控制措施(禁止或严格限制)

(b) 该化学品未被禁止或严格限制的用途

(c) 如有可能，该化学品的生产、进口、出口和使用的估计数量

8. 减少该化学品暴露、排放的预防措施

9. 管制概要和原因

附件二第 2 条(a)，(c)和(d)中的信息概要

(2) 如果欧共体委员会在 30 日内未收到进口缔约方或其他国家对收到的出口通知发出的确认回复，委员会应发出第二次通知。委员会应做出相应的努力，以确保进口缔约方或其他国家收到第二次通知。

(3) 由于物质的上市、用途和标签等改变或当制剂的成分发生改变而使其标签变更等问题使欧共体修改了相应的立法时，就应提供一份新的出口通知，更新

的通知应完全符合附件三的内容要求并应指明这是对先前通知的修正。

（4）出口的化学品发生紧急情况而使任何的延迟都会危及进口缔约方或其他国家的公众健康或环境对，出口成员国指定主管部门提供的全部或部分判断无效时，应向委员会磋商和咨询。

（5）委员会、各成员国指定主管部门和出口商应提供进口缔约方或其他国家要求提供的出口化学品的进一步资料。

（6）各成员国应建立一个体系，使出口商支付编制每份出口通知的行政费用，用其相应的费用支持本章涉及的程序的执行。

2.6.1.3 收到缔约方或其他国家发出的出口通知

(1)委员会收到缔约方或其他国家指定主管部门发出的某化学品出口到欧共体的通知，该化学品的生产、使用、处置、消费、运输或销售被缔约方或其他国家立法禁止或严格限制。委员会将通过数据库的形式把出口通知加以保存。

委员会将对收到的每一缔约方或其他国家对每一化学品的首次出口通知做确认回复。

进口成员国指定主管部门应收到已由委员会收到的出口通知和所有有关信息的复印件，其他成员国如要求可得到出口通知的复印件。

（2）成员国指定主管部门不论是直接还是间接收到缔约方或其他国家指定主管部门发出的出口通知，都应立即将出口通知和所有有关信息递交委员会。

2.6.1.4 化学品的贸易信息

(1)化学品的出口商应在每年的第一季度向本国指定主管部门报告前一年向每一缔约方或其他国家出口的数量(物质和制剂)，报告内容应是一份清单(包括每一进口商的名称和地址)。

欧共体内的进口商也应提供将化学品进口到欧共体的数量报告，其内容与出口商类似。

（2）出口商或进口商应对委员会或本国指定主管部门为实施本规定提出的要求提供更多的相关化学品信息。

（3）各成员国应汇总每年的进出口商报告并将其向委员会提交。委员会应以欧共体的角度对这些信息进行总结，并将非机密信息通过网站加以公布。

2.6.1.5 根据公约执行的禁止或严格限制的化学品的通知

（1）除非在本法规生效前已通知，委员会将书面通知秘书处符合通知要求的化学品。

（2）当某化学品符合通知要求时，将被加入相应的数据库中，委员会将通知秘书处。欧共体应在的禁止或严格限制某化学品的最后管制行动实施后不迟于90天内尽快提交该通知。

（3）在早期的通知决定中，委员会应着重考虑该化学品是否已列入数据库，还应考虑该化学品特别是在发展中国家目前的风险程度。

（4）当第1、2段所提最后管制行动有修改时，委员会应在新的最后管制行动实施后不迟于60天内尽早书面通知秘书处。

（5）如缔约方或秘书处要求，委员会应尽可能提供更多某化学品的管制行动资料。各成员国应在委员会要求时，协助委员会编辑必要的信息。

（6）对秘书处发来的其他缔约方发出的禁止或严格限制化学品的通知，委员会应立即转发各成员国。

委员会应进行评估并与成员国展开密切合作，从欧共体的角度提出建议，以防止在欧共体内任何人类健康和环境不可接受的风险。

（7）当某成员国依照欧共体的相关立法采取国家管制行动去禁止或严格限制某化学品时，他应向委员会提供相关信息。委员会将把这些信息转发给各成员国。在四周内各成员国可以对这份可能的通知向委员会和其他成员国发送评论意见，包括其本国对该化学品的管制情况，即国家管制行动。

2.6.1.6 化学品进口相关义务

（1）委员会应将收到的公约秘书处发来的决定指导文件转寄各成员国，委员会应代表欧共体作出一个进口决定，一个关系到未来将进口到欧共体的化学品的最终或临时的进口回复，它将按照欧共体现有立法和程序进行。进口决定应尽快提交秘书处，且无论如何不得迟于秘书处发送的决定指导文件后九个月内就今后该化学品的进口作出答复。

如欧共体立法增加或修改对某化学品的限制，委员会应按照相同程序向秘书处提交经修改的回复。

（2）如果某化学品被一个或多个成员国立法禁止或严格限制，在这种情况下，委员会应书面要求相关成员国，在其进口决定中加入说明内容。

（3）第一段所指的进口决定应提及该化学品的决定指导文件中指定的一种或多种类别。

（4）当把进口决定提交秘书处时，委员会应提供立法和行政措施的依据。

（5）欧共体内各指定的国家主管部门应在其能力范围内按照其立法或行政措施，做出就第一段涉及的进口决定。

（6）如有可能，委员会应与成员国密切合作进行评估，需要从欧共体的角度提出建议，以防止任何人类健康和环境不可接受的风险，应重点考虑包含在决定指导文件中的信息。

2.6.1.7 出口通知要求外的出口化学品相关义务

（1）委员会应立即向各成员国和欧洲工业协会转发其收到的秘书处发来的关于PIC程序下化学品的通知和进口缔约方的进口决定回复。因故未能转到各成员国的进口决定回复，委员会也应立即向各成员国转告原因。委员会应在其数据库内保存全部的进口决定回复信息，适当地将其公布于互联网上，对有要求的任何一方，也应提供信息。

(2) 对于列在附件一中的每一化学品，委员会应根据欧洲共同体的联合命名法将其分类，这些分类将由世界海关组织进行必要的修正，以便为这些化学品指定特定的协调制度海关编码。

(3) 每一成员国在第1段所涉范围内对委员会转发的回复应进行沟通。

(4) 出口商应在不迟于秘书处向委员会首次通报进口决定回复之日后六个月遵守每一回复中的规定。

(5) 进口缔约方如有要求，委员会和相关成员国应给予建议和帮助，以协助他们在对秘书处进行相关化学品的进口回复时，获得更多信息。

(6) 除以下情况外，化学品将不允许出口：

① 出口商通过本国指定国家主管部门和进口缔约方的指定国家主管部门或进口的其他国家相关的主管部门要求给予明确同意、且已获得了此种同意；

② 列于数据库的化学品，秘书处发出的最近一期进口回复中，进口缔约方同意进口该化学品。

(7) 在失效前6个月内的任何化学品都不能出口，除非化学品的固有性质未发生改变。特别是农药的出口商应确保农药容器的尺寸和包装是可靠的，最大限度地降低由此带来的风险。

(8) 当出口农药时，出口商应确保标签上包含关于在进口缔约方或其他国家气候条件下的储存条件和储存稳定性的特别信息。另外，出口商应确保其出口的农药完全符合欧共体立法规定的纯度规格。

2.6.1.8　对某些化学品及其制品的出口管制

(1) 对某些化学品的制品(以混合形式)应列入发出口通知程序的范围下。

(2) 为保护人类健康或环境，其用途被欧共体禁止的化学品和其制品，被列入禁止出口的名单中。

2.6.1.9　化学品的过境运输信息

(1) 公约缔约方如果需要有关化学品经其领土过境转移方面的资料，可向秘书处发出此种需要的通知。

(2) 当一种列于附件中的化学品的运输需经过某缔约方的领土时，其出口商应在其首次运输行为发生前不迟于30日内向有此项要求的成员国指定主管部门提供相关信息。且在此后每次运输行为发生前不迟于8日向该指定主管部门提供相关信息。

(3) 成员国指定主管部门应将收到的出口商按第2段提供的相关信息和附加信息转发给委员会。

(4) 委员会应在首次运输行为发生前15日以及此后的每次运输行为发生前

把收到的第3段提及的信息转发给有此项要求的公约缔约方。

2.6.1.10 出口化学品应附带的信息

(1) 出口的化学品还应符合67/548/EEC决议、1999/45/EC决议、91/41/4/EEC决议和98/8/EC或欧共体其他特殊立法的关于包装、张贴标签等方面的要求。在不损害进口缔约方或其他国家任何特殊要求的情况下，同时顾及有关国际标准。

(2) 对于上一段所指化学品和附件中的化学品，其标签上应标明失效期和生产日期，如有必要应给出在不同气候区域的失效期。

(3) 在化学品出口时应附带安全数据单(委员会91/155/EEC决议)，出口商应向每一进口商发送此类安全数据单。

(4) 标签和安全数据单上的信息应尽可能用目的国或将要使用该化学品的区域的官方文字填写。

2.6.2 我国化学品进出口管理规定

为了保护人体健康和环境，中国在化学品进出口贸易方面严格执行有关国际协定、公约，开展国(地区)与国(地区)之间正常贸易。由国家环境保护管理局1993年12月颁布，1994年5月1日起施行的《化学品首次进口及有毒化学品进出口环境管理规定》，明确要求在我国管辖领域内从事化学品进出口活动必须遵守安全管理的相关规定。

2.6.2.1 监督管理

(1) 国家环境保护局对化学品首次进口和有毒化学品进出口实施统一的环境监督管理，负责全面执行《伦敦准则》的事先知情同意程序，发布中国禁止或严格限制的有毒化学品名录，实施化学品首次进口和列入《名录》内的有毒化学品进出口的环境管理登记和审批，签发《化学品进(出)口环境管理登记证》和《有毒化学品进(出)口环境管理放行通知单》，发布首次进口化学品登记公告。

(2) 海关对列入《名录》的有毒化学品的进出口凭国家环境保护局签发的《有毒化学品进(出)口环境管理放行通知单》验放。

对外贸易经济合作部根据其职责协同国家环境保护局对化学品首次进口和有毒化学品进出口环境管理登记申请资料的有关内容进行审查和对外公布《中国禁止或严格限制的有毒化学品名录》。

(3) 国家环境保护局设立国家有毒化学品评审委员会，负责对申请进出口环境管理登记的化学品的综合评审工作，对实施本规定所涉及的技术事务向国家环境保护局提供咨询意见。国家有毒化学品评审委员会由环境、卫生、农业、化工、外贸、商检、海关及其他有关方面的管理人员和技术专家组成，每届任期三年。

（4）地方各级环境保护行政主管部门依据本规定对本辖区的化学品首次进口及有毒化学品进出口进行环境监督管理。

2.6.2.2　登记管理

（1）外商或其代理人向中国出口所经营的未曾在中国登记（除农药以外）的任何化学品，必须向国家环境保护局提出化学品首次进口环境管理登记申请，并按规定填写《化学品首次进口环境管理登记申请表》，免费提供试验样品（一般不少于250g）。外商首次向中国销售农药的登记管理仍按《农药登记规定》执行，农业部和国家环境保护局定期交换登记信息。

（2）国家环境保护局在审批化学品首次进口环境管理登记申请时，对符合规定的，准予化学品环境管理登记并发给准许进口的《化学品进（出）口环境管理登记证》。

对经审查，认为中国不适于进口的化学品不予登记发证，并通知申请人。对经审查，认为需经进一步试验和较长时间观察方能确定其危险性的首次进口化学品，可给予临时登记并发给《临时登记证》。对未取得化学品进口环境管理登记证和临时登记证的化学品，一律不得进口。

（3）外商或其代理人为首次向中国出口化学品取得的化学品环境管理登记有效期五年，有效期满前要求延续登记的，原申请人须在期满之日六个月提出换证登记申请。临时登记有效期为一年，有效期满前应确认是否准予正式登记。遇特殊情况经登记机关批准可以延期，延续时间不超过一年。

（4）每次外商及其代理人向中国出口和国内从国外进口列入《名录》中的工业化学品或农药之前，均需向国家环境保护局提出有毒化学品进口环境管理登记申请。对准予进口的发给《化学品进（出）口环境管理登记证》和《有毒化学品进（出）口环境管理放行通知单》（以下简称《通知单》）。《通知单》实行一批一证制，每份（通知单）在有效时间内只能报关使用一次。

（5）申请出口列入《名录》的化学品，必须向国家环境保护局提出有毒化学品出口环境管理登记申请。

（6）国家环境保护局受理申请后，应通知进口国主管部门，在收到进口国主管部门同意进口的通知后，发给申请人准许有毒化学品出口的《化学品进（出）口环境管理登记证》。对进口国主管部门不同意进口的化学品，不予登记，不准出口，并通知申请人。

（7）国家环境保护局签发的《化学品进（出）口环境管理登记证》须加盖中华人民共和国国家环境保护局化学品进出口环境管理登记审批章。国内外为进口或出口列入《名录》的有毒化学品而申请的《化学品进（出）口环境管理登记证》为绿色证，外商或其代理人为首次向中国出口化学品而申请的《化学品进（出）口环境管理登记证》为粉色证，临时登记证为白色证。

(8)《有毒化学品进(出)口环境管理放行通知单》第一联由国家环境保护局留存，第二联(正本)交申请人用以报关，第三联发送中华人民共和国国家进出口商品检验局。

(9) 申请化学品进出口环境管理登记的审查期限从收到符合登记资料要求的申请之日起计算，对化学品首次进口登记申请的审查期不超过一百八十天，对列入《名录》的有毒化学品进出口登记申请的审查期不超过三十天。

(10) 国家环境保护局审批化学品进出口环境管理登记申请时，有权向申请人提出质询和要求补充有关资料。国家环境保护局应当为申请提交的资料和样品保守技术秘密。

(11) 化学品首次进口环境管理登记申请表和有毒化学品环境管理登记申请表、化学品进出口环境管理登记证和临时登记证、有毒化学品进出口环境管理放行通知单，由国家环境保护局统一监制。

2.6.2.3 防止污染口岸环境

(1) 进出口化学品的分类、包装、标签和运输，按照国际或国内有关危险货物运输规则的规定执行。

(2) 在装卸、储存和运输化学品过程中，必须采取有效的预防和应急措施，防止污染环境。

(3) 因包装损坏或者不符合要求而造成或者可能造成口岸污染的，口岸主管部门应立即采取措施，防止和消除污染，并及时通知当地环境保护行政主管部门，进行调查处理。防止和消除其污染的费用由有关责任人承担。

2.6.2.4 罚则

(1) 违反本规定，未进行化学品进出口环境管理登记而进出口化学品的，由海关根据海关行政处罚实施细则有关规定处以罚款，并责令当事人补办登记手续；对经补办登记申请但未获准登记的，责令退回货物。

(2) 进出口化学品造成中国口岸污染的，由当地环境保护行政主管部门予以处罚。

(3) 违反国家外贸管制规定而进出口化学品的，由外贸行政主管部门依照有关规定予以处罚。

第 3 章　危险化学品安全储存

危险化学品储存是指企业、单位、个体工商户、百货商店(场)等储存爆炸品、压缩气体和液化气体、易燃液体、易燃固体、自燃物品和遇湿易燃物品、氧化剂和有机过氧化物、有毒品和腐蚀品等危险化学品的行为。

危险化学品除了混合储存的危险性外，仓库选址及库区布置不合理、库区存储量过大以及人员的违章操作等也是重要的危险因素。国家标准《重大危险源辨识(GB 18218—2000)》根据储存物质的品种和临界量判别是否属于重大危险源。

《危险化学品安全管理条例》在危险化学品储存安全管理方面的规定是：

(1) 国家对危险化学品的生产和储存实行统一规划、合理布局和严格控制，并对危险化学品生产、储存实行审批制度；未经审批，任何单位和个人都不得生产、储存危险化学品。

(2) 危险化学品生产、储存企业，必须具备下列条件：

① 有符合国家标准的生产工艺、设备或者储存方式、设施；

② 工厂、仓库的周边防护距离符合国家标准或者国家有关规定；

③ 有符合生产或者储存需要的管理人员和技术人员；

④ 有健全的安全管理制度；

⑤ 符合法律、法规规定和国家标准要求的其他条件。

(3) 设立剧毒化学品生产、储存企业和其他危险化学品生产、储存企业，应当分别向省、自治区、直辖市人民政府经济贸易管理部门和设区的市级人民政府负责危险化学品安全监督管理综合工作的部门提出申请，并提交下列文件：

① 可行性研究报告；

② 原料、中间产品、最终产品或者储存的危险化学品的燃点、自燃点、闪点、爆炸极限、毒性等理化性能指标；

③ 包装、储存、运输的技术要求；

④ 安全评价报告；

⑤ 事故应急救援措施；

⑥ 符合本条例第八条规定条件的证明文件。

申请人凭批准书向工商行政管理部门办理登记注册手续。

(4) 加油站、加气站外，危险化学品的生产装置和储存数量构成重大危险源的储存设施，与下列场所、区域的距离必须符合国家标准或者国家有关规定：

① 居民区、商业中心、公园等人口密集区域；

② 学校、医院、影剧院、体育场(馆)等公共设施;

③ 供水水源、水厂及水源保护区;

④ 车站、码头(按照国家规定,经批准,专门从事危险化学品装卸作业的除外)、机场以及公路、铁路、水路交通干线、地铁风亭及出入口;

⑤ 基本农田保护区、畜牧区、渔业水域和种子、种畜、水产苗种生产基地;

⑥ 河流、湖泊、风景名胜区和自然保护区;

⑦ 军事禁区、军事管理区;

⑧ 法律、行政法规规定予以保护的其他区域。

(5) 危险化学品生产、储存企业改建、扩建的,必须依照规定经审查批准。

(6) 依法设立的危险化学品生产企业,必须向国务院质检部门申请领取危险化学品生产许可证;未取得危险化学品生产许可证的,不得开工生产。

(7) 生产、储存、使用危险化学品的,应当根据危险化学品的种类、特性,在车间、库房等作业场所设置相应的监测、通风、防晒、调温、防火、灭火、防爆、泄压、防毒、消毒、中和、防潮、防雷、防静电、防腐、防渗漏、防护围堤或者隔离操作等安全设施、设备,并按照国家标准和国家有关规定进行维护、保养,保证符合安全运行要求。

(8) 生产、储存、使用剧毒化学品的单位,应当对本单位的生产、储存装置每年进行一次安全评价;生产、储存、使用其他危险化学品的单位,应当对本单位的生产、储存装置每两年进行一次安全评价。

(9) 危险化学品的生产、储存、使用单位,应当在生产、储存和使用场所设置通讯、报警装置,并保证在任何情况下处于正常适用状态。

(10) 剧毒化学品的生产、储存、使用单位,应当对剧毒化学品的产量、流向、储存量和用途如实记录,并采取必要的保安措施,防止剧毒化学品被盗、丢失或者误售、误用;发现剧毒化学品被盗、丢失或者误售、误用时,必须立即向当地公安部门报告。

(11) 危险化学品必须储存在专用仓库、专用场地或者专用储存室(以下统称专用仓库)内,储存方式、方法与储存数量必须符合国家标准,并由专人管理。危险化学品出入库,必须进行核查登记。库存危险化学品应当定期检查。剧毒化学品以及储存数量构成重大危险源的其他危险化学品必须在专用仓库内单独存放,实行双人收发、双人保管制度。储存单位应当将储存剧毒化学品以及构成重大危险源的其他危险化学品的数量、地点以及管理人员的情况,报当地公安部门和负责危险化学品安全监督管理综合工作的部门备案。

(12) 危险化学品专用仓库,应当符合国家标准对安全、消防的要求,设置明显标志。危险化学品专用仓库的储存设备和安全设施应当定期检测。

(13) 危险化学品的生产、储存、使用单位转产、停产、停业或者解散的,应当采取有效措施，处置危险化学品的生产或者储存设备、库存产品及生产原料，不得留有事故隐患。处置方案应当报所在地设区的市级人民政府负责危险化学品安全监督管理综合工作的部门和同级环境保护部门、公安部门备案。负责危险化学品安全监督管理综合工作的部门应当对处置情况进行监督检查。

3.1 危险化学品储存的危险性分析

3.1.1 危险化学品储存过程事故分析

3.1.1.1 近年危险化学品储存典型事故

2005 年 4 月 21 日，重庆市綦江县古南镇东溪化工厂(民爆生产企业)乳化车间，遇强雷雨天气发生爆炸，三层楼的车间厂房全部垮塌，截止到 4 月 24 日，造成 12 人死亡，7 人下落不明，13 人轻伤。

2005 年 6 月 21 日 11 时 03 分，山西江阳兴安民爆器材有限公司 604 号库存放的炸药发生自燃爆炸。爆炸波及到 8 个乡镇、27 个村、6 所学校，共有 336 人受伤，其中 174 人分别在 8 个医院住院治疗，6 人伤势较重。

2006 年 3 月 31 日 0 时 30 分，浙江衢州市巨圣氟化学有限公司与上海齐磊科技发展有限公司合作开发的新产品中试装置发生爆炸，造成 5 人死亡，2 人受伤。

2006 年 4 月 1 日山东省招远市七六一有限责任公司(炸药厂)发生爆炸事故，共死亡 28 人，1 人失踪。

2006 年 7 月 10 日，湖南省郴州市宜章县栗源镇迳口村一非法烟花爆竹生产窝点发生爆炸，造成 7 人死亡；

2006 年 10 月 28 日，由安徽省防腐工程总公司总承包，中石油独山子石化分公司改扩建工程项目(1000 万吨/年炼油及 120 万吨/年乙烯，位于新疆克拉玛依)，双盘浮顶原油罐(1 号罐)在进行防腐作业时发生闪爆事故，当时罐中有 23 人作业，6 人受伤，12 人死亡。

2006 年 11 月 3 日凌晨 2 时左右，辽宁省营口市的世界最大的三聚氯氰生产企业——德固赛三征(营口)精细化工有限公司发生氯气泄漏，近百人中毒。

2006 年 11 月 24 日上午 10 时许，位于大荔县官池镇的陕西恒田化工有限公司少量化工原料发生泄漏，造成有毒气体挥发，隔壁单位 40 名建筑工人不幸因中毒住院，其中 6 人中毒比较严重。

2007 年 2 月 5 日 17 时 10 分左右，枣强县供销社花炮厂成品仓库发生爆炸，当时有 6 人失踪，2 人轻伤。据介绍，该厂 2 月 2 日已经停产，但在 5 日下午的成品倒库过程中，中转库发生爆炸。

2007年6月22日7时20分，位于安宁市安海路叉路口的安宁雪宁冷饮厂发生严重的氨气泄漏事故，周围群众紧急撤离，但仍有7人被氨气毒倒。

2007年7月27日晚7时许，万州龙都街道办事处岩上村一化工企业巨型储气罐发生爆炸。晚11时许，记者从万州区政府获悉，该爆炸被确认为违规操作引起的爆炸事故，5名工人在事故中遇难。

2007年9月20日5时许，位于铜陵县郊区的安徽广信集团铜陵化工有限公司发生液氯泄漏事件，60多名村民因氯气中毒在医院接受检查治疗。

2008年1月9日14时0分，重庆巴南区特斯拉化学原料有限公司一车间(生产铁氧体产品)发生中毒和窒息事故，造成5人死亡，11人受伤。

2008年3月26日19时0分，新疆S202省道(吐鲁番市区至七泉湖镇)以北3-4公里戈壁滩沟壑内(距市区约30公里)，卸载准备集中销毁的烟花爆竹时，突然发生重大爆炸事故，造成参与销毁的工作人员中26人死亡，3人下落不明，9人受伤，9辆车毁坏，1辆车受损。

2008年5月25日15时，福建泉州市晋江县龙湖镇锦埔村恒昌金属拉链厂，一个装有化学溶剂(待查)的罐子打不开，为方便开启，该厂工人准备在该罐的盖子上焊接一个拉手，在焊接过程中发生爆炸并引发火灾，造成4人死亡，2人重伤，1人轻伤。

2008年8月30日10时13分，内蒙赤峰市敖汉旗四家子镇鑫鑫花炮有限责任公司称量间发生爆炸，爆炸冲击波将称量间内的氧化剂和还原剂再次混合，形成更大规模的爆炸，将其他工房的成品半成品引燃，发生连续爆炸，造成在厂的43名工人中15人死亡，2人重伤，4人轻伤，50间工房损毁。

3.1.1.2 危险化学品储存事故原因分析

总结多年的经验和案例，危险品储存发生事故的原因主要有：

(1) 着火源控制不严。着火源是指可燃物燃烧的一切热能源，包括明火焰、赤热体、火星和火花、物理和化学能等。在危险化学品的储存过程中的着火源主要有两个方面：

一是外来火种。如烟囱飞火、汽车排气管的火星、库房周围的明火作业、吸烟的烟头等。

二是内部设备不良，操作不当引起的电火花、撞击火花和太阳能、化学能等。如电器设备不防爆或防爆等级不够，装卸作业使刚铁质工具碰击打火，露天存放时太刚的曝晒等。

(2) 性质相互抵触的物品混存。出现混存性质抵触的危险化学品往往是由于保管人员缺乏知识或者是有些危险化学品出厂时缺少鉴定；也有的企业因缺少储存场地而任意临时混存。造成性质抵触的危险化学品因包装容器渗漏等原因发生化学反应而起火。

(3) 产品变质。有些危险化学品已经长期不用，仍废置在仓库中，又不及时处理，往往因变质而引起事故：如硝化甘油安全储存期为8个月逾期后自燃的可能性很大，而且在低温时容易析出结晶，当固液两相共存时灵敏性特别高，微小的外力作用就会使其分解而爆炸。

(4) 养护管理不善。仓库建筑条件差，不适应所存物品的要求，如不采取隔热措施，使物品受热；因保管不善，仓库漏雨进水使物品受潮；盛装的容器破漏，使物品接触空气等均会引起着火或爆炸。

(5) 包装损坏或不符合要求。危险化学品容器包装损坏，或者出厂的包装不符合安全要求，都会引起事故。

(6) 违反操作规程。搬运危险化学品没有轻装轻卸；或者堆垛过高不稳，发生倒桩；或在库内改装打包，封焊修理等违反安全操作规程造成事故。

(7) 建筑物不符合存放要求。危险品库房的建筑设施不符合要求，造成库内温度过高，通风不良，湿度过大，漏雨进水，阳光直射，有的缺少保温设施，使物品达不到安全储存的要求而发生事故。

(8) 雷击。危险品仓库一般都设在城镇郊外空旷地带的独立的建筑物、或露天的储罐、或堆垛区，十分容易遭雷击。

(9) 着火扑救不当。着火时因不熟悉危险化学品的性能，灭火方法和灭火器材使用不当而使事故扩大，造成更大的损失。

3.1.2 化学品混合储存的危险性分析

有不少危险化学品不仅本身具有易燃烧、易爆炸的危险，往往由于两种或两种以上的化学危险物品混合或互相接触而产生高热、着火、爆炸。出现性质相互抵触的危险化学品混存、混放，往往是由于保管人员缺乏知识，或者是有些危险化学品出厂时缺少鉴定，没有安全说明书而造成的；也有的是因储存单位缺少场地，而任意临时混放。只有认识危险化学品混合储存的危险性，才能从根本上杜绝危险化学品混存、混放的现象。

(1) 两种或两种以上的危险化学品混合接触的三种危险性

两种或两种以上危险化学品相互混合接触时，在一定条件下，发生化学反应，产生高热，反应激烈，引起着火或爆炸。这种混合危险有以下三种情况。

①危险化学品经过混合接触，在室温条件下，立即或经过一个短时间发生急剧化学反应；

②两种或两种以上危险化学品混合接触后，形成爆炸性混合物或比原物质敏感性强的混合物。

③两种或两种以上危险化学品在加热、加压或在反应锅内搅拌不匀的情况下，发生急剧反应，造成冲料、着火或爆炸，化工厂的反应锅苏生事故、爆炸事

故，往往就是这个原因。

早在50年代，上海市危险化学品仓库中就发生过硫酸与H一发孔剂(二亚硝基戊次甲基四胺)混合接触引起事故的事例。混合物中，一种是危险化学品，另一种是一般可燃物，由于危险化学品的接触渗透，使一般可燃物更易着火燃烧或自燃。如60年代初装浓硫酸瓶的木箱用稻草做填充材料，如硝酸瓶破裂，硝酸与稻草接触渗透，氧化发热，引起多次事故。(后米，已禁止用稻草作填充材料)。1960年天津铁路南站运输氯酸钠，氯酸钠铁桶破损，氯酸钠潮解外溢，渗透到木板，由于铁桶摩擦，引起混有氯酸钠的木板着火，火势蔓延迅速，大火延烧到南站整个仓库区，损失惨重。1993年深圳危险品仓库发生大火和爆炸，违章混储是主要原因之一。

(2) 混合接触有危险性的三类危险化学品

① 把具有强氧化性的物质和具有还原性的物质进行混合。属于氧化性物质如硝酸盐、氯酸盐、过氯酸盐、高锰酸盐、过氧化物，发烟硝酸、浓硫酸、氧、氯、溴等。还原性物质如烃类、胺类、醇类、有机酸、油脂、硫、磷、碳、金属粉等。

以上两类化学品混合后成为爆炸性混合物的如黑色火药(硝酸钾、硫磺、水炭粉)；液氧炸药(液氧、碳粉)硝铵燃料油炸药(硝酸铵、矿物油)等。混合后能立即引起燃烧，如将甲醇或乙醇浇在铬酐上、将甘油或乙二醇浇在高锰酸钾上、将亚氯酸钠粉末和草酸或硫代硫酸钠的粉末混合，或发烟硝酸和苯胺混合以及润滑油接触氧气时均会立即着火燃烧。

② 化学性盐类和强酸混合接触，会生成游离的酸和酸酐，呈现极强的氧化性，与有机物接触时，能发生爆炸或燃烧，如氯酸盐、亚氯酸盐、过氯酸盐、高锰酸盐的功能与浓硫酸等强酸接触，若存在其他易燃物，有机物就会发生强烈氧化反应而引起燃烧或爆炸。

两种或两种以上的危险化学品混合接触后，生成不稳定的物质。例如液氯和液氮混合，在一定的条件下，会生成极不稳定的三氯化氮，有引起爆炸危险；二乙烯基乙炔，吸收了空气中的氧气能蓄积极其敏感的过氧化物，稍一摩擦就会爆炸。此外，乙醛与氧和乙苯与氧在一定的条件下，能分别生成不稳定的过乙酸和过苯甲酸。属于这一类情况的危险化学品也很多。

在生产、储存和运输危险化学品过程中，由于危险化学品混合接触，往往造成意外的事故、爆炸事故，对于危险化学品混合的危险性，预先进行充分研究和评价是十分必要的。混合接触能引起危险的化学品组合数量很多，有些可根据其化学性质的知识进行判断，有些可参考以往发生过的混合接触的危险事例，主要的还是要依靠预测评估。国外研究单位曾选择几百种有代表性的化学品进行混合试验，以危险性最大的比例将它们进行组合、测定和计算出混合接触时的反应热，预测它们混合接触着火、爆炸的危险性和可能性。日本东京消防厅请东京大学协作编制了400种化学品8000个组合的混合危险性数据表。美国消防协会研究和编制了3550种化学品组合的《危险品化学反应手册》NFPA491M，都是很有参考价值的资料。我们从中选出经常遇到，危险性较大，有代表性的危险化学品50种，将其混合危险性列表如3－1。典型混合危险物系及危险状态见表3－2。

表3－1　混合接触危险的化学品

品　名	混合接触有危险性的化学品	危险性摘要
乙醛 CH_3CHO	氯酸钠、高氯酸钠、亚氯酸钠、过氧化氢(浓)、硝酸铵、硝酸钠、硝酸、溴酸钠	混合后有激烈的放热反应
	酣酸、乙酐、氢氧化钠、氨	混合后有聚合反应的危险性
	醋酸钴＋氧气	由于放热的氧化反应，生成不稳定的物质，有爆炸危险性
乙酸(醋酸) CH_3COOH	铬酸酐、过氧化钠、硝酸铵、高氯酸、高锰酸钾	混合后，有着火燃烧或在加热条件下，发生燃烧、爆炸的危险
	过氧化氧(浓)	能生成不稳定的爆炸性酸
	氯酸钠、高氯酸钠、亚氯酸钠、硝酸钠、硝酸	混合后有激烈的放热反应
乙酐 $(CH_3C0)_20$	高氯酸、过钒化钠、浓硝酸、高锰酸钾(加热)	混合后摩擦、冲击有爆炸危险性
	铬酸酐(在酸催化剂下)、四氧化二氮	有激烈沸腾和爆炸的危险性
	氯酸钠、高氯酸钠、亚氯酸钠、硝酸铵、硝酸钠、过氧化氯(浓)	
丙酮 CH_3COCH_3	铬酸酐、重铬酸钾(＋硫酸)	有着火的危险性
	硝酸(＋醋酸)、硫酸(密闭条件下)、次溴酸钠	有激烈分解爆炸的危险性
	三氯甲烷(＋酸)、氯仿	混合后有聚合放热反应的危险性
	氯酸钠、高氯酸钠、亚氯酸钠、硝酸铵、硝酸钠、溴酸钠	混合后有激烈的放热反应
氨 NH_3	硝酸	接触气体有着火危险性
	亚硝酸钾、亚硝酸钠、次氯酸	接触后能生成对冲击敏感的亚氯酸铵；对次氯酸有爆炸危险性
苯胺 $C_6H_5NH_2$	过氧化钠、硝酸、硫酸(在二氧化碳、硝酸共存下)	有着火立即着火危险性
	氯酸钠、高氯酸钠、过氧化氰(浓)、过甲酸、高锰酸钾、硝基苯、硝酸铵、硝酸钠	有激烈放热反应的危险性
	硝基甲烷、臭氧	能生成敏感爆炸性混合物

续表

品 名	混合接触有危险性的化学品	危险性摘要
苯 C_6H_6	硝酸铵、高锰酸、氟化溴、臭氧	有起火或爆炸的危险性
	氯酸钠、高氯峻钠、过氧化氧（浓）、过氧化钠、高锰酸钾、硝酸、亚氯酸钠、溴酸钠	有激烈放热反应的危险性
二硫化碳 CS_2	过氧化氢（浓）、高锰酸钾（+硫酸）	有着火、爆炸危险性
	氯（在铁的催化作用下）	有爆炸或着火的危险性
	氯酸钠、高氯酸钠、硝酸铵、硝酸钠、亚氯酸钠、硝酸、锌	有激烈放热反应的危险性
乙醚 $(C_2H_5)_2O$	氯酸钠、高氯酸钠、硝酸铵、硝酸钠、亚氯酸钠、硝酸、过氧化氢（浓）、过氧化钠、铬酸酐、溴酸钠	混合后有激烈放热反应的危险性
乙醇 CH_3CH_2OH	过氧化氧（浓）、浓硫酸	受热、冲击有爆炸的危险性
	氯酸钠、高氯酸钠、硝酸铵、硝酸钠、亚氯酸钠	混合后有激烈的放热反应
	硝酸银	在一定条件下能生成爆炸性雷酸
乙烯 $CH_2═CH_2$	氯、三氯一溴甲烷、氯化铝、过氧化二苯甲酰	在一定条件下混合后有发生爆炸的危险性
	臭氧	有爆炸反应的危险性
环氧乙烷 C_2H_4O	氯酸钠、高氯酸钠、硝酸铵、硝酸钠、硝酸、过氧化氧（浓）、过氧化钠、重铬酸钾、溴酸钠、硫酸、镁、铝（包括氧化物、氯化物）	混合后有激烈的放热反应，有可能发生爆炸性分解
醋酸甲酯 CH_3COOCH_3	氯酸钠、高氯酸钠、硝酸铵、硝酸钠、亚氯酸钠、硝酸、过氧化氧（浓）、溴酸钠	混合后有激烈的放热反应
硝酸 HNO_3	苯胺、丁硫醇、二乙烯醚、呋喃甲醇	有着火的危险性
	钠、镁、乙腈、丙酮、乙醇、环己胺、乙酐、硝基苯	有爆炸或激烈分解反应的危险性
	乙醚、甲苯、己烷、苯酚、硝酸甲酯、二硝基苯	混合后有激烈的放热反应
苯酚 C_6H_5OH	氯酸钠、高氯酸钠、硝酸铵、硝酸钠、亚氯酸钠、硝酸、过氧化氢（浓）、溴酸钠	混合后有激烈的放热反应
丙烷 C_3H_8	氯酸钠、高氯酸钠、硝酸铵、硝酸钠、亚氯酸钠、硝酸、过氧化氢（浓）、溴酸钠	混合后有激烈的放热反应或有起火危险性

续表

品　名	混合接触有危险性的化学品	危险性摘要
氢氧化钠 NaOH	铝	发生反应生成大量氢气
	乙醛、丙烯腈	有激烈聚合反应的危险性
	氯硝基甲苯、硝基乙烷、硝基甲烷、顺丁烯二酸酐、氯醌、三氯硝基甲烷	有发热分解爆炸的危险性对撞击引起爆炸有敏感性
	三氯乙烯、氯仿＋甲醇	有激烈放热反应，三氯乙烯加热可生成爆炸性物质
硫酸 H_2SO_4（遇水发热）	氯酸钾、氯酸钠	接触时激烈反应、有引燃危险性
	环戊二烯、硝基苯胺、硝酸甲酯、苦味酸	有爆炸反应的危险性
	磷、钠、二亚硝基戊次甲基四胺	有着火危险性

表3-2　典型混合危险物系及危险状态

混合危险物系	燃烧状况	火焰高度	发烟状况
卤酸盐-酸-可燃物系统			
$NaClO_2-H_2SO_4$	混合立刻发火	0.2m	白烟
$NaClO_2-H_2SO_4$-砂糖	燃烧很激烈	0.4m	大量白烟
$NaClO_2-H_2SO_4$-甲苯	与混合同时发火，大火焰	>3m	大量黑烟
$NaClO_2-H_2SO_4$-汽油	与混合同时发火，火火焰	>3m	大量黑烟
$NaClO_2-H_2SO_4$-乙醚(100g)	与混合同时发火，大火焰	>3m	白烟
$NaClO_2-H_2SO_4$-甲苯	混合时发火，大火焰	>3m	大量黑烟
$NaClO_2$-(98%)H_2SO_4-甲苯	混合时有爆炸声，大火焰	>3m	大量黑烟
$NaClO_2$-(60%)H_2SO_4-甲苯	混合5s后大火，大火焰	2.5m	大量黑烟
$NaClO_2$-(36%)HCl-甲苯	激烈燃烧	1m	大量黑烟
$NaClO_2$-(85%)H_3PO_4-甲苯	混合5s后发火	1m	大量黑烟
$NaClO_4-H_2SO_4$-甲苯	不发火	—	—
$NaClO_2-H_2SO_4$-甲苯	混合后一瞬间有反应声，发	1m	大量黑烟
$NaClO_2-H_2SO_4$-甲苯	火混合时发火，大火焰	>3m	大量黑烟
$NaClO-H_2SO_4$-甲苯	不发火	—	白烟
$NaClO_3-H_2SO_4$-甲苯	混合后瞬间有反成声，发火	1m	大量黑烟
$KaClO_3-H_2SO_4$-甲苯	混合后瞬间发火	1m	大量黑烟
$KBrClO_3-H_2SO_4$-甲苯	混合2s后有反应声，发火	1m	黑烟，褐色烟
$KClO_3-H_2SO_4$-甲苯	不发火		
漂白粉-乙二醇	混合5s后发烟，28s后发火	0.5m	白烟
漂白粉-HNO_3-甲苯	混合时发火	2m	大量黑烟

续表

混合危险物系	燃烧状况	火焰高度	发烟状况
（其他氧化剂－（酸）－可燃物系统）			
CrO_3－乙醇	混合时发火，1s 后大火焰	>3m	白烟
KmO_4－乙二醇	混合 5s 后发烟，7s 后发火	1m	白烟
$NaNO_2$－H_2SO_4－甲苯	不发火	—	—
$NaNO_2$－H_2SO_4－甲苯	混合 10s 后，只产生气体	—	NO_2气体
Na_2O_2－H_2SO_4－甲苯	无烟，燃烧很好	1m	—
（硝酸－可燃物系统）			
HNO_3－乙醇	只发烟	—	红褐色烟
HNO_3－丙酮	只发烟	—	白烟、茶褐色烟
HNO_3－甲苯	只发烟	—	白烟
HNO_3－苯胺	产生强音和白烟后发火	0.5m	大量白烟

3.1.3 危险化学品储存场所布置和操作危险性分析

除了混合储存的危险性外，仓库选址及库区布置不合理、库区存储量过大以及人员的违章操作等也是必须注意的问题。

（1）危险化学品仓库选址及库区布置

正确地选择危险化学品仓库库址，可以减少在发生事故时与周围居住区、工矿企业和交通线之间的相互影响；合理布置库区，以保证危险化学品有个安全的储存环境，也有利于发生事故时的应急救援。1989 年 8 月 12 日黄岛油库特大火灾事故损失严重，19 人死亡，100 多人受伤，直接经济损失 3540 万元。在调查事故原因时发现，黄岛油库老罐区 5 座油罐建在半山坡上，输油生产区建在近邻的山脚下。这种设计只考虑利用自然高度差输油节省电力，忽视了消防安全要求，影响对油罐的观察巡视。发生爆炸火灾时，首先殃及生产区。这不仅给黄岛油库区的自身安全留下长期重大隐患，还对胶州湾的安全构成了永久性的威胁，此外，库区间的消防通道路面狭窄、凹凸不平，且非环形道路，消防车没有掉头回旋余地，阻碍了集中优势使用消防车抢险灭火的可能性，错过了火灾早期扑救的时机，使事故不断扩大。

（2）危险化学品仓库的存储量

危险化学品仓库中储存的危险化学品数量应符合规范的要求，否则也会给安全生产带来隐患。在进行建设项目安全预评价中，曾发现某项目有机涂料仓库中储存的有机涂料（火灾危险性为甲类）超过规范允许的存储量 9t 之多，且与生产线的间距不够，企业和设计单位听取了笔者的建议，修改了设计方案，减少了安全隐患。与国外相比，我国与危险化学品存储量相关的标准不够全面，特别是在民用危险化学品方面，如美国、日本在民用危险化学品的存储量上就做了具体的规定。

（3）危险化学品仓库作业人员违规操作

在搬运危险化学品时没有轻装轻卸，堆垛过高由于不稳妥发生倒桩，在库内改装打包、封焊修理，易燃液体、气体装卸违反安全操作规程等，均可能发生各类事故。2008 年 4 月 5 日，某罐区油渣罐发生爆炸事故，造成 16 人死亡，6 人重伤，直接经济损失 45 万余元。经调查，事故原因是违章输送渣油，造成油温过高，罐区形成可爆性气体；同时，由于违章进行明火作业，电焊火花与罐外溢出的可爆性气体相遇引起爆炸，后由于罐内渣油喷出还酿成火灾。

3.1.4　危险化学品储存场所安全对策措施

（1）正确选择库址、合理布置库区

危险化学品仓库应正确选择库址，合理布置库区。储存危险化学品的化工库、试剂库等专用仓库，液化石油气储气站，易燃液体储罐区（含石油库）等场所均为危险品仓库，都必须设置在城市的边沿或者相对独立的安全地带；城市的易燃易爆气体和液体的充装站、供应站、调压站、加油站，也必须设置在合理的位置，并符合防火防爆的要求；大型仓库一般分区设置，其行政管理区和生活区应设在库区之外，并用不低于2m 的围墙将其与库区隔开。危险化学品库房与其他建筑物之间应按具体规定保持一定的防火间距。

（2）危险化学品库房的建筑设施应符合安全规定

危险化学品的安定性差，具有很大的火灾危险性，对储存仓库的温度、湿度等环境条件都有要求，因此，储存危险化学品必须建造专用库房。危险化学品库房的建设必须符合有关防火安全规定，并根据物品的种类、性质，设置相应的通风、防火、防爆、泄压、报警、灭火、防雷、防晒、调温、消除静电、防护围堤等安全设施。

（3）严格执行危险化学品储存的入库验收制度

危险化学品在入库之前，必须要经过严格的检查验收。危险化学品经过运输、装卸、搬运后，包装及其安全标志容易损坏、散失，或受到雨淋、日晒，或外部包装上粘附有可燃物等；有的企业生产的危险化学品的安定性能达不到要求等；对于没有包装的散装危险化学品更易发生变化。另外，有积热自燃危险的物品如质量不符合规定标准，在储存期间都有自燃的危险；需要在稳定剂中储存的危险化学品，若在运输和装卸中造成了稳定剂的不足亦会造成火灾；储存压缩和液化气体的钢瓶若超过了检验周期或钢瓶受损等，在储存过程中也会发生事故。安全隐患若不能及时发现并消除，都有可能带入库内，使危险化学品在储存过程中发生火灾或其他事故。

(4) 严格防止危险化学品混存

危险化学品品种繁多，性能复杂，各类危险化学品有不同的安全要求，如果把不同种类的危险化学品混放在一起，很难适应不同的安全要求。有些危险化学品的性质是互相抵触的，如果把性质相抵触的物质存放在一起，那是十分危险的。危险化学品不同于一般物质，着火后，要根据它们的特性采取不同的灭火措施。爆炸品、易燃和可燃液体、遇水燃烧物品、易燃固体、放射性物品、自燃物品都必须单独存放，不得与任何其他物品混存；易燃气体、助燃气体、氧化剂除了可以与不燃气体共存外，不得与其他物品混存；毒害品除可与不燃气体、助燃气体共存外，不得与其他物品混存。

(5) 注意危险化学品储存的堆垛与苫垫

危险化学品堆垛、苫垫的好坏，直接影响到储存安全。危险化学品堆垛应按不同品种、规格、批次、牌号以及不同货主分开堆码，不可混放混堆，也不可过高过大。在堆垛时应严格做到安全、牢固、整齐、合理，便于清点检查，不超过地坪负荷，不小于规定的墙距、柱距、灯距、顶距、垛距和检查通道宽度。危险化学品的码垛应有下垫，以防止潮气的侵蚀，影响物品的质量和储存安全，下垫设备应按规定选择，不可随意取用。对露天存放的危险化学品，要根据不同的包装和物品的需要，除一律采取下垫措施外，还应考虑遮盖和密封措施。

(6) 加强危险化学品储存的养护管理

随着条件的改变、气候变化和冷、热、潮湿等外界环境因素的影响，都会引起危险化学品物品和化学性质上的变化，甚至会引起着火或爆炸事故。危险化学品储存期间的养护管理的重点在于严格控制储存环境的温度、湿度，养护过程中的日常检查以便及时掌握危险化学品的变化，掌握影响化学品发生变化的因素，以便及早发现隐患或问题，及早采取整改措施，切实保证危险化学品的储存安全。

(7) 强化危险化学品仓库的防火管理

危险化学品仓库的消防管理工作，应当认真贯彻“预防为主，防消结合”的方针和“专门机关与群众相结合”的原则，应实行逐级防火责任制。严格对各种火源的管理；加强对电气设施的管理；对储存的货物本身也要进行严格的管理；对爆炸品、威胁的危险化学品，必须有特殊的管理措施；配置合理的消防设施，并设专人负责，保持消防设施完整好用。

为了有效地加强对危险化学品的安全管理，防止事故的发生，应正确选择危险化学品仓库库址，合理布置库区；库房建筑设施应符合安全规定；严格储存管理制度；建立培训机制，使从业人员熟练使用方法等知识，以提高从业人员的消防安全素质；根据库区实际情况，设置消防水池和配备足够的消防器材，并保证其完好可用；贯彻执行《危险化学品安全管理条例》等相关的法律法规，及时发现并整改危险化学品在储存过程中的安全隐患。

3.2 危险化学品储存通则

1995年颁布的《常用化学危险品储存通则(GB 15603—1995)》，对危险化学品出、入库，储存及养护提出了严格的要求，是危险化学品安全储存的法律依据。

3.2.1 危险化学品储存的基本要求

(1) 储存危险化学品必须遵照国家法律、法规和其他有关的规定。

(2) 危险化学品必须储存在经公安部门批准设置的专门的危险化学品仓库中，经销部门自管仓库储存危险化学品及储存数量必须经公安部门批准。未经批准不得随意设置危险化学品储存仓库。

(3) 危险化学品露天堆放，应符合防火、防爆的安全要求，爆炸物品、一级易燃物品、遇湿燃烧物品、剧毒物品不得露天堆放。

(4) 储存危险化学品的仓库必须配备有专业知识的技术人员，其库房及场所应设专人管理，管理人员必须配备可靠的个人安全防护用品。

(5) 标志

储存的危险化学品应有明显的标志，标志应符合GB 190的规定。同一区域储存两种或两种以上不同级别的危险品时，应按最高等级危险物品的性能标志。

(6) 储存方式

危险化学品储存方式分为三种：

① 隔离储存。即在同一房间或同一区域内，不同的物料之间分开一定的距离，非禁忌物料间用通道保持空间的储存方式。

② 隔开储存。即在同一建筑或同一区域内，用隔板或墙，将其与禁忌物料分离开的储存方式。

③ 分离储存。即在不同的建筑物或远离所有建筑的外部区域内的储存方式。

(7) 根据危险品性能分区、分类、分库储存。各类危险品不得与禁忌物料混合储存，禁忌物料配置见在通则附录A中有相应规定。

(8) 储存危险化学品的建筑物、区域内严禁吸烟和使用明火。

3.2.2 储存场所的要求

(1) 储存危险化学品的建筑物不得有地下室或其他地下建筑，其耐火等级、层数、占地面积、安全疏散和防火间距，应符合国家有关规定。

(2) 储存地点及建筑结构的设置，除了应符合国家的有关规定外，还应考虑对周围环境和居民的影响。

(3) 储存场所的电气安装

① 危险化学品储存建筑物、场所消防用电设备应能充分满足消防用电的需要；并符合 GBJ 16 第十章第一节的有关规定。

② 危险化学品储存区域或建筑物内输配电线路、灯具、火灾事故照明和疏散指示标志，都应符合安全要求。

③ 储存易燃、易爆危险化学品的建筑，必须安装避雷设备。

(4) 储存场所通风或温度调节

① 储存危险化学品的建筑必须安装通风设备，并注意设备的防护措施。

② 储存危险化学品的建筑通排风系统应设有导除静电的接地装置。

③ 通风管应采用非燃烧材料制作。

④ 通风管道不宜穿过防火墙等防火分隔物，如必须穿过时应用非燃烧材料分隔。

⑤ 储存危险化学品建筑采暖的热媒温度不应过高，热水采暖不应超过80℃，不得使用蒸汽采暖和机械采暖。

⑥ 采暖管道和设备的保温材料，必须采用非燃烧材料。

3.2.3 储存安排及储存量限制

(1)危险化学品储存安排取决于危险化学品分类、分项、容器类型、储存方式和消防的要求。

(2)储存量及储存安排见表 3 - 3。

(3)遇火、遇热、遇潮能引起燃烧、爆炸或发生化学反应，产生有毒气体的危险化学品不得在露天或在潮湿、积水的建筑物中储存。

(4)受日光照射能发生化学反应引起燃烧、爆炸、分解、化合或能产生有毒气体的危险化学品应储存在一级建筑物中。其包装应采取避光措施。

(5)爆炸物品不准和其他类物品同储，必须单独隔离限量储存，仓库不准建在城镇，还应与周围建筑、交通干道、输电线路保持一定安全距离。

(6)压缩气体和液化气体必须与爆炸物品、氧化剂、易燃物品、自燃物品、腐蚀性物品隔离储存。易燃气体不得与助燃气体、剧毒气体同储；氧气不得与油脂混合储存，盛装液化气体的容器属压力容器的，必须有压力表、安全阀、紧急切断装置，并定期检查，不得超装。

(7)易燃液体、遇湿易燃物品、易燃固体不得与氧化剂混合储存，具有还原性氧化剂应单独存放。

(8)有毒物品应储存在阴凉、通风、干燥的场所，不要露天存放，不要接近酸类物质。

(9)腐蚀性物品，包装必须严密，不允许泄漏，严禁与液化气体和其他物品共存。

表3-3　危险化学品储存量及要求

储存要求＼储存类别	露天储存	隔离储存	隔开储存	分离储存
平均单位面积储存量/(t/m^2)	1.0~1.5	0.5	0.7	0.7
单一储存区最大储量/t	2000~2400	200~300	200~300	400~600
垛距限制/m	2	0.3~0.5	0.3~0.5	0.3~0.5
通道宽度/m	4~6	1~2	1~2	5
墙距宽度/m	2	0.3~0.5	0.3~0.5	0.3~0.5
与禁忌品距离/m	10	不得同库储存	不得同库储存	7~10

3.2.4　危险化学品的养护

(1) 危险化学品入库时，应严格检验物品质量、数量、包装情况、有无泄漏。

(2) 危险化学品入库后应采取适当的养护措施，在储存期内，定期检查，发现其品质变化、包装破损、渗漏、稳定剂短缺等，应及时处理。

(3) 库房温度、湿度应严格控制、经常检查，发现变化及时调整。

3.2.5　危险化学品出入库管理

(1)储存危险化学品的仓库，必须建立严格的出入库管理制度。

(2) 危险化学品出入库前均应按合同进行检查验收、登记。验收内容包括：

① 数量；

② 包装；

③ 危险标志。经核对后方可入库、出库，当物品性质未弄清时不得入库。

(3) 进入危险化学品储存区域的人员、机动车辆和作业车辆，必须采取防火措施。

(4) 装卸、搬运危险化学品时应按有关规定进行，做到轻装、轻卸。严禁摔、碰、撞、击、拖拉、倾倒和滚动。

(5) 装卸对人身有毒害及腐蚀性的物品时，操作人员应根据危险性，穿戴相应的防护用品。

(6) 不得用同一车辆运输互为禁忌的物料。

(7) 修补、换装、清扫、装卸易燃、易爆物料时，应使用不产生火花的铜制、合金制或其他工具。

3.2.6 消防措施

(1)根据危险品特性和仓库条件，必须配置相应的消防设备、设施和灭火药剂。并配备经过培训的兼职和专职的消防人员。

(2)储存危险化学品建筑物内应根据仓库条件安装自动监测和火灾报警系统。

(3)储存危险化学品的建筑物内，如条件允许，应安装灭火喷淋系统(遇水燃烧危险化学品，不可用水扑救的火灾除外)，其喷淋强度和供水时间如下：喷淋强度 15L/(min · m^2)；持续时间 90min。

3.2.7 废弃物处理

(1) 禁止在危险化学品储存区域内堆积可燃废弃物品。

(2) 泄漏或渗漏危险品的包装容器应迅速移至安全区域。

(3) 按危险化学品特性，用化学的或物理的方法处理废弃物品，不得任意抛弃、污染环境。

3.3 危险化学品储存的消防安全管理

1988 年 5 月 1 日起施行的国家标准《建筑设计防火规范》GBJ 16—87，1997 年 6 月由公安部天津消防科研所会同有关单位进行了局部修订，2001 年、2006 年、2008 年又分别由公安部、建设部等进行了修订。《规范》对仓库建筑物的火灾危险分类、建筑物的耐火等级及疏散要求、建筑物的防火间距等给予严格规定。《规范》对储存各类危险化学品的仓库也提出了具体的要求。

为了加强仓库消防安全管理，保护仓库免受火灾危害，1990 年 4 月国务院授权公安部修改了《仓库防火安全管理规则》。《规则》提出了仓库消防安全管理的原则、责任和措施。

《规范》和《规则》是危险化学品储存的防火管理的法律文件。《规范》侧重在仓库建筑物的设计、结构和布置上的消防安全要求，《规则》则侧重在日常消防安全管理上的要求。

3.3.1 储存物品的火灾危险性分类

储存物品的火灾危险性可按表 3 -4 分为五类。

表3-4　储存物品的火灾危险性分类

储存物品类别	火灾危险性的特征
甲	1. 闪点<28℃的液体 2. 爆炸下限<10%的气体，以及受到水或空气中水蒸气的作用，能产生爆炸下限<10%气体的固体物质 3. 常温下能自行分解或在空气中氧化即能导致迅速自燃或爆炸的物质 4. 常温下受到水或空气中水蒸气的作用能产生可燃气体并引起燃烧或爆炸的物质 5. 遇酸、受热、撞击、摩擦以及遇有机物或硫磺等易燃的无机物，极易引起燃烧或爆炸的强氧化剂 6. 受撞击、摩擦或氧化剂、有机物接触时能引起燃烧或爆炸的物质
乙	1. 闪点≥28℃至<60℃的液体 2. 爆炸下限≥10%的气体 3. 不属于甲类的氧化剂 4. 不属于甲类的化学易燃危险固体 5. 助燃气体 6. 常温下与空气接触能缓慢氧化，积热引起自燃的物品
丙	1. 闪点≥60℃的液体 2. 可燃固体
丁	难燃烧物品
戊	非燃烧物品

注：难燃物品、非燃物品的可燃包装重量超过物品本身重量1/4时，其火灾危险性应为丙类。

3.3.2　库房的耐火等级、层数、占地面积和安全疏散

(1) 库房的耐火等级、层数和建筑面积应符合表3-5的要求。

(2) 一、二级耐火等级的冷库，每座库房的最大允许占地面积和防火分隔面积，可按《冷库设计规范》有关规定执行。

(3) 在同一座库房或同一个防火墙间内，如储存数种火灾危险性不同的物品时，其库房或隔间的最低耐火等级、最多允许层数和最大允许占地面积，应按其中火灾危险性最大的物品确定。

(4) 甲、乙类物品库房不应设在建筑物的地下室、半地下室。50度以上的白酒库房不宜超过三层。

(5) 甲、乙、丙类液体库房，应设置防止液体流散的设施。遇水燃烧爆炸的物品库房，应设有防止水浸渍损失的设施。

(6) 有粉尘爆炸危险的筒仓，其顶部盖板应设置必要的泄压面积。粮食筒仓的工作塔、上通廊的泄压面积应按《规范》第3.4.2条的规定执行。

表 3-5　库房耐火等级、层数和建筑面积

储存物品类别		耐火等级	最多允许层数	最大允许建筑面积/m^2						
				单层库房		多层库房		高层库房		库房地下室半地下室
				每座库房	防火墙间	每座库房	防火墙间	每座库房	防火墙间	防火墙间
甲	3、4项	一级	1	180	60	—	—	—	—	—
	1、2、5、6项	一、二级	1	750	250	—	—	—	—	—
乙	1、3、4项	一、二级	3	2000	5D0	900	300	—	—	—
		三级	1	500	250	—	—	—	—	—
	2、5、6项	一、二级	5	2800	700	1500	500	—	—	—
		三级	1	900	300	—	—	—	—	—
丙	1项	一、二级	5	4000	1000	2800	700	—	—	150
		三级	1	1200	400	—	—	—	—	—
	2项	一、二级	不限	6000	1500	4800	1200	4000	1000	300
		三级	3	2100	700	1200	400	—	—	—
丁		一、二级	不限	不限	不限	不限	1500	4800	1200	500
		三级	3	3000	1000	1500	500	—	—	—
		四级	1	2100	700	—	—	—	—	—
戊		一、二级	不限	不限	不限	不限	2000	6000	1500	1000
		三级	3	3000	1000	2100	700	—	—	—
		四级	1	2100	700	—	—	—	—	—

注：①高层库房、高架仓库和筒仓的耐火等级不应低于二级；二级耐火等级的筒仓可采用钢板仓。储存特殊贵重物品的库房，其耐火等级宜为一级。

②独立建造的硝酸铵库房、电石库房、聚乙烯库房、尿素库房、配煤库房以及车站、码头、机场内的中转仓库，其建筑面积可按本表的规定增加 1.00 倍，但耐火等级不应低于二级。

③装有自动灭火设备的库房，其建筑面积可按本表及注②的规定增加 1.00 倍。

④石油库内桶装油品库房面积可按现行的国家标准《石油库设计规范》执行。

⑤煤均化库防火分区最大允许建筑面积可为 12000m^2，但耐火等级不应低于二级。

⑥"占地面积"均指建筑面积。

(7) 库房或每个防火隔间(冷库除外)的安全出口数目不宜少于两个。但一座多层库房的占地面积不超过 300m^2时，可设一个疏散楼梯，面积不超过 100m^2的防火隔间，可设置一个门。

高层库房应采用封闭楼梯间。

(8) 库房(冷库除外)的地下室、半地下室的安全出口数目不应少于两个，但面积不超过 100m^2时可设一个。

(9) 除一、二级耐火等级的戊类多层库房外，供垂直运输物品的升降机，宜设在库房外。当必须设在库房内时，应设在耐火极限不低于 2.00h 的井筒内，井筒壁上的门，应采用乙级防火门。

(10) 库房、筒仓的室外金属梯可作为疏散楼梯，但其净宽度不应小于 60cm，倾斜度不应大于 60°角。栏杆扶手的高度不应小于 0.8m。

(11) 高度超过 32m 的高层库房应设有符合《规范》第 3.5.6 条要求的消防电梯。

注：设在库房连廊、冷库穿堂或谷物筒仓工作塔内的消防电梯，可不设前室。

（12）甲、乙类库房内不应设置办公室、休息室。

设在丙、丁类库房内的办公室、休息室，应采用耐火极限不低于2.50h的不燃烧体隔墙和1.00h的楼板分隔开，其出口应直通室外或疏散走道。

3.3.3　库房的防火间距

（1）乙、丙、丁、戊类物品库房之间的防火间距不应小于表3－6的规定。

（2）乙、丙、丁、戊类物品库房与其他建筑之间的防火间距，应按本段第(1)条规定执行；与甲类物品库房之间的防火间距，应按本段第(4)条规定执行，与甲类厂房之间的防火间距，应按本段第(1)条的规定增加2m。

乙类物品库房(乙类6项物品除外)与重要公共建筑之间防火间距不宜小于30m，与其他民用建筑不宜小于25m。

表3－6　乙、丙、丁、戊物品库房之间的耐火间距

防火间距/m		耐火等级		
		一、二级	三级	四级
耐火等级	一、二级	10	12	14
	三级	12	14	16
	四级	14	16	18

注：①两座库房相邻较高一面外墙为防火墙，且总建筑面积不超过第3.3.2段第一座库房的面积规定时，其防火间距不限。

②高层库房之间以及高层库房与其他建筑之间的防火间距应按本表增加3.00m。

③单层、多层戊类库房之间的防火间距可按本表减少2.00m。

（3）屋顶承重构件和非承重外墙均为非燃烧体的库房，当耐火极限达不到二级耐火等级要求时，其防火间距应按三级耐火等级建筑确定。

（4）甲类物品库房与其他建筑物的防火间距不应小于表3－7的规定。

3－7　甲类物品库房与建筑物的防火间距

储存物品类别 / 储量/t / 防火间距/m / 建筑物名称			甲类			
			3、4项		1、2、5、6项	
			≤5	>5	≤10	>10
民用建筑、明火或散发火花地点			30	40	25	30
其他建筑	耐火等级	一、二级	15	20	12	15
		三级	20	25	15	20
		四级	25	30	20	25

注：①甲类物品库房之间的防火间距不应小于20m，但本表第3、4项物品储量不超过2t，第1、2、5、6项物品储量不超过5t时，可减少12m。

②甲类库房与重要的公共建筑的防火间距不应小于50m。

(5) 库区的围墙与库区内建筑的距离不宜小于5m，并应满足围墙两侧建筑物之间的防火距离要求。

3.3.4 甲、乙、丙类液体储罐、堆场的布置和防火间距

(1) 甲、乙、丙类液体储罐宜布置在地势较低的地带，如采取安全防护设施，也可布置在地势较高的地带。

桶装、瓶装甲类液体不应露天布置。

(2) 甲、乙、丙类液体的储罐区和乙、丙类液体的桶罐堆场与建筑物的防火间距，不应小于表3-8的规定。

表3-8 储罐、堆场与建筑物的防火间距

名称	一个罐区或堆场的总储量/m^3	防火间距/m 耐火等级 一、二级	三级	四级
甲、乙类液体	1~50	12	15	20
	51~200	15	20	25
	201~1000	20	25	30
	1001~5000	25	30	40
丙类液体	5~250	12	15	20
	251~1000	15	20	25
	1001~5000	20	25	30
	5001~25000	25	30	40

注：①防火间距应从建筑物最近的储罐外壁、堆垛外缘算起，但储罐防火堤外侧基脚线至建筑物的距离不小于10m。

②甲、乙、丙类液体的固定顶储罐区、半露天堆场和乙、丙类液体堆场与甲类厂(库)房以及民用建筑的防火间距，应按本表的规定增加25%，但甲、乙类液体储罐区、半露天堆场和乙、丙类液体堆场与上述建筑物的防火间距不应小于25m，与明火或散发火花地点的防火间距，应按本表四级建筑的规定增加25%。

③浮顶储罐或闪点大于120℃的液体储罐与建筑物的防火间距，可按本表的规定减少25%。

④一个单位如有几个储罐区时，储罐区之间的防火间距不应小于本表相应储量储罐与四级建筑的较大值。

⑤石油库的储罐与建筑物、构筑物的防火间距可按《石油库设计规范》的有关规定执行。

(3) 计算一个储罐区的总储量时，1m^3的甲、乙类液体按5m^3的丙类液体折算。

(4) 甲、乙、丙类液体储罐之间的防火间距，不应小于表3-9的规定。

(5) 甲、乙、丙类液体储罐成组布置时应符合下列要求：

① 甲、乙、丙类液体储罐的储量不超过表3-10的规定时，可成组布置；

② 组内储罐的布置不应超过两行。甲、乙类液体储罐之间的间距，立式储罐不应小于2m，丙类液体的储罐之间的间距不限。卧式储罐不应小于0.8m。

表3-9　甲、乙、丙类液体储罐之间的防火间距

<table>
<tr><th rowspan="2">液体类别</th><th rowspan="2">间距 储罐形式
单罐容量/m³</th><th colspan="3">固定顶罐</th><th rowspan="2">浮顶储罐</th><th rowspan="2">卧式储罐</th></tr>
<tr><th>地上式</th><th>半地下式</th><th>地下式</th></tr>
<tr><td rowspan="2">甲、乙类</td><td>≤1000</td><td>0.75D</td><td rowspan="2">0.5D</td><td rowspan="2">0.4D</td><td rowspan="2">0.4D</td><td rowspan="3">不小于0.8m</td></tr>
<tr><td>>1000</td><td>0.6D</td></tr>
<tr><td>丙类</td><td>不论容量大小</td><td>0.4D</td><td>不限</td><td>不限</td><td>—</td></tr>
</table>

注：① D 为相邻立式储罐中较大罐的直径(m)；矩形储罐的直径为长边与短边之和的一半。

② 不同液体、不同形式储罐之间的防火间距，应采用本表规定的较大值。

③ 两排卧罐间的防火间距不应小于3m。

④ 设有充氮保护设备的液体储罐之间的防火间距，可按浮顶储罐的间距确定。

⑤ 单罐容量不超过1000m^3的甲、乙类液体的地上式固定储罐之间的防火间距，如采用固定冷却消防方式时，其防火间距可不小于0.6D。

⑥ 同时装有液下喷射泡沫灭火设备、固定冷却水设备和扑救防火堤内液体火灾的泡沫灭火设备时，储罐之间的间距可适当减少，但地上储罐不宜小于0.4D。

⑦ 闪点超过120℃的液体，且储罐容量大于1000m^3时，其储罐之间的防火间距可为5m；小于1000m^3时，其储罐之间的防火间距可为2m。

③ 储罐组之间的距离，应按储罐组储罐的形式和总储量相同的标准单罐确定，按本规范本段第(4)条的规定执行。

表3-10　液体储罐成组布置的限量

储罐名称	单罐最大储量/m³	一组最大储量/m³
甲、乙类液体	200	1000
丙类液体	500	3000

注：石油库内的油罐布置和防火间距，可按《石油库设计规范》有关规定执行。

(6) 甲、乙、丙类液体的地上、半地下储罐或储罐组，应设置非燃烧材料的防火堤，并应符合下列要求：

① 防火堤内储罐的布置不宜超过两行，但单罐容量不超过1000m^3且闪点超过120℃的液体储罐，可不超过四行；

② 防火堤内的有效容量不应小于最大罐的容量，但浮顶罐可不小于最大储罐容量的一半；

③ 防火堤内侧基脚线至立式储罐外壁的距离，不应小于罐壁高的一半。卧式储罐至防火堤内基脚线的水平距离不应小于3m；

④ 防火堤的高度宜为1~1.6m，其实际高度应比计算高度高出0.2m；

⑤ 沸溢性液体地上、半地下储罐，每个储罐应设一个防火堤或防火隔堤；

⑥ 含油污水排水管在出防火堤处应设水封设施，雨水排水管应设置阀门等

封闭装置。

（7）下列情况之一的储罐、堆场，如有防止液体流散的设施，可不设防火堤：

① 闪点超过120℃的液体储罐、储罐区；

② 桶装的乙、丙类液体堆场；

③ 甲类液体半露天堆场。

（8）地上、半地下储罐的每个防火堤分隔范围内，宜布置同类火灾危险性的储罐。沸溢性与非沸溢性液体储罐或地下储罐与地上、半地下储罐，不应布置在同一防火堤范围内。

（9）甲、乙、丙类液体储罐与其泵房、装卸鹤管的防火间距，不应小于表3－11的规定。

表3－11　液体储罐与泵房、装卸鹤管的防火间距

储罐名称 \ 防火间距/m \ 项别		泵　房	铁路装卸鹤管	汽车装卸鹤管
甲、乙类液体	拱顶罐	15	20	15
	浮顶罐	15	15	15
丙类液体		10	12	10

注：① 总储量不超过1000m³的甲、乙类液体储罐和总储量不超过5000m³的丙类液体储罐的防火间距，可按本表的规定减少25%，石油库区内油罐与泵房、装卸鹤管的防火间距，可按《石油库设计规范》执行。

② 泵房、装卸鹤管与储罐防火堤外侧基脚线的距离不应小于5m。

③ 厂内铁路线与装卸鹤管的防火间距，对于甲、乙类液体不应小于20m，对于丙类液体不应小于10m。

④ 泵房与鹤管的距离不应小于8m。

（10）甲、乙、丙类液体装卸鹤管与建筑物的防火间距不应小于表3－12的规定。

表3－12　液体装卸鹤管与建筑物的防火间距

名　称 \ 防火间距/m \ 建筑物的耐火等级	一、二级	三　级	四　级
甲、乙类液体装卸鹤管	14	16	18
丙类液体装卸管	10	12	14

（11）零位罐与所属铁路作业线的距离不应小于6m。

3.3.5　可燃、助燃气体储罐的防火间距

（1）湿式可燃气体储罐或罐区与建筑物、堆场的防火间距，不应小于表3－13的规定。

（2）可燃气体储罐或罐区之间的防火间距应符合下列要求：

① 湿式储罐之间的防火间距，不应小于相邻较大罐的半径；

② 干式或卧式储罐之间的防火间距，不应小于相邻较大罐直径的2/3，球形罐之间的防火间距不应小于相邻较大罐的直径；

表3-13　储气罐或罐区与建筑物、储罐、堆场的防火间距

名称（防火间距/m \ 总容积/m³）			≤1000	1001～10000	10001～50000	>50000
明火或散发火花的地点，民用建筑，甲、乙、丙类液体储罐，易燃材料堆场、甲类物品库房			25	30	35	40
其他建筑	耐火等级	一、二级	12	15	20	25
		三级	15	20	25	30
		四级	20	25	30	35

注：① 固定容积的可燃气体储罐与建筑物、堆场的防火间距应按本表的规定执行。总容积按其水容量（m^3）和工作压力（绝对压力，$1kgf/cm^2=9.8\times10^4Pa$）的乘积计算。

② 干式可燃气体储罐与建筑物、堆场的防火间距应按本表增加25%。

③ 容积不超过$20m^3$的可燃气体储罐与所属厂房的防火间距不限。

③ 卧式、球形储罐与湿式储罐或干式储罐之间的防火间距，应按其中较大者确定；

④ 一组卧式或球形储罐的总容积不应超过$30000m^3$。组与组的防火间距、卧式储罐不应小于相邻较大罐长度的一半；球形储罐不应小于相邻较大罐的直径，且不应小于10m。

（3）液氢储罐与建筑物、储罐、堆场的防火间距可按相应储量的液化石油气储罐的防火间距减少25%。

（4）湿式氧气罐或罐区与建筑物、储罐、堆场的防火间距，不应小于表3-14的规定。

表3-14　湿式氧气储罐或罐区与建筑物、储罐、堆场的防火间距

名称（防火间距/m \ 总容积/m³）			≤1000	1001～50000	>50000
民用建筑，甲、乙、丙类液体储罐，易燃材料堆场，甲类物品库房			25	30	35
其他建筑	耐火等级	一、二级	10	12	14
		三级	12	14	16
		四级	14	16	18

注：① 固定容积的氧气储罐，与建筑物、储罐、堆场的防火间距应按本表的规定执行，其容积按水容量（m^3）和工作压力（绝对压力，$1kgf/cm^2=9.8\times10^4Pa$）的乘积计算。

② 氧气储罐与其制氧厂房的间距，可按工艺布置要求确定。

③ 容积不超过$50m^3$的氧气储罐与所属使用厂房的防火间距不限。

(5)氧气储罐之间的防火间距，不应小于相邻较大罐的半径。氧气储罐与可燃气体储罐之间的防火间距不应小于相邻较大罐的直径。

(6)液氧储罐与建筑物、储罐、堆场的防火间距，按表3－14相应储量的氧气储罐的防火间距执行。液氧储罐与其泵房的间距不宜小于3m。

设在一、二级耐火等级库房内，且容积不超过$3m^3$的液氧储罐，与所属使用建筑的防火间距不应小于10m($1m^3$液氧折合$800m^3$标准状态气氧计算)。

(7)液氧储罐周围5m范围内不应有可燃物和设置沥青路面。

3.3.6 液化石油气储罐的布置和防火间距

(1)液化石油气储罐区宜布置在本单位或本地区全年最小频率风向的上风侧，并选择通风良好的地点单独设置。储罐区宜设置高度为1m的非燃烧体实体防护墙。

(2)液化石油气储罐或罐区与建筑物、堆场的防火间距，不应小于表3－15的规定。

表3－15 液化石油气储罐或罐区与建筑物、堆场的防火间距

防火间距/m \ 名称 \ 总容积/m^3			≤10	11～30	31～200	201～1000	1001～2500	2501～5000
单罐容积/m^3				≤10	≤50	≤100	≤400	≤1000
明火或散发火花地点			35	40	50	60	70	80
民用建筑，甲、乙类液体储罐，甲类物品库房，易燃材料堆场			30	35	45	55	65	75
丙类液体储罐，可燃气体储罐			25	30	35	45	55	65
助燃气体储罐，可燃材料堆场			20	25	30	40	50	60
其他建筑	耐火等级	一、二级	12	18	20	25	30	40
		三级	15	20	25	30	40	50
		四级	20	25	30	40	50	60

注：①容积超过$1000m^3$的液化石油气单罐或总储量超过$5000m^3$的罐区，与明火或散发火花地点和民用建筑的防火间距不应小于120m，与其他建筑的防火间距应按本表的规定增加25%。

②防火间距应按本表总容积或单罐容积较大者确定。

(3)位于居民区内的液化石油气气化站、混气站，其储罐与重要公共建筑和其他民用建筑、道路之间的防火间距，可按现行的《城市煤气设计规范》的有关规定执行，但与明火或散发火花地点的防火间距不应小于30m。

上述储罐的单罐容积超过$10m^3$或总容积超过$30m^3$时，与建筑物、储罐、堆场的防火间距均应按本段第(2)条的规定执行。

(4) 总容积不超过 $10m^3$ 的工业企业内的液化石油气气化站，混气站储罐，如设置在专用的独立建筑物内时，其外墙与相邻厂房及其附属设备之间的防火间距，按甲类厂房的防火间距执行。

当上述储罐设置在露天时，与建筑物、储罐、堆场的防火间距应按本段第(2)条的规定执行。

(5) 液化石油气储罐之间的防火间距，不宜小于相邻较大罐的直径。

数个储罐的总容积超过 $3000m^3$ 时，应分组布置。组内储罐宜采用单排布置，组与组之间的防火间距不宜小于20m。

注：总容积不超过 $3000m^3$，且单罐容积不超过 $1000m^3$ 的液化石油气储罐组，可采用双排布置。

(6) 城市液化石油气供应站的气瓶库，其四周宜设置非燃烧体的实体围墙，其防火间距应符合下列要求：

① 液体石油气气瓶库的总储量不超过 $10m^3$ 时，与建筑物的防火间距(管理室除外)，不应小于10m；超过 $10m^3$ 时，不应小于15m。

② 液化石油气气瓶库与主要道路的间距不应小于10m，与次要道路不应小于5m，距重要的公共建筑不应小于25m。

(7) 液化石油气储罐与所属泵房的距离不应小于15m。

3.3.7 易燃、可燃材料的露天、半露天堆场的布置和防火间距

(1) 易燃材料的露天堆场宜设置在天然水源充足的地方，并宜布置在本单位或本地区全年最小频率风向的上风侧。

(2) 易燃、可燃材料的露天、半露天堆场与建筑物的防火间距，不应小于表3-16的规定。

表3-16　露天、半露天堆场与建筑物的防火间距

名称		防火间距/m　耐火等级 一个堆场的总储量	一、二级	三级	四级
粮食	筒仓、土圆仓	500~10000t	10	15	20
		10001~20000t	15	20	25
		20001~40000t	20	25	30
粮食	席茓囤	10~5000t	15	20	25
		5001~20000t	20	25	30

续表

名称 \ 一个堆场的总储量 \ 防火间距/m \ 耐火等级		一、二级	三级	四级
棉、麻、毛、化纤、百货	10 ~ 500t	10	15	20
	501 ~ 1000t	15	20	25
	1001 ~ 5000t	20	25	30
稻草、麦秸、芦苇等易燃烧材料	10 ~ 5000t	15	20	25
	5001 ~ 10000t	20	25	30
	10001 ~ 20000t	25	30	40
木材等可燃材料	50 ~ 1000m^3	10	15	20
	1001 ~ 10000m^3	15	20	25
	10001 ~ 25000m^3	20	25	30
煤和焦炭	100 ~ 5000t	6	8	10
	>5000t	8	10	12

注：① 一个堆场的总储量如超过本表的规定，宜分设堆场。堆场之间的防火间距，不应小于较大堆场与四级建筑的间距。

② 不同性质物品堆场之间的防火间距，不应小于本表相应储量堆场与四级建筑间距的较大值。

③ 易燃材料露天、半露天堆场与甲类生产厂房、甲类物品库房以及民用建筑的防火间距，应按本表的规定增加25%，且不应小于25m。

④ 易燃材料露天、半露天堆场与明火或散发火花地点的防火间距，应按本表四级建筑的规定增加25%。

⑤ 易燃、可燃材料堆场与甲、乙、丙类液体储罐的防火间距，不应小于本表中相应储量堆场与四级建筑间距的较大值。

⑥ 粮食总储量为20001 ~ 40000t 一栏，仅适用于筒仓；木材等可燃材料总储量为10001 ~ 25000m^3一栏，仅适用于圆木堆场。

3.3.8 仓库、储罐区、堆场的布置及铁路、道路的防火间距

（1）液化石油气储配站的站址应根据储量大小，宜设置在远离居住区、村镇、工业企业和影剧院、体育馆等重要公共建筑的地区。

（2）甲、乙类物品专用仓库，甲、乙、丙类液体储罐区、易燃材料堆场等，宜设置在市区边缘的安全地带。

城市煤气储罐宜分散布置在用户集中的安全地段。

（3）库房、储罐、堆场与铁路、道路的防火间距，不应小于表 3 - 17 的规定。

表3-17 库房、储罐、堆场与铁路、道路的防火间距

防火间距/m		铁路、道路				
		厂外铁路线中心线	厂内铁路线中心线	厂外道路路边	厂内道路路边	
					主要	次要
名称	液化石油气储罐	45	35	25	15	10
	甲类物品库房	40	30	20	10	5
	甲、乙类液体储罐	35	25	20	15	10
	丙类液体储罐易燃材料堆场	30	20	15	10	5
	可燃、助燃气体储罐	25	20	15	10	5

注：① 厂内铁路装卸线与设有装卸站台的甲类物品库房的防火间距，可不受本表规定的限制。

② 未列入本表的堆场、储罐、库房与铁路、道路的防火间距，可根据储存物品的火灾危险性适当减少。

3.3.9 仓库消防安全管理的基本要求

仓库消防安全必须贯彻“预防为主，防消结合”的方针，实行“谁主管，谁负责”的原则。仓库消防安全由本单位及其上级主管部门负责。县级以上公安机关消防监督机构负责监督。

新建、扩建和改建的仓库建筑设计，要符合国家建筑设计防火规范的有关规定，并经公安消防监督机构审核。仓库竣工时，其主管部门应当会同公安消防监督等有关部门进行验收；验收不合格的，不得交付使用。

仓库应当确定一名主要领导人为防火负责人，全面负责仓库的消防安全管理工作。仓库防火负责人的职责是：

(1) 组织学习贯彻消防法规，完成上级部署的消防工作；

(2) 组织制定电源、火源、易燃易爆物品的安全管理和值班巡逻等制度，落实逐级防火责任制和岗位防火责任制；

(3) 组织对职工进行消防宣传、业务培训和考核，提高职工的安全素质；

(4) 组织开展防火检查，消除火险隐患；

(5) 领导专职、义务消防队组织和专职、兼职消防人员，制定灭火应急方案，组织扑救火灾；

(6) 定期总结消防安全工作，实施奖惩。

国家储备库、专业仓库应当配备专职消防干部；其他仓库可以根据需要配备专职或兼职消防人员。

国家储备库、专业仓库和火灾危险性大、距公安消防队较远的其他大型仓库，应当按照有关规定建立专职消防队。

各类仓库都应当建立义务消防组织，定期进行业务培训，开展自防自救工作。

仓库防火负责人的确定和变动，应当向当地公安消防监督机构备案；专职消防干部、人员和专职消防队长的配备与更换，应当征求当地公安消防监督机构的意见。

仓库保管员应当熟悉储存物品的分类、性质、保管业务知识和防火安全制度，掌握消防器材的操作使用和维护保养方法，做好本岗位的防火工作。

对仓库新职工应当进行仓储业务和消防知识的培训，经考试合格，方可上岗作业。

仓库严格执行夜间值班、巡逻制度，带班人员应当认真检查，督促落实。

3.3.10 储存消防安全管理

露天存放物品应当分类、分堆、分组和分垛，并留出必要的防火间距。堆场的总储量以及与建筑物等之间的防火距离，必须符合建筑设计防火规范的规定。

甲、乙类桶装液体，不宜露天存放。必须露天存放时，在炎热季节必须采取降温措施。

库存物品应当分类、分垛储存，每垛占地面积不宜大于100m^2，垛与垛间距不小于1m，垛与墙间距不小于0.5m，垛与梁、柱间距不小于0.3m，主要通道的宽度不小于2m。

甲、乙类物品和一般物品以及容易相互发生化学反应或者灭火方法不同的物品，必须分间、分库储存，并在醒目处标明储存物品的名称、性质和灭火方法。

易自燃或者遇水分解的物品，必须在温度较低、通风良好和空气干燥的场所储存，并安装专用仪器定时检测，严格控制湿度与温度。

物品入库前应当有专人负责检查，确定无火种等隐患后，方准入库。

甲、乙类物品的包装容器应当牢固、密封，发现破损、残缺，变形和物品变质、分解等情况时，应当及时进行安全处理，严防跑、冒、滴、漏。

使用过的油棉纱、油手套等沾油纤维物品以及可燃包装，应当存放在安全地点，定期处理。

库房内因物品防冻必须采暖时，应当采用水暖，其散热器、供暖管道与储存物品的距离不小于0.3m。

甲、乙类物品库房内不准设办公室、休息室。其他库房必需设办公室时，可以贴邻库房一角设置无孔洞的一、二级耐火等级的建筑，其门窗直通库外，具体实施，应征得当地公安消防监督机构的同意。

储存甲、乙、丙类物品的库房布局、储存类别不得擅自改变。如确需改变的，应当报经当地公安消防监督机构同意。

仓库的电气装置必须符合国家现行的有关电气设计和施工安装验收标准规范

的规定。

甲、乙类物品库房和丙类液体库房的电气装置，必须符合国家现行的有关爆炸危险场所的电气安全规定。

储存丙类固体物品的库房，不准使用碘钨灯和超过60W以上的白炽灯等高温照明灯具。当使用日光灯等低温照明灯具和其他防燃型照明灯具时，应当对镇流器采取隔热、散热等防火保护措施，确保安全。

库房内不准设置移动式照明灯具。照明灯具下方不准堆放物品，其垂直下方与储存物品水平间距离不得小于0.5m。

库房内敷设的配电线路，需穿金属管或用非燃硬塑料管保护。

库区的每个库房应当在库房外单独安装开关箱，保管人员离库时，必须拉闸断电。禁止使用不合规格的保险装置。

库房内不准使用电炉、电烙铁、电熨斗等电热器具和电视机、电冰箱等家用电器。

仓库电器设备的周围和架空线路的下方严禁堆放物品。对提升、码垛等机械设备易产生火花的部位，要设置防护罩。

仓库必须按照国家有关防雷设计安装规范的规定，设置防雷装置，并定期检测，保证有效。

仓库的电器设备，必须由持合格证的电工进行安装、检查和维修保养。电工应当严格遵守各项电器操作规程。

3.3.11 装卸消防安全管理

进入库区的所有机动车辆，必须安装防火罩。

蒸汽机车驶入库区时，应当关闭灰箱和送风器，并不得在库区清炉。仓库应当派专人负责监护。

汽车、拖拉机不准进入甲、乙、丙类物品库房。

进入甲、乙类物品库房的电瓶车、铲车必须是防爆型的；进入丙类物品库房的电瓶车、铲车，必须装有防止火花溅出的安全装置。

各种机动车辆装卸物品后，不准在库区、库房、货场内停放和修理。

库区内不得搭建临时建筑和构筑物。因装卸作业确需搭建时，必须经单位防火负责人批准，装卸作业结束后立即拆除。

装卸甲、乙类物品时，操作人员不得穿戴易产生静电的工作服、帽和使用易产生火花的工具，严防震动、撞击、重压、摩擦和倒置。对易产生静电的装卸设备要采取消除静电的措施。

库房内固定的吊装设备需要维修时，应当采取防火安全措施，经防火负责人批准后，方可进行。

装卸作业结束后，应当对库区、库房进行检查，确认安全后，方可离人。

3.3.12 火源管理

仓库应当设置醒目的防火标志。进入甲、乙类物品库区的人员，必须登记，并交出携带的火种。

库房内严禁使用明火。库房外动用明火作业时，必须办理动火证，经仓库或单位防火负责人批准，并采取严格的安全措施。动火证应当注明动火地点、时间、动火人、现场监护人、批准人和防火措施等内容。

库房内不准使用火炉取暖。在库区使用时，应当经防火负责人批准。

防火负责人在审批火炉的使用地点时，必须根据储存物品的分类，按照有关防火间距的规定审批，并制定防火安全管理制度，落实到人。

库区以及周围50m内，严禁燃放烟花爆竹。

3.3.13 消防设施和器材管理

仓库内应当按照国家有关消防技术规范，设置、配备消防设施和器材。

消防器材应当设置在明显和便于取用的地点，周围不准堆放物品和杂物。

仓库的消防设施、器材，应当由专人管理，负责检查、维修、保养、更换和添置，保证完好有效，严禁圈占、埋压和挪用。

甲、乙、丙类物品国家储备库、专业性仓库以及其他大型物资仓库，应当按照国家有关技术规范的规定安装相应的报警装置，附近有公安消防队的宜设置与其直通的报警电话。

对消防水池、消火栓、灭火器等消防设施、器材，应当经常进行检查，保持完整好用。地处寒区的仓库，寒冷季节要采取防冻措施。

库区的消防车道和仓库的安全出口、疏散楼梯等消防通道，严禁堆放物品。

3.4 易燃易爆品的安全储存

国家标准《易燃易爆性商品储藏养护技术条件(GB 17914—1999)》，对爆炸品、压缩气体和液化气体、易燃液体、易燃固体、自燃物品、遇湿易燃物品、氧化剂和有机过氧化物等易燃易爆性商品的储藏条件、养护技术和储藏期限等提出了技术要求。

3.4.1 储藏条件

储藏易燃易爆商品的库房，库房耐火等级不低于三级，应冬暖夏凉、干燥、易于通风、密封和避光。

表 3－18 化学危险物品混存性能互抵表

化学危险物品分类		爆炸性物品				氧化剂				压缩气体和液化气体				自燃物品		遇水燃烧物品		易燃液体		易燃固体		毒害性物品				腐蚀性物品				放射性物品
		点火器材	起爆器材	爆炸及爆炸性药品	其他爆炸品	一级无机	一级有机	二级无机	二级有机	剧毒	易燃	助燃	不燃	一级	二级	一级	二级	一级	二级	一级	二级	剧毒无机	剧毒有机	有毒无机	有毒有机	酸性 无机	酸性 有机	碱性 无机	碱性 有机	
爆炸性物品	点火器材	○																												
	起爆器材	○	○																											
	爆炸及爆炸性药品	○	×																											
	其他爆炸品	○	×	○	○																									
氧化剂	一级无机	×	×	×	×	①																								
	一级有机	×	×	×	×	×	○																							
	二级无机	×	×	×	×	○	×	②																						
	二级有机	×	×	×	×	×	○	×	○																					
压缩气体和液化气体	剧毒（液氨和液氯有抵触）	×	×	×	×	×	×	×	×	○																				
	易燃	×	×	×	×	×	×	×	×	×	○																			
	助燃	×	×	×	×	×	×	分	×	○	×	○																		
	不燃	×	×	×	×	分	消	分	分	○	○	○	○																	
自燃物品	一级	×	×	×	×	×	×	×	×	×	×	×	×	○																
	二级	×	×	×	×	×	×	×	×	×	×	×	×	×	○															
遇水燃烧物品	一级	×	×	×		×	×	×	×	×	×	×	×	×	×	○														
	二级	×	×	×	×	×	×	×	×	消	×	×	消	×	消	×	○													
易燃液体	一级	×	×	×	×	×	×	×	×	×	×	×	×	×	×	×	×	○												
	二级	×	×	×	×	×	×	×	×	×	×	×	×	×	×	×	×	○	○											

续表

化学危险物品分类		爆炸性物品				氧化剂				压缩气体和液化气体				自燃物品		遇水燃烧物品		易燃液体		易燃固体		毒害性物品				腐蚀性物品				放射性物品
																										酸性		碱性		
		点火器材	起爆器材	爆炸及爆炸性药品	其他爆炸品	一级无机	一级有机	二级无机	二级有机	剧毒	易燃	助燃	不燃	一级	二级	一级	二级	一级	二级	一级	二级	剧毒无机	剧毒有机	有毒无机	有毒有机	无机	有机	无机	有机	
易燃固体	一级	×	×	×	×	×	×	×	×	×	×	×	×	×	×	×	×	消	消	○										
	二级	×	×	×	×	×	×	×	×	×	×	×	×	×	×	×	×	消	消	○	○									
毒害性物品	剧毒无机	×	×	×	×	分	×	分	消	分	分	分	分	×	分	消	消	消	消	分	分	○								
	剧毒有机	×	×	×	×	×	×	×	×	×	×	×	×	×	×	×	×	×	×	×	×	○	○							
	有毒无机	×	×	×	×	分	×	分	分	分	分	分	分	×	分	消	消	消	消	分	分	○	○	○						
	有毒有机	×	×	×	×	×	×	×	×	×	×	×	×	×	×	×	×	分	分	消	消	○	○	○	○					
腐蚀性物品 酸性	无机	×	×	×	×	×	×	×	×	×	×	×	×	×	×	×	×	×	×	×	×	×	×	×	×	○				
	有机	×	×	×	×	×	×	×	×	×	×	×	×	×	×	×	×	消	消	×	×	×	×	×	×	×	○			
腐蚀性物品 碱性	无机	×	×	×	×	分	消	分	消	分	分	分	分	分	分	消	消	消	消	分	分	×	×	×	×	×	×	○		
	有机	×	×	×	×	×	×	×	×	×	×	×	×	×	×	×	×	消	消	消	消	×	×	×	×	×	×	○	○	
放射性物品		×	×	×	×	×	×	×	×	×	×	×	×	×	×	×	×	×	×	×	×	×	×	×	×	×	×	×	×	○

说明：“○”符号表示可以混存；“×”符号表示不可以混存；“分”指应按化学危险品的分类进行分区分类储存。如果物品不多或仓位不够时，因其性能并不互相抵触，也可以混存；“消”指两种物品性能并不互相抵触，但消防施救方法不同，条件许可时最好分存；① 说明过氧化钠等过氧化物不宜和无机氧化剂混存。② 说明具有还原性的亚硝酸钠等亚硝酸盐类，不宜和其他无机氧化剂混存。凡混存物品，货垛与货垛之间，必须留有 1m 以上的距离，并要求包装容器完整，不使两种物品发生接触。

根据各类商品的不同性质、库房条件、灭火方法等进行严格的分区分类，分库存放。

（1）爆炸品宜储藏于一级轻顶耐火建筑的库房内。

（2）低、中闪点液体、一级易燃固体、自燃物品、压缩气体和液化气体类宜储藏于一级耐火建筑的库房内。

（3）遇湿易燃物品、氧化剂和有机过氧化物可储藏于一、二级耐火建筑的库房内。

（4）二级易燃固体、高闪点液体可储藏于耐火等级不低于三级的库房内。

3.4.2　安全条件

商品避免阳光直射、远离火源、热源、电源，无产生火花的条件。

除按表3－18规定分类储存外，以下品种应专库储藏。

爆炸品：黑色火药类、爆炸性化合物分别专库储藏。

压缩气体和液化气体：易燃气体、不燃气体和有毒气体分别专库储藏。

易燃液体均可同库储藏；但甲醇、乙醇、丙酮等应专库储存。

易燃固体可同库储藏；但发乳剂H与酸或酸性物品分别储藏；硝酸纤维素酯、安全火柴、红磷及硫化磷、铝粉等金属粉类应分别储藏。

自燃物品：黄磷，烃基金属化合物，浸动、植物油制品须分别专库储藏。

遇湿易燃物品专库储藏。

氧化剂和有机过氧化物一、二级无机氧化剂与一、二级有机氧化剂必须分别储藏，但硝酸铵、氯酸盐类、高锰酸盐、亚硝酸盐、过氧化钠、过氧化氢等必须分别专库储藏。

3.4.3　环境卫生条件

库房周围无杂草和易燃物。

库房内经常打扫，地面无漏撒商品，保持地面与货垛清洁卫生。

各类商品适宜储藏的温湿度见表3－19。

表3－19　温湿度条件

类　别	品　名	温度/℃	相对湿度/%	备　注
爆炸品	黑火药、化合物	≤32	≤80	
	水作稳定剂的	≥1	<80	
压缩气体和液化气体	易燃、不燃、有毒	≤30		
易燃液体	低闪点	≤29		
	中高闪点	≤37		

续表

类　别	品　名	温度/℃	相对湿度/%	备　注
易燃固体	易燃固体	≤35		
	硝酸纤维素酯	≤25	≤80	
	安全火柴	≤35	≤80	
	红磷、硫化磷、铝粉	≤35	<80	
自燃物品	黄磷	>1		
	烃基金属化合物	≤30	≤80	
	含油制品	≤32	≤80	
遇湿易燃物品	遇湿易燃物品	≤32	≤75	
氧化剂和有机过氧化物	氧化剂和有机过氧化物	≤30	≤80	
	过氧化钠、镁、钙等	≤30	≤75	
	硝酸锌、钙、镁等	≤28	≤75	袋装
	硝酸铵、亚硝酸钠	≤30	≤75	袋装
	盐的水溶液	>1		
	结晶硝酸锰	<25		
	过氧化苯甲酰	2~25		含稳定剂
	过氧化丁酮等有机氧化剂	≤25		

3.4.4 入库验收

3.4.4.1 验收原则

入库商品必须符合产品标准，并附有生产许可证和产品检验合格证。进口产品还应有中文安全技术说明书或其他说明。

保管方应验收商品的内外标志、容器、包装、衬垫等，验后作出验收记录。

验收应在库房外安全地点或验收室进行。

每种商品拆箱验收2~5箱（免检商品除外），发现问题，扩大验收比例。验后将商品包装复原，并做标记。

3.4.4.2 验收项目

（1）验收内外标志。

包括：品名、规格、等级、数（重）量、生产日期（批号）、生产工厂、危险品标志符合GB 190和GB 191的规定。

（2）验收包装

各类商品的容器和包装均应符合GB 12463的规定，应封闭严密，完整无损，容器和外包装不沾有内装商品和其他物品，无受潮和水湿等现象。

各类商品的内外包装及衬垫见表3－20。

表3－20　各类商品的内外包装及衬垫

类　别	品　名	内包装	外包装	衬　垫	备　注
爆炸品	黑火药	塑袋、铁皮里	木　箱		三层包装
	爆竹、烟花	包好裹严	木　箱	松软料	
	化合物	玻璃瓶	木　箱	不燃材料	
	三硝基苯酚等	玻璃瓶	塑料套筒	不燃材料	稳定剂
压缩气体和液化气体	压缩气体和液化气体	钢瓶（带帽）	安全胶圈		
易燃液体	易燃液体	金属桶玻璃瓶（气密封）	木　箱	松软材料	
易燃固体	易燃固体	衬纸、玻璃瓶	金属桶、木桶、木箱	松软材料	
	赛璐珞板材及制品	纸	木　箱		
	安全火柴	盒（柴头无外露）	包、纸板箱		
自燃物品	黄　磷	瓶、金属桶	木　箱	不燃材料	稳定剂
	烃基金属氧化物	瓶	钢　筒		
	含油制品		透笼木箱		不紧压
遇湿易燃物品	碱金属及氧化物	瓶、桶	木　箱 木　桶	不燃材料 不燃材料	稳定剂
氧化剂和有机过氧化物	氧化剂	桶、瓶、袋	木　箱	松软材料	
	过氧化钠（钾）、高锰酸锌、氯酸钾（钠）	瓶、桶	木　箱	不燃材料	
	过氧化苯甲酰	瓶、桶	木　箱	不燃材料	稳定剂

（3）验收商品质量（感官）

包括：固体无潮解，无熔（溶）化，无变色和风化；液体颜色正常，无封口不严，无挥发和渗漏；气体钢瓶螺旋口严密，无漏气现象。

（4）验收结果处理

凡外标志不全，包装不符合验收项目规定的不得签收入库或暂存观察室。如包装破漏需整好后再行入库。

验收完毕，合格的做好入库单及验收记录，并转存货方。

3.4.5 堆垛

3.4.5.1 堆垛方法

根据库房条件、商品性质和包装形态采取适当的堆码和垫底方法。

各种商品不允许直接落地存放。根据库房地势高低，一般应垫15cm以上。遇湿易燃物品、易吸潮溶化和吸潮分解的商品应根据情况加大下垫高度。

各种商品应码行列式压缝货垛，做到牢固、整齐、美观，出入库方便，一般垛高不超过3m。

3.4.5.2 堆垛间距

(1) 主通道大于等于180cm；

(2) 支通道大于等于80cm；

(3) 墙距大于等于30cm；

(4) 柱距大于等于10cm；

(5) 垛距大于等于10cm；

(6) 顶距大于等于50cm。

3.4.6 养护技术

3.4.6.1 温湿度管理

库房内设温湿度表(重点库可设自记温湿度计)，按规定时间观测和记录。

根据商品的不同性质，采取密封、通风和库内吸潮相结合的温湿度管理办法，严格控制并保持库房内的温湿度。

3.4.6.2 在库检查

(1) 安全检查

每天对库房内外进行安全检查，检查易燃物是否清理，货垛牢固程度和异常现象等。

(2) 质量检查

根据商品性质，定期进行以感官为主的在库质量检查，每种商品抽查1～2件，主要检查商品自身变化，商品容器、封口、包装和衬垫等在储藏期间的变化。

爆炸品：一般不宜拆包检查，主要检查外包装。爆炸性化合物可拆箱检查。

压缩气体和液化气体：用称量法检查其重量；检查钢瓶是否漏气可用气球将瓶嘴扎紧；也可用棉球蘸稀盐酸液(用于氨)、稀氨水(用于氯)涂在瓶口处。如果漏气会立即产生大量烟雾。

易燃液体：主要查封口是否严密，有无挥发或渗漏，有无变色、变质和沉淀现象。

易燃固体：查有无溶(熔)、升华和变色、变质现象。

自燃物品、遇湿易燃物品：查有无挥发、渗漏、吸潮溶化，含稳定剂的稳定剂要足量，否则立即添足补满。

氧化剂和有机过氧化物：主要是检查包装封口是否严密，有无吸潮溶化，变色变质；有机过氧化物、含稳定剂的稳定剂要足量，封口严密有效。

按重量计的商品应抽检重量，以控制商品保管损耗。

每次质量检查后，外包装上均应做出明显的标记，并作好记录。

(3) 检查结果问题处理

检查结果逐项记录，在商品外包装上做出标记。

检查中发现的问题，及时填写有问题商品通知单通知存货方。如问题严重或危及安全时立即汇报和通知存货方，采取应急措施。

有效期商品应在有效期前一个月通知存货方。

超过储藏期限或长期不出库的商品应填写在库商品催调单，转存货方。

3.4.7　安全操作

作业人员应穿工作服，戴手套、口罩等必要的防护用具，操作中轻搬轻放，防止摩擦和撞击。

各项操作不得使用能产生火花的工具，作业现场应远离热源与火源。

操作易燃液体需穿防静电工作服，禁止穿带钉鞋。大桶不得直接在水泥地面滚动。出入库汽车要戴好防护罩，排气管不得直接对准库房门。

桶装各种氧化剂不得在水泥地面滚动。

库房内不准分、改装，开箱、开桶、验收和质量检查等需在库房外进行。

3.4.8　储藏期限

根据各种商品的生产日期和有效期而定。

3.4.9　出库

按生产日期和批号顺序先进先出。

3.4.10　应急情况处理

灭火方法见表3-21。

各种物品在燃烧过程中会产生不同程度的毒性气体和毒害性烟雾。在灭火和抢救时，应站在上风头，佩戴防毒面具或自救式呼吸器。

如发现头晕、呕吐、呼吸困难、面色发青等中毒症状，立即离开现场，移到空气新鲜处或做人工呼吸，重者送医院诊治。

表 3-21 易燃易爆性物品灭火方法

类别	品名	灭火方法	备注
爆炸品	黑药	雾状水	
	化合物	雾状水、水	
压缩气体和液化气体	压缩气体和液化气体	大量水	冷却钢瓶
易燃液体	中、低、高闪点	泡沫、干粉	
	甲醇、乙醇、丙酮	抗溶泡沫	
易燃固体	易燃固体	水、泡沫	
	发乳剂	水、干粉	禁用酸碱泡沫
	硫化磷	干粉	禁用水
自燃物品	自燃物品	水、泡沫	
	烃基金属化合物	干粉	禁用水
遇湿易燃物品	遇湿易燃物品	干粉	禁用水
	钠、钾	干粉	禁用水、二氧化碳、四氯化碳
氧化剂和有机过氧化物	氧化剂和有机过氧化物	雾状水	
	过氧化钠、钾、镁、钙等	干粉	禁用水

3.5 毒害品安全储存

国家标准《毒害性商品储藏养护技术条件（GB 17916—1999）》，对毒害性商品的储藏条件、储藏技术、储藏期限等提出了技术要求。

3.5.1 储藏条件

（1）库房条件

库房结构完整、干燥、通风良好。机械通风排毒要有必要的安全防护措施。

库房耐火等级不低于二级。

（2）安全条件

仓库应远离居民区和水源。

商品避免阳光直射、曝晒，远离热源、电源、火源，库内在固定方便的地方配备与毒害品性质适应的消防器材、报警装置和急救药箱。

不同种类毒品要分开存放，危险程度和灭火方法不同的要分开存放，性质相抵的禁止同库混存。

剧毒品应专库储存或存放在彼此间隔的单间内，需安装防盗报警器，库门装双锁。

(3) 环境卫生条件

库区和库房内要经常保持整洁。对散落的毒品、易燃、可燃物品和库区的杂草及时清除。用过的工作服、手套等用品必须放在库外安全地点，妥善保管或及时处理。更换储藏毒品品种时，要将库房清扫干净。

(4) 温湿度条件

库区温度不超过35℃为宜，易挥发的毒品应控制在32℃以下，相对湿度应在85%以下，对于易潮解的毒品应控制在80%以下。

3.5.2　入库验收

(1) 验收原则

入库商品必须附有生产许可证和产品检验合格证，进口商品必须附有中文安全技术说明书和质量鉴定书。

商品内在质量应符合产品标准，由存货方负责检验。

保管方对商品外观、内外标志、容器包装、衬垫等进行感官检验。

每种商品拆箱验收2～5箱(免检商品除外)，发现问题扩大比例，验后将商品包装复原，并做标记。

验收在库外安全地点或验收室进行。

(2) 验收项目

① 包装。

包装应符合GB 12463的规定。内外包装应有品名、规格、等级、数(重)量、生产日期或批号、生产厂名、符合GB 191规定的储运图示、符合GB 190规定的毒性标志。

包装应完整无损，无水湿、污染，包装材料、容器衬垫等应符合GB 12463的要求。

② 质量。

商品性状、颜色等应符合产品标准。

液体商品颜色无变化，无沉淀，无杂质。

固体商品无变色，无结块，无潮解，无溶化现象。

③ 验收结果处理

验收不符合的不得入库，暂存观察室，通知存货方，另行处理。

验收完毕，合格的签收入库，填写验收记录，转存货方。

包装破漏时，必须更换包装方可入库，整修包装需在专门场所进行。撒在地上的毒品要清扫干净，集中存放，统一处理。

3.5.3 堆垛

商品堆垛要符合安全、方便的原则，便于堆码、检查和消防扑救，苫垫物料要专用。

（1）堆垛方法

商品不得就地堆码，货垛下应有隔潮设施，垛底一般不低于15cm。

一般可堆成大垛，挥发性液体毒品不宜堆大垛，可堆成行列式。要求货垛牢固、整齐、美观，垛高不超过3m。

（2）堆垛间距

主通道大于等于180cm；支通道大于等于80cm；墙距大于等于30cm；柱距大于等于10cm；垛距大于等于10cm；顶距大于等于50cm。

3.5.4 养护技术

（1）温湿度管理

库房内设置温湿度表，按时观测、记录。

严格控制库内温湿度，保持在适宜范围之内。

易挥发液体毒品库要经常通风排毒，若采用机械通风要有必要的安全防护措施。

（2）在库检查

① 安全检查

每天对库区进行检查，检查易燃物等是否清理，货垛是否牢固，有无异常。

遇特殊天气及时检查商品有无受损。

定期检查库内设施、消防器材、防护用具是否齐全有效。

② 商品质量检查

根据商品性质，定期进行质量检查，每种商品抽查1～2件，发现问题扩大检查比例。检查商品包装、封口、衬垫有无破损，商品外观和质量有无变化。

③ 检查结果问题处理

检查结果逐项记录，在商品外包装上做出标记。对发现的问题做好记录，通知存货方，同时采取措施进行防治。对有问题商品和冷背残次商品应填写催调单，报存货方，督促解决。

3.5.5 安全操作

（1）装卸人员应具有操作毒品的一般知识，操作时轻拿轻放，不得碰撞、倒置，防止包装破损，商品外溢。

（2）作业人员要佩戴手套和相应的防毒口罩或面具，穿防护服。

(3) 作业中不得饮食，不得用手擦嘴、脸、眼睛。每次作业完毕，必须及时用肥皂(或专用洗涤剂)洗净面部、手部，用清水漱口，防护用具应及时清洗，集中存放。

3.5.6　储藏期限

根据各种毒害品的生产日期和有效期而定。

3.5.7　出库

(1) 严格按生产日期先后出库。

(2) 严格执行双锁、双人复核制。

3.5.8　应急情况处理

(1) 消防方法见表3－22。

表3－22　部分毒害品消防方法

	品　名	灭火剂	禁用灭火剂
无机剧毒品	砷酸、砷酸钠	水	
	砷酸盐、砷及其化合物、亚砷酸、亚砷酸盐	水、砂土	
	亚硒酸盐、亚硒酸酐、硒及其化合物	水、砂土	
	硒粉	砂土、干粉	水
	氯化汞	水、砂土	
	氰化物、氰熔体、淬火盐	水、砂土	酸碱泡沫
	氢氰酸溶液	二氧化碳、干粉、泡沫	
有机剧毒品	敌死通、氯化苦、氟磷酸异丙酯、1240乳剂、3911、1440	砂土、水	
	四乙基铅	干砂、泡沫	
	马钱子碱	水	
	硫酸二甲酯	干砂、泡沫、二氧化碳、雾状水	
	1605乳剂、1059乳剂	水、砂土	酸碱泡沫
无机有毒品	氟化钠、氟化物、氟硅酸盐、氧化铅、氯化钡、氧化汞、汞及其化合物、碲及其化合物、碳酸铍、铍及其化合物	砂土、水	

续表

	品　名	灭火剂	禁用灭火剂
有机有毒品	氰化二氯甲烷、其他含氰的化合物	二氧化碳、雾状水、砂土	
	苯的氯代物(多氯代物)	砂土、泡沫、二氧化碳、雾状水	
	氯酸酯类	泡沫、水、二氧化碳	
	烷烃(烯烃)的溴代物，其他醛、醇、酮、酯、苯等的溴化物	泡沫、砂土	
	各种有机物的钡盐、对硝基苯氯(溴)甲烷	砂土、泡沫、雾状水	
	砷的有机化合物、草酸、草酸盐类	砂土、水、泡沫、二氧化碳	
	草酸酯类、硫酸酯类、磷酸酯类	泡沫、水、二氧化碳	
	胺的化合物、苯胺的各种化合物、盐酸苯二胺(邻、间、对)	砂土、泡沫、雾状水	
	二氨基甲苯，乙萘胺、二硝基二苯胺、苯肼及其化合物、苯酚的有机化合物、硝基的苯酚钠盐、硝基苯酚、苯的氯化物	砂土、泡沫、雾状水、二氧化碳	
	糠醛、硝基萘	泡沫、二氧化碳、雾状水、砂土	
	滴滴涕原粉、毒杀酚原粉、666 原粉	泡沫、砂土	
	氯丹、敌百虫、马拉松、烟雾剂、安妥、苯巴比妥钠盐、阿米妥尔及其钠盐、赛力散原粉、1－萘甲腈、炭疽牙胞苗、鸟来因、粗蒽、依米丁及其盐类、苦杏仁酸、戊巴比妥及其钠盐	水、砂土、泡沫	

(2)个人防护参照 GB 11651 和 GB 12475。

(3)中毒急救方法。

① 呼吸道中毒

有毒的蒸气、烟雾、粉尘被人吸入呼吸道各部，发生中毒现象，多为喉痒、咳嗽、流涕、气闷、头晕、头疼等。发现上述情况后，中毒者应立即离开现场，到空气新鲜处静卧。对呼吸困难者，可使其吸氧或进行人工呼吸。在进行人工呼吸前，应解开上衣，但勿使其受凉，人工呼吸至恢复正常呼吸后方可停止，并立即予以治疗。无警觉性毒物的危险性更大，如溴甲烷，在操作前应测定空气中的气体浓度，以保证人身安全。

② 消化道中毒

经消化道中毒时，中毒者可用手指刺激咽部，或注射1%阿朴吗啡0.5 mL以催吐或用当归三两、大黄一两、生甘草五钱，用水煮服以催泻，如系一〇五九、一六〇五等油溶性毒品中毒，禁用篦麻油、液体石蜡等油质催泻剂。中毒者呕吐后应卧床休息，注意保持体温，可饮热茶水。

③ 皮肤中毒或被腐蚀品灼伤

立即用大量清水冲洗，然后用肥皂水洗净，再涂一层氧化锌药膏或硼酸软膏以保护皮肤，重者应送医院治疗。

④ 毒物进入眼睛

应立即用大量清水或低浓度医用氯化钠(食盐)水冲洗10～15min，然后去医院治疗。

3.6 腐蚀性物品安全储存

国家标准《腐蚀性商品储藏养护技术条件(GB 17915—1999)》，对腐蚀性商品的储藏条件、储藏技术、储藏期限等提出了技术要求。

3.6.1 储藏条件

(1) 库房条件

库房应是阴凉、干燥、通风、避光的防火建筑。建筑材料最好经过防腐蚀处理。

储藏发烟硝酸、溴素、高氯酸的库房应是低温、干燥通风的一、二级耐火建筑。

溴氢酸、碘氢酸要避光储藏。

(2) 货棚、露天货场条件

货棚应阴凉、通风、干燥，露天货场应地面高、干燥。

(3) 安全条件

商品避免阳光直射、曝晒，远离热源、电源、火源，库房建筑及各种设备符合GBJ 16的规定。

按不同类别、性质、危险程度、灭火方法等分区分类储藏，性质相抵的禁止同库储藏。

(4) 环境卫生条件

库房地面、门窗、货架应经常打扫，保持清洁。

库区内的杂物、易燃物应及时清理，排水沟保持畅通。

(5) 温湿度条件

温湿度条件应符合表3－23规定。

表3－23 温湿度条件

类别	主要品种	适宜温度/℃	适宜相对湿度/%
酸性腐蚀品	发烟硫酸、亚硫酸	0~30	≤80
	硝酸、盐酸及氢卤酸、氟硅(硼)酸、氯化硫、磷酸等	≤30	≤80
	磺酰氯、氯化亚砜，氧氯化磷、氯磺酸、溴乙酰、三氯化磷等多卤化物	≤30	≤75
	发烟硝酸	≤25	≤80
	溴素、溴水	0~28	
	甲酸、乙酸、乙酸酐等有机酸类	≤32	≤80
碱性腐蚀品	氢氧化钾(钠)、硫化钾(钠)	≤30	≤80
其他腐蚀品	甲醛溶液	10~30	

3.6.2 入库验收

(1) 验收原则

入库商品必须附有生产许可证和产品检验合格证，进口商品必须附有中文安全技术说明书。

商品性状、理化常数应符合产品标准，由存货方负责检验。

保管方对商品外观、内外标志、容器包装及衬垫进行感官检验。

验收在库外安全地点或验收室进行。

每种商品拆箱验收2~5箱(免检商品除外)，发现问题扩大验收比例，验后将商品包装复原，并做标记。

(2) 验收项目

① 包装

包装应符合GB 12463的规定。内外包装应有品名、规格、等级、数(重)量、生产日期或批号、生产厂名、符合GB 191规定的储运图示、符合GB 190规定的腐蚀品标志。

包装封闭严密，完好无损，无水湿、污染。包装、容器衬垫适当，安全、牢固。

② 质量(感官)

商品性状、颜色、粘稠度、透明度均应符合产品标准。

液体商品颜色无异状，无挥发，无沉淀，无杂质。

固体商品无变色，无潮解，无溶化等现象。

③ 验收结果处理

验收不符合4.2规定的不得入库，暂存观察室，通知存货方另行处理。

验收完毕，合格的签收入库，填写验收记录，转存货方。

3.6.3 堆垛

商品堆垛要符合“安全、方便”的原则，便于堆码、检查和消防扑救。充分利用仓容，货垛整齐美观。

(1) 堆垛方法

库房、货棚或露天货场储存的商品，货垛下应有隔潮设施，库房一般不低于15cm，货场不低于30cm。

根据商品性质、包装规格采用适当的堆垛方法，要求货垛整齐，堆码牢固，数量准确，禁止倒置。

按出厂先后或批号分别堆码。

(2) 堆垛高度

大铁桶液体立码，固体平放，一般不超过3m；大箱(内装坛、桶)1.5m；化学试剂木箱2~3m；袋装3~3.5m。

(3) 堆垛间距

主通道大于等于180cm；支通道大于等于80cm；墙距大于等于30cm；柱距大于等于10cm；垛距大于等于10cm；顶距大于等于50cm。

3.6.4 养护技术

(1) 温湿度管理

库内设置温湿度计，按时观测、记录。

根据库房条件、商品性质，采用机械、(要有防护措施)自控、自然等方法通风、去湿、保温。控制与调节库内温湿度在适宜范围之内。

(2) 在库检查

① 安全检查

每天对库房内外进行检查，检查易燃物是否清理，货垛是否牢固，有无异常，库内有无过浓刺激性气味。

遇特殊天气及时检查商品有无水湿受损，货场货垛苫垫是否严密。

② 商品质量检查

根据商品性质，定期进行感官质量检查，每种商品抽查1~2件，发现问题，扩大检查比例。

检查商品包装、封口、衬垫有无破损、渗漏，商品外观有无质量变化。

入库检斤的商品，抽检其重量以计算保管损耗。

③ 检查结果问题处理

检查结果逐项记录，在商品外包装上做出标记。

发现问题积极采取措施进行防治，同时通知存货方及时处理。

对接近有效期商品和冷背残次商品应填写催调单报存货方。

3.6.5 安全操作

(1) 操作人员必须穿工作服，戴护目镜、胶皮手套、胶皮围裙等必要的防护用具。

(2) 操作时必须轻搬轻放，严禁背负肩扛，防止摩擦震动和撞击。

(3) 不能使用粘染异物和能产生火花的机具，作业现场远离热源和火源。

(4) 分装、改装、开箱质量检查等在库房外进行。

3.6.6 储藏期限

根据各种腐蚀品的生产日期和有效期而定。

3.6.7 出库

按生产日期或批号顺序先后出库。

3.6.8 应急情况处理

(1) 消防方法见表 3-24。

表 3-24 部分腐蚀品消防方法

品名	灭火剂	禁用灭火剂	备注
发烟硝酸、硝酸	雾状水、砂土、二氧化碳	高压水	
发烟硫酸、硫酸	干砂、二氧化碳	水	
盐酸	雾状水、砂土、干粉	高压水	
磷酸、氢氟酸、氢溴酸、溴素、氢碘酸、氟硅酸、氟硼酸	雾状水、砂土、二氧化碳	高压水	
高氯酸、氯磺酸	干砂、二氧化碳		
氯化硫	干砂、二氧化碳、雾状水	高压水	
磺酰氯、氯化亚砜	干砂、干粉	水	

续表

品　名	灭火剂	禁用灭火剂	备注
氯化铬酰、三氯化磷、三溴化磷	干粉、干砂、二氧化碳	水	
五氯化磷、五溴化磷	干粉、干砂	水	
四氯化硅、三氯化铝、四氯化钛、五氯化锑、五氧化磷	干砂、二氧化碳	水	
甲酸	雾状水、二氧化碳	高压水	
溴乙酰	干砂、干粉、泡沫	高压水	
苯磺酰氯	干砂、干粉、二氧化碳	水	
乙酸、乙酸酐	雾状水、砂土、二氧化碳、泡沫	高压水	
氯乙酸、三氯乙酸、丙烯酸	雾状水、砂土、泡沫、二氧化碳	高压水	
氢氧化钠、氢氧化钾、氢氧化锂	雾状水、砂土	高压水	
硫化钠、硫化钾、硫化钡	砂土、二氧化碳	水或酸、碱式灭火机	
水合肼	雾状水、泡沫、干粉、二氧化碳		
氨水	水、砂土		
次氯酸钙	水、砂土、泡沫		
甲醛	水、泡沫、二氧化碳		

（2）消防人员灭火时应在上风口处并配戴防毒面具。禁止用高压水（对强酸）以防爆溅伤人。

（3）进入口内立即用大量水漱口，服大量冷开水催吐或用氧化镁乳剂洗胃。呼吸道受到刺激或呼吸中毒立即移至新鲜空气处吸氧。接触眼睛或皮肤，用大量水或小苏打水冲洗后敷氧化锌软膏，然后送医院诊治。

（4）灼伤或中毒急救方法：

① 强酸

皮肤沾染用大量水冲洗，或用小苏打、肥皂水洗涤，必要时敷软膏；溅入眼睛用温水冲洗后，再用5%小苏打溶液或硼酸水洗；进入口内立即用大量水漱口，服大量冷开水催吐，或用氧化镁悬浊液洗胃；呼吸中毒立即移至空气新鲜处保持体温，必要时吸氧。

② 强碱

接触皮肤用大量水冲洗，或用硼酸水、稀乙酸冲洗后涂氧化锌软膏；触及眼睛用温水冲洗；吸入中毒者(氢氧化氨)移至空气新鲜处；严重者送医院治疗。

③ 氢氟酸

接触眼睛或皮肤，立即用清水冲洗20min以上，可用稀氨水敷浸后保暖，再送医治。

④ 高氯酸

皮肤沾染后用大量温水及肥皂水冲洗，溅入眼内用温水或稀硼砂水冲洗。

⑤ 氯化铬酰

皮肤受伤用大量水冲洗后，用硫代硫酸钠敷伤处后送医诊治，误入口内用温水或2%硫代硫酸钠洗胃。

⑥ 氯磺酸

皮肤受伤用水冲洗后再用小苏打溶液洗涤，并以甘油和氧化镁润湿绷带包扎，送医诊治。

⑦ 溴(溴素)

皮肤灼伤以苯洗涤，再涂抹油膏；呼吸器官受伤可嗅氨。

⑧ 甲醛溶液

接触皮肤先用大量水冲洗，再用酒精洗后涂甘油；呼吸中毒可移到新鲜空气处，用2%碳酸氢钠溶液雾化吸入以解除呼吸道刺激，然后送医院治疗。

第4章　危险化学品安全运输

运输是危险化学品流通过程中的重要环节。危险化学品运输相当于炸弹在公众场合运动，将危险源从相对密闭的工厂、车间、仓库带到敞开的、可能与公众密切接触的空间，使事故的危害程度大大增加；同时也由于运输过程中多变的状态和环境而使事故的概率大大增加。危险化学品运输是危险性较大的作业，可惜的是危险化学品运输的危险性目前尚没有被人们普遍重视。

《危险化学品安全管理条例》在危险化学品安全运输方面的规定是：

（1）国家对危险化学品的运输实行资质认定制度；未经资质认定，不得运输危险化学品。

危险化学品运输企业必须具备的条件由国务院交通部门规定。

（2）用于危险化学品运输工具的槽罐以及其他容器，必须依照本条例第二十一条的规定，由专业生产企业定点生产，并经检测、检验合格，方可使用。质检部门应当对前款规定的专业生产企业定点生产的槽罐以及其他容器的产品质量进行定期的或者不定期的检查。

（3）危险化学品运输企业，应当对其驾驶员、船员、装卸管理人员、押运人员进行有关安全知识培训；驾驶员、船员、装卸管理人员、押运人员必须掌握危险化学品运输的安全知识，并经所在地设区的市级人民政府交通部门考核合格（船员经海事管理机构考核合格），取得上岗资格证，方可上岗作业。危险化学品的装卸作业必须在装卸管理人员的现场指挥下进行。

运输危险化学品的驾驶员、船员、装卸人员和押运人员必须了解所运载的危险化学品的性质、危害特性、包装容器的使用特性和发生意外时的应急措施。运输危险化学品，必须配备必要的应急处理器材和防护用品。

（4）通过公路运输危险化学品的，托运人只能委托有危险化学品运输资质的运输企业承运。

（5）通过公路运输剧毒化学品的，托运人应当向目的地的县级人民政府公安部门申请办理剧毒化学品公路运输通行证。

办理剧毒化学品公路运输通行证，托运人应当向公安部门提交有关危险化学品的品名、数量、运输始发地和目的地、运输路线、运输单位、驾驶人员、押运人员、经营单位和购买单位资质情况的材料。

剧毒化学品公路运输通行证的式样和具体申领办法由公安部门制定。

（6）禁止利用内河以及其他封闭水域等航运渠道运输剧毒化学品以及国务院

交通部门规定禁止运输的其他危险化学品。

利用内河以及其他封闭水域等航运渠道运输前款规定以外的危险化学品的，只能委托有危险化学品运输资质的水运企业承运，并按照国务院交通部门的规定办理手续，接受有关交通部门(港口部门、海事管理机构，下同)的监督管理。

运输危险化学品的船舶及其配载的容器必须按照国家关于船舶检验的规范进行生产，并经海事管理机构认可的船舶检验机构检验合格，方可投入使用。

(7) 托运人托运危险化学品，应当向承运人说明运输的危险化学品的品名、数量、危害、应急措施等情况。

运输危险化学品需要添加抑制剂或者稳定剂的，托运人交付托运时应当添加抑制剂或者稳定剂，并告知承运人。

托运人不得在托运的普通货物中夹带危险化学品，不得将危险化学品匿报或者谎报为普通货物托运。

(8) 运输、装卸危险化学品，应当依照有关法律、法规、规章的规定和国家标准的要求并按照危险化学品的危险特性，采取必要的安全防护措施。

运输危险化学品的槽罐以及其他容器必须封口严密，能够承受正常运输条件下产生的内部压力和外部压力，保证危险化学品在运输中不因温度、湿度或者压力的变化而发生任何渗(洒)漏。

(9) 通过公路运输危险化学品，必须配备押运人员，并随时处于押运人员的监管之下，不得超装、超载，不得进入危险化学品运输车辆禁止通行的区域；确需进入禁止通行区域的，应当事先向当地公安部门报告，由公安部门为其指定行车时间和路线，运输车辆必须遵守公安部门规定的行车时间和路线。

危险化学品运输车辆禁止通行区域，由设区的市级人民政府公安部门划定，并设置明显的标志。

运输危险化学品途中需要停车住宿或者遇有无法正常运输的情况时，应当向当地公安部门报告。

(10) 剧毒化学品在公路运输途中发生被盗、丢失、流散、泄漏等情况时，承运人及押运人员必须立即向当地公安部门报告，并采取一切可能的警示措施。公安部门接到报告后，应当立即向其他有关部门通报情况；有关部门应当采取必要的安全措施。

(11) 任何单位和个人不得邮寄或者在邮件内夹带危险化学品，不得将危险化学品匿报或者谎报为普通物品邮寄。

(12) 通过铁路、航空运输危险化学品的，按照国务院铁路、民航部门的有关规定执行。

4.1　危险化学品运输的危险性分析

4.1.1　危险化学品品储存过程事故分析

4.1.1.1　近年危险化学品储存典型事故

2005年3月29日18时50分，江苏省淮安市境内，一辆鲁H00099装有液氯危险品的运输车，行至京沪高速公路上行线103km+300m处，与一辆鲁QA0938货车相撞，导致鲁H00099侧翻液氯泄漏，造成28人中毒死亡。

2005年3月17日4时0分，江西上饶市境内一辆湖南大货车（载6t军工硝）途径沪瑞高速公路梨温段48km+800m处时，被从深圳返回衢州的浙江省衢州市汽运集团浙H06517卧铺客车（核载32人）追尾，货车发生爆炸，致使客车、货车炸毁，并炸塌高速公路路旁民房，造成24人死亡，附近2名司机、5名村民受伤，6栋民房受损。

2005年6月15日17时50分，挂靠西安田力危险品运输公司的一辆牌号为陕A31778东风康明斯液化气槽车（满载15t液化气），由咸阳向杨凌区盛文液化气公司送气途中，误经杨凌火车站西侧西农路铁路立交涵洞时（涵洞高3.7m），槽车罐体顶部阀门被涵洞撞断，造成大量液化气泄漏。

2005年6月24日早5时许，在京沪高速公路淮安市境内，一辆装载液态丙烯腈的山东槽罐车发生倾翻，司机当场死亡，致使液态丙烯腈泄漏，引发火灾。至6月24日上午11时，已疏散2个镇、6个村共计1万2千人。

2006年8月4日6时0分，安徽蚌埠市东方航运公司危险化学品液货船（皖东方366号）在铜陵市四强码头停泊过程中，5名工作在码头上违规操作，导致储存的硫酸船舱上部爆裂，造成3人死亡，1人失踪，1人受伤。

2007年12月15日23时3分，浙江宁波市奉化市一艘渔船“浙奉渔11017”，在30－24N/123－59E（距浙江舟山岛东偏北约90海里）处，与一艘利比里亚籍化学品船“台塑10号”发生碰撞，渔船沉没，船上20人全部落水。浙江省海上搜救中心协调派出专业求助船8艘、求助飞机1架，目前已有1人获救。

2007年12月27日，山东滨州市沾化县205国道大高路段一辆津A93429客车与一辆冀J67969危险化学品运输车相撞，死亡人数由6人上升到9人，还有6人重伤，无生命危险。

2008年6月7日5时10分，云南文山州富宁县罗富高速公路下行线K28公里处一辆装有危险化学品粗酚的罐车（装载33.6t粗酚）因车辆制动失灵发生翻车事故，造成3人死亡。

2008年7月3日10时28分，浙江杭州市“浙岱渔12165”船因突遇龙卷风沉没，10时许，其中2名船员在30－59N/124－21E处(长江口以东约120海里)被韩国“海洋化学家”轮救起，16时30分，利比里亚籍“德翔南京”轮在30－57N124－34E处救起1名，其余12人下落不明。

4.1.1.2 危险化学品储存事故的主要原因

与发达国家相比，我国危险化学品运输事故相当严重，其主要原因有：

(1) 认识不到位，疏于管理

一些地方政府和有关主管部门对危险化学品车辆、船舶、码头和仓库安全管理问题重视不够，尚未把危险化学品运输安全管理工作提到重要议事日程上来。一些企业领导只顾赚钱，安全生产意识淡漠。

(2) 体制不顺、职责不清、监管不力

长期以来，中国在危险化学品生产、经营、运输、储存和使用等方面一直没有一个统一协调管理的部门。目前，尽管体制问题已引起重视，但理顺现有体制还需要一个过程。体制不顺必然造成多头管理、职能交叉或职责不清的问题。单是运输就分属公路、水路、铁路和民航等几大部门管理，甚至在同一个部门里也不统一。由于体制不顺，管理力量分散，因而对危险化学品整个运输过程难以实施不间断的强有力的监督。有时一些管理部门相互扯皮或推诿，直接影响生产或安全。

(3) 法规和制度建设不够完善

尽管《危险化学品安全管理条例》已经修订颁布，但从总体上看，中国的危险品立法体系尚不健全，不仅缺少相关法律，而且现有的危险货物运输规章存在层次低、修订不及时以及部门之间规章相互矛盾等问题。技术规范、技术标准体系不健全，制定修订不及时，影响相关法律制度的落实。有关国际国内危险物品运输法规和规章的宣贯执行力度也不够。

(4) 人员素质低，教育培训制度尚未建立和健全

一些危险化学品运输企业缺少培训，无证上岗；由于从业人员业务技术素质差，对危险化学品性质、特点、鉴别方法和应急防护措施不了解、不掌握，造成事故频发；一些货主对危险货物危险性认识不足，在托运时，为图省钱、省事，存在不报、瞒报情况，甚至将危险货物冒充普通货物。

(5) 危险化学品运输、储存设施缺乏合理的规划，设备条件较差，消防应急能力弱

一些城市从事危险化学品作业的码头、车站和库场的建设缺乏通盘考虑，布局分散零乱，对城市和港口安全构成威胁。从事国内危险化学品运输的车辆和船舶，大部分是改装而来，又由乡镇、个体经营，安全技术状况较差。相当一部分专用危险化学品船舶又是从国外购进的老龄船或超龄船，安全技术状况也比较差。在危险化学品运输消防方面，公共消防力量薄弱，特别是水上消防力量贫

乏，消防设施配备不到位，不能应付特大恶性事故发生时的需要。一部分老旧船舶消防设备失修、失养或形同虚设；一部分散装危险化学品码头和仓库系在普遍码头或在简陋条件基础上改建，消防设施不足，存在隐患。人身防护和应急设施也存在不足和缺损。

（6）包装质量差，近年来危险货物包装质量呈下降趋势

由于包装不符合安全运输标准的要求，加之包装检验工作刚刚起步，管理工作没有完全到位，导致各种危险货物泄漏、污染、燃烧等事故频频发生。这些事故不仅造成经济上的重大损失，也影响了我国对外声誉。每天穿梭往返于城市、工厂或港口的大量危险化学品运输车辆，有的是整车缺少标志或标志不清，有的是载运的危险化学品外包装标志不清、包装质量也较差。

4.1.2　危险化学品运输的立法

4.1.2.1　危险化学品运输的国际立法

（1）联合国危险货物运输专家委员会及危险货物运输规章范本

联合国危险货物运输专家委员会是联合国经济及社会理事会于1953年设立的专门研究国际间危险货物安全运输问题的国际组织。1955年该委员会提交了第一份工作报告。报告提出了危险品的分类、编号、包装、标志和运输文件以及最低要求。1956年报告改为《联合国危险货物运输建议书》，1996年改为现在的《联合国危险货物运输规章范本》（大桔皮书）形式，同时配套出版《试验和标准手册》（小桔皮书）。

规章范本（大桔皮书）包括危险货物分类原则和各类别的定义、主要危险货物的列表、一般包装要求、试验程序、标记、标签或揭示牌、运输单据等。此外，还对特定类别货物提出了特殊要求。随着联合国危险货物运输分类、列表、包装、标记、标签、揭示牌和单据制度的推广和普遍采用，将大大简化运输、装卸和检查手续，缩短办事时间，从而使托运人、承运人和管理部门受益。总之，通过这一制度的实行，将方便各方面的工作，相应地减少国际间危险货物运输中的障碍，促进被归类为“危险”的货物贸易稳步增长，其好处将日益明显。

（2）国际海运危险货物规则

中国于1973年正式加入国际海事组织（IMO），现为该组织的A类理事国。此后，中国陆续批准和承认了一系列相关的国际公约和规则。IMO颁布的《国际海运危险货物规则》（IMDG CODE）作为国际间危险品海上运输的基本制度和指南，得到了海运国家的普遍认可和遵守，主要包括总则、定义、分类、品名表、包装、托运程序、积载等内容和要求。该规则每两年修订出版一次。

自2000年第30版开始，IMO对《国际海运危险货物规则》改版，主要采用《联合国危险货物运输规章范本》推荐的分类和品名表，迈出了统一危险货物规

则的第一步。新版本还增加了培训、禁运危险货街品名表和放射性物质运输要求等内容。我国从 1982 年开始在国际海运中执行《国际海运危险货物规则》和相关的国际公约和规则，并参加《国际海运危险货物规则》的修订工作。

4.1.2.2 危险化学品运输的国内立法

中国的危险化学品国内立法直接受到国际立法的影响。10 多年前颁布的国家标准 GB 6944《危险货物分类与品名编号》和 GB 12268《危险货物品名表》主要参考和吸收了联合国桔皮书的内容。

而这两个标准则是我国新旧《危险化学品安全管理条例》和《水路危险货物运输规则》等法规、规章的重要依据和组成部分之一。与国际立法一样，确认危险化学品危险性质也是国内运输立法的核心和前提。我国各种运输方式危险品管理法规规章中的危险品性质的确定均以 GB 12268《危险货物品名表》为依据制定相应的危险货物品名表。它是危险品管理法规规章中的重要组成部分。

由于《危险货物品名表》具有规定危险品名称和分类、限定危险品范围和运输条件以及确定危险品包装等级与性能标志等作用，在行政管理和业务操作中用处很大，我们要学会查阅和使用它。

《联合国危险货物运输规章范本》中危险品品名表的品名编号是 4 位数，而我国标准规定的危险品品名编号是 5 位数，第一位数表示类别号，第二数表示项别号，第三到第五位数为顺序号。如果顺序号小于或等于 500 号，为 Ⅰ 级危险品；大于 500 号则为Ⅱ级危险品。这种编号具有方便、直观的特点，从品名编号本身可直接知道该危险品的危险类别和危险程度。例如，危险品碳化钙(电石)，其品名编号为 43025，由此可以看出，它是属于第 4 类、第 3 项、一级遇湿易燃固体危险品。

1987 年 2 月中国首次颁布《化学危险物品安全管理条例》。该《条例》经过重新修订，更名为《危险化学品安全管理条例》，经 2002 年 1 月 9 日国务院第 52 次常务会议通过，2002 年 1 月 26 日公布并于 3 月 15 日起施行。《条例》明确了各有关部门的安全管理职责和权限，对危险化学品生产、运输、仓储、销售、使用和废弃物处置等各个环节的安全管理要求和方法做了规定。

1996 年交通部颁布《水路危险货物运输规则》、《水路危规》是在总结我国现有危险货物运输实践经验，参照国际规则制定的。它不仅依据我国相关的法律、法规，主要是参照国际海事组织的《国际海运危险货物规则》和联合国《危险货物运输建议书》以及相关的国际公约、规则而制订的，内容包括船舶运输的积载、隔离，危险货物的品名、编号、分类、标记、标识，包装检测标准等。《水路危规》从中国实际出发，具有自己鲜明的特点，特别是在危险货物品名编号、货物分类、适用范围、危险货物明细表、总体格式和运输协调等几方面。《水路危规》适用于国内水路危险化学品运输。

现有公路危险货物运输规则包含交通部颁布《道路危险货物运输管理规定》、《汽车运输危险货物品名表》、国家标准 GB 13392《道路运输危险货物车辆标志》和行业标准 JT 3130《汽车危险货物运输规则》等。

《道路危险货物运输管理规定》规定了从事道路危险货物运输单位的设立条件和中办程序，对道路危险货物的托运和运输、从事危险货物运输车辆的维修和改造提出了办理程序和管理要求，还对事故处理、监督检查作了规定。

4.1.3　危险化学品运输的安全管理

危险化学品运输安全与否，直接关系社会的稳定和人民生命财产的安全。对危险化学品安全运输的一般要求是认真贯彻执行《危险化学品安全管理条例》以及其他有关法律和法规规定，管理部门要把好市场准入关，加强现场监管，在整顿和规范运输秩序的同时，加强行业指导和改善服务；企业要建立健全规章制度，依法经营，加强管理，重视培训，努力提高从业人员安全生产的意识和技术业务水平，从本质上提升危险化学品运输企业的素质。

(1) 运输单位资质认定

《条例》第三十五条规定，国家对危险化学品的运输实行资质认定制度；未经资质认定，不得运输危险化学品。危险化学品运输企业必须具备的条件由国务院交通部门规定。通过公路运输危险化学品的，第三十八条规定只能委托有危险化学品运输资质的运输企业承运。对利用内河以及其他封闭水域等航运渠道运输剧毒化学品以外危险化学品的，第四十条规定只能委托有危险化学品运输资质的水运企业承运。本条还规定，运输危险化学品的船舶及其配载的容器必须按照国家关于船舶检验的规范进行生产，并经海事管理机构认可的船舶检验机构检验合格，方可投入使用。

交通部门要按照《条例》和运输企业资质条件的规定，从源头抓起，对从事危险货物运输的车辆、船舶、车站和港口码头及其工作人员实行资质管理，严格执行市场准入和持证上岗制度，保证符合条件的企业及其车辆或船舶进入危险化学品运输市场。针对当前从事危险化学品运输的单位和个人参差不齐、市场比较混乱的情况，要通过开展专项整治工作，对现有市场进行清理整顿，进一步规范经营秩序和提高安全管理水平。同时，要结合对现有企业进行资质评定，采取积极的政策措施，鼓励那些符合资质条件的单位发展高度专业化的危险化学品运输。对那些不符合资质条件的单位要限期整改或请其出局。交通部门已颁发有关管理规定，要求经营危险化学品运输的企业应具备相应的企业经营规模、承担风险能力、技术装备水平、管理制度、员工素质等条件。从事水路危险货物运输的企业要求具备一定的资金条件、安全管理能力、自有适航船舶和适任船员等，另外还有船龄要求：对从事公路危险货物运输的企业单位要求有相应的资金条件，车辆设备应符合《汽车危险货物运输规则》规定的条件，作业人员和营运管理人员应经过培训合格方可上岗，有健全的管理制度以及危险品专用仓库等。

在开展的危险化学品专项整治工作中，结合贯彻《条例》精神，从加强管理入手，以实现危险化学品运输安全形势明显好转为目标，全面整治现行危险化学品运输市场。交通部门要按照《条例》规定，认真履行职责，严格各种资质许可证书的审核发放。同时加强监督，严格把关，严禁使用不符合安全要求的车辆、船舶运输危险化学品，严禁个体业主从事危险化学品的运输。要加强与安全管理综合部门以及公安、消防、质量监督等部门的协作与配合，加大对危险化学品非法运输的打击力度。通过对包括装卸和储存等环节在内的危险化学品运输全过程的严格管理和突击整治，全面落实有关危险化学品安全管理的法规和制度。还要积极研究、探讨利用 ITS、GPS 等高新技术对剧毒化学品运输实行全过程跟踪管理的方法和措施。

（2）加强现场监督检查

企业、单位托运危险化学品或从事危险化学运输，应按照本《条例》和国务院交通主管部门的规定办理手续，并接受交通、港口、海事管理等其他有关部门的监督管理和检查。各有关部门应加强危险化学品运输、装卸、储存等现场的安全监督，严格把好危险货物申报关和进出口关，并根据实际情况需要实施监装工作。督促有关企业、单位认真贯彻执行有关法律、法规和规章的规定以及国家标准的要求，重点做好以下现场管理工作：

① 加强运输生产现场科学管理和技术指导，并根据所运输危险化学品的危险特殊性，采取必要的针对性的安全防护措施；

② 搞好重点部位的安全管理和巡检，保证各种生产设备处于完好和有效状态；

③ 严格执行岗位责任制和安全管理责任制；

④ 坚持对车辆、船舶和包装容器进行检验，做到不合格、无标志的一律不得装卸和启运；

⑤ 加强对安全设施的检查，制定本单位事故应急救援预案，配备应急救援人员和设备器材，定期演练，提高对各种恶性事故的预防和应急反应能力。

通过公路运输危险化学品，《条例》第四十三条规定必须配备押运人员，并随时处于抽运人员的监督之下。车辆不得超载或进入危险化学品运输车辆禁止通行的区域。确需进入禁行区域的，应当事先向当地公安部门报告，并由公安部门为其指定行车时间和路线，运输车辆必须严格遵守。运输危险化学品车辆中途停留住宿或者遇有无法正常运输情况时，应当及时向当地公安部门报告，以便加强安全监管。

(3) 严格剧毒化学品运输的管理

剧毒化学品运输分公路运输、水路运输和其他形式的运输。《条例》从保护内河水域环境和饮用水安全的角度规定，禁止利用内河以及其他封闭水域等水路运输渠道运输剧毒化学品。内河一般指海运船舶不能到达的水域。如地处黄浦江的上海港、珠江上的广州港，都属于海港，而不是内河港，其所在水域属于海的延伸，类似情况还有长江南京以下各港。《条例》第三条规定，内河禁运剧毒化学品目录由国务院经济贸易综合管理部门会同国务院公安、环境保护、卫生、质检、交通部门确定并公布。按联合国桔皮书的规定，剧毒化学品为列入该规章范本危险货物品名表主副危险为6.1类且包装类别为I类的化学物质。另据有关方面研究，内河禁运剧毒化学品主要包括氰化物(61001)、氰化物溶液(61002)、无水氰化氢(61003)、含量不大于20%的氢氰酸(61004)、氢氰酸熏剂(61005)、砷粉(61006)、三氧化二砷(61007)、亚砷酸盐类(61009)、五氧化二砷(61010)、砷酸或偏、焦砷酸(61011)、砷酸盐类(61012)、三氟化砷、三氯化砷(61013)、三溴化砷、三碘化砷(61014)、一级有机磷固态农药(61025)、一级有机磷液态农药(61126)和硫酸二甲酯(61116)等。

除剧毒化学品外，内河禁运的其他危险化学品，《条例》明确由国务院交通部门规定。禁运危险化学品种类及范围的设定，以既不影响工业生产和人民生活又能遏制恶性事故发生为原则。

虽然剧毒化学品海上运输不在禁止之列，但也必须按照有关规定严格管理。《条例》对公路运输剧毒化学品分别从托运和承运的角度做出了严格的规定。第三十九条规定，通过公路运输剧毒化学品的，托运人应当向目的地的县级人民政府公安部门申请办理剧毒化学品公路运输通行证。托运人向公安部门申请办理剧毒化学品公路运输通行证时应当提交所运输危险化学品的品名、数量、运输始发地和目的地、运输路线、运输单位、驾驶人员、押运人员、经营单位和购买单位资质等情况的材料。剧毒化学品在公路运输途中发生被盗、丢失、流散、泄漏等情况时，承运人及押运人员必须立即向当地公安部报告，并采取一切的警示措施。公安部门接到报告后，应当立即向其他有关部门通报情况。获知情况后各部门应当及时采取必要的安全措施。

(4) 实行从业人员培训制度

狠抓技术培训，努力提高从业人员素质，是提高危险化学品运输安全质量的重要一环。《条例》第三十七条规定，危险化学品运输企业，应当对其驾驶员、船员、装卸管理人员，押运人员进行有关安全知识培训；驾驶员、船员、装卸管理人员、押运人员必须掌握危险化学品运输的安全知识，并经所在地设区的市级人民政府交通部门考核合格，船员经海事管理机构考核合格，取得上岗资格证，方可上岗作业。为确保危险化学品运输安全质量，还应对与危险化学品运输有关的托运人进行培训。

通过培训使托运人了解托运危险化学品的程度和办法，并能向承运人说明运输的危险化学品的品名、数量、危害、应急措施等情况，做到不在托运的普通货物中夹带危险化学品，不将危险化学品匿报或者谎报为普通货物托运。通过培训使承运人了解所运载的危险化学品的性质、危害特性、包装容器的使用特性、必须配备的应急处理器材和防护用品以及发生意外时的应急措施等。

为了搞好培训，主管部门要指导并通过行业协会制定教育培训计划，组织编写危险化学品运输应知应会教材和举办专业培训班，分级组织落实。为提高培训效果，把培训和实行岗位在职资质制度结合起来，由主管部门批准认可的机构组织统一培训考试发证。对培训机构要制定教育培训责任制度，确保培训质量。对只收费不负责任的培训机构应取消其培训资格。对企业管理和现场工作人员必须实行持证上岗，未经培训或者培训不合格的，不能上岗。对虽有证上岗但不严格按照规定和技术规范进行操作的人员应有严格的处罚制度。主管部门、行业协会和运输企业应加大这方面的工作力度。

4.2 危险化学品道路运输安全管理

1993 年由交通部颁布，并于 1994 年 3 月 1 日起施行的《道路危险货物运输管理规定》，对加强道路运输危险化学品货物的管理，提供了法律依据。

4.2.1 道路运输安全管理基本要求

凡从事道路危险货物运输的单位，必须拥有能保证安全运输危险货物的相应设施设备。

从事营业性道路危险货物运输的单位，必须具有十辆以上专用车辆的经营规模，五年以上从事运输经营的管理经验，配有相应的专业技术管理人员，并已建立健全安全操作规程、岗位责任制、车辆设备保养维修和安全质量教育等规章制度。

直接从事道路危险货物运输、装卸、维修作业和业务管理的人员，必须掌握危险货物运输的有关知识，经当地地(市)级以上道路运政管理机关考核合格，发给《道路危险货物运输操作证》，方可上岗作业。

运输危险货物的车辆、容器、装卸机械及工具，必须符合交通部 JT 3130《汽车危险货物运输规则》规定的条件，经道路运政管理机关审验合格。

4.2.2 道路运输危险化学品货物的申请与审批

非营业性运输单位需从事道路危险货物运输，需事前向当地道路运政管理机关提出书面申请，经审查，符合本规定运输基本条件的报地(市)级运政管理机关批准，发给《道路危险货物非营业运输证》，方可进行运输作业。

从事一次性道路危险货物运输，需报经县级道路运政管理机关审查核准，发给《道路危险货物临时运输证》方可进行运输作业。

凡申请从事营业性道路危险货物运输的单位，及已取得营业性道路运输经营资格需增加危险货物运输经营项目的单位，均须按规定向当地县级道路运政管理机关提出书面申请，经地(市)级道路运政管理机关审核，符合本规定基本条件的，发给加盖道路危险货物运输专用章的《道路运输经营许可证》和《道路运输营运证》，方可经营道路危险货物运输。

4.2.3 危险化学品货物安全运输管理

危险货物托运人在办理托运时必须做到：

(1) 必须向已取得道路危险货物运输经营资格的运输单位办理托运；

(2) 必须在托运单上填写危险货物品名、规格、件重、件数、包装方法、起运日期、收发货人详细地址及运输过程中的注意事项；

(3) 货物性质或灭火方法相抵触的危险货物，必须分别托运；

(4) 对有特殊要求或凭证运输的危险货物，必须附有相关单证，并在托运单备注栏内注明；

(5) 托运未列入《汽车运输危险货物品名表》的危险货物新品种，必须提交《危险货物鉴定表》。

凡未按以上规定办理危险货物运输托运，由此发生运输事故，由托运人承担全部责任。

危险货物承运人在受理托运和承运时必须做到：

(1) 根据托运人填写的托运单和提供的有关资料，予以查对核实，必要时应组织承托双方到货物现场和运输线路进行实地勘察，其费用由托运人负担；

(2) 承运爆炸品、剧毒品、放射性物品及需控温的有机过氧化物、使用受压容器罐(槽)运输烈性危险品，以及危险货物月运量超过100吨，均应于起运前10天，向当地道路运政管理机关报送危险货物运输计划，包括货物品名、数量、运输线路、运输日期等；

(3) 在装运危险货物时，要按《汽车危险货物运输规则》规定的包装要求，进行严格检查。凡不符合规定要求，不得装运。危险货物性质或灭火方法相抵触的货物严禁混装；

(4) 运输危险货物的车辆严禁搭乘无关人员，运行中司乘人员严禁吸烟，停车时不准靠近明火和高温场所；

(5) 运输结束后，必须清扫车辆，消除污染，其费用由货主负担。

凡未按以上规定受理托运和承运，由此发生运输事故，由承运人承担全部责任。

凡装运危险货物的车辆，必须按国家标准 GB 13392《道路运输危险货物车辆标志》悬挂规定的标志和标志灯。

全挂汽车列车、拖拉机、三轮机动车、非机动车(含畜力车)和摩托车不准装运爆炸品、一级氧化剂、有机过氧化物；拖拉机还不准装运压缩气体和液化气体、一级易燃物品；自卸车辆不准装运除二级固体危险货物(指散装硫磺、萘饼、粗蒽、煤焦沥青等)之外的危险货物。未经道路运政管理机关检验合格的常压容器，不得装运危险货物。

营业性危险货物运输必须使用交通部统一规定的运输单证和票据，并加盖《危险货物运输专用章》。

凡运输危险货物的单位，必须按月向当地道路运政管理机关报送危险货物运输统计报表。

专门从事危险货物运输的单位，要加强基础设施建设，逐步设置危险货物专用停车场及专用仓库，向专业化、专用化方向发展。

4.2.4 维修管理

凡从事危险货物运输车辆维修、改装的单位，必须配备防爆、去污清洗等设备，划定专用修理车库，经道路运政管理机关审查批准，在技术合格证上加盖《危险货物运输车辆维修专用章》，方能从事维修、改装作业。

动用明火维修装运过易燃、易爆危险货物的罐(槽)车，要执行“动火”审批制度，作业前必须对车辆进行测爆和安全处理。

4.2.5 事故处理

在运输危险货物的过程中，发生燃烧、爆炸、污染、中毒等事故，驾乘人员必须根据承运危险货物的性质，按规定要求，采取相应的救急措施，防止事态扩大；并应及时向当地道路运政机关和有关部门报告，共同采取措施，消除危害。

发生重大危险货物运输事故时，当地道路运政管理机关应及时赶赴现场，协助有关部门组织抢救，并做好现场记录，按有关规定进行处理。

凡发生人身伤亡或重大经济损失的危险货物运输事故，当地道路运政管理机关应在三天内将事故情况报告上级机关，并在三十天内提出处理意见，报告上级交通主管部门，通知车籍所在地道路运政管理机关。

4.2.6 监督检查

各级道路运政管理机关应依照本规定，加强对道路危险货物运输的监督检查。凡从事道路危险货物运输的单位和人员，必须接受道路运政管理机关的监督检查。

道路运政管理机关应按本规定和有关技术规范，对道路危险货物运输单位的运输条件、安全管理、专用防护设备、运输单证、运输质量和技术业务规范等，进行定期或不定期检查，发现隐患应及时消除。

各级道路运政管理机关在检查中发现违章行为，应做好现场记录，经被检查人签字，作为处理违章的依据，按照交通部《道路运输违章处罚规定》(试行)处理。

4.3　危险化学品铁路运输安全管理

1995年由铁道部颁布，并于1996年1月1日起施行的《铁路危险货物运输管理规则》，对加强铁路运输危险化学品货物的管理，提供了法律依据。

4.3.1　铁路运输安全管理基本要求

(1) 提倡集装箱运输

集装箱运输是危险货物运输发展的方向。做好这项工作，可大大提高工作效率，改善工作条件，加快货物接取送达，减少作业环节，避免了人工直接搬运所带来的不安全因素，有利于提高危险货物运输安全的整体管理水平。

(2) 合理设置办理站和装卸场所

危险货物办理站和装卸场所应设在安全地点，并且相对集中。危险货物专办站应远离市区和人口稠密的居民点。铁路新建危险货物专办站时，应与发展危险货物集装箱运输配套考虑。应根据运量大小和实际需要设立危险货物作业场所。

企业新建、扩建时，危险货物应做到就地生产、就地使用，尽量避免长距离运输。

(3) 加强车站管理

经常办理危险货物的车站应建造具备通风、报警、消防、防爆、避雷、消除静电等安全设施的专门仓库。危险货物专门仓库的耐火等级及防火要求应符合GBJ 50016—2006《建筑设计防火规范》的规定。爆炸品的专门办理站应设置具有防爆性能的仓库和停放爆炸品车辆的专用线路。放射性物品的专门办理站，应根据物品性质和实际需要设立能屏蔽射线辐射的库房。

办理危险货物的车站必须建立健全严格的安全、防护、检查、交接制度，加强危险货物的安全监督和管理，并配备相应的技术人员。

从事危险货物运输的货运、装卸人员都要经过专业知识培训，熟悉危险货物特性和有关规章，并保持人员的相对稳定。

经常办理危险货物的车站，应成立安全小组，组织义务消防队和救护队，定期进行消防和救护演习，提高对事故的预防和处理能力。

办理危险货物的车站和货车洗刷所应配备必要的劳动防护用品(包括处置意外事故需使用的供氧式呼吸防毒面具等)。劳动防护用品应有专人保管，并训练有关人员正确使用。劳动防护用品应具有防静电功能，平时应保持清洁。

4.3.2 包装和标志

(1) 危险货物包装根据其内装物的危险程度划分为三种包装类别：

Ⅰ类包装——具有较大危险性；

Ⅱ类包装——具有中等危险性；

Ⅲ类包装——具有较小危险性。

(2) 危险货物的运输包装和内包装应按铁路危险货物品名表及危险货物包装表的规定确定包装方法，同时还需符合下列要求：

① 包装材料的材质、规格和包装结构应与所装危险货物的性质和重量相适应。包装容器与所装货物不得发生危险反应或削弱包装强度。

② 充装液体危险货物，容器应至少留有5%的空隙。

③ 液体危险货物要做到液密封口；对可产生有害蒸气及易潮解或遇酸雾能发生危险反应的应做到气密封口。对必须装有通气孔的容器，其设计和安装应能防止货物流出和杂质、水分进入，排出的气体不致造成危险或污染。其他危险货物的包装应做到严密不漏。

④ 包装应坚固完好，能抗御运输、储存和装卸过程中正常的冲击、振动和挤压，并便于装卸和搬运。

⑤ 包装的衬垫物不得与所装货物发生反应而降低安全性，应能防止内装物移动和起到减震及吸收作用。

⑥ 包装表面应清洁，不得沾附所装物质和其他有害物质。

(3) 危险货物包装，需做包装性能试验。试验方法、要求和合格标准，可比照铁路危险货物运输包装性能试验方法(附件四)办理。盛装液体危险货物的金属桶、金属罐、塑料桶、塑料罐及钢塑复合桶，每桶(罐)每次使用前都必须做气密试验。

钢瓶的机械强度试验应符合劳动部《气瓶安全监察规程》规定的要求；放射性物品包装应按照GB 11806—89《放射性物质安全运输规定》的要求进行设计和试验。

铁路局可指定包装检测机构根据本规则附件四的规定，对危险货物的包装性能、质量和材质进行检查和测试，保证包装符合安全要求。

(4) 托运人要求改变包装时，应填写改变运输包装申请表，并应首先向发站提出经县级以上(不包括县)主管部门审查同意的包装方法、产品理化特性及经包装检测机构出具的包装试验合格证明。

发站对托运人提出的改变包装的有关文件确认后，报铁路分局批准[爆炸品、氧化剂和有机过氧化物、一级毒害品(剧毒品)报铁路局批准]，在指定的时间和区段内组织试运。跨局试运时由主管铁路局通知有关铁路局、分局和车站。危险性较大的货物，应进行可行性研究后，方可试运。

试运前承运人、托运人双方应商定安全运输协议。

试运时，托运人应在运单"托运人记载事项"栏内注明"试运包装"字样。试运时间1~2年。试运结束时车站应会同托运人将试运结果报主管铁路分局和铁路局。铁路局对试运结果进行研究后，提出试运报告报铁道部。铁道部根据试运报告进行必要的复验，达到要求后正式批准。未经批准或超过试运期限未总结上报的，必须立即中止试运。

(5) 对于进出口危险货物，按下列要求办理：

① 托运的货物，在《国际海运危险货物规则》、《国际铁路联运危险货物运送特定技术条件》等有关国际运输组织的规定中属危险货物，而我国铁路按非危险货物运输时，可继续按非危险货物运输，但包装和标志应符合上述有关国际运输组织的规定。托运人应在货物运单"托运人记载事项"栏内注明"转海运进(出)口"或"国际联运进(出)口"字样。

② 托运的货物，国内《铁路危险货物运输管理规则》规定为危险货物，而《国际海运危险货物规则》、《国际铁路联运危险货物运送特定技术条件》等有关国际运输组织的规定中属非危险货物时，按我国《铁路危险货物运输规则》规定办理。

③ 同属危险货物但包装方法不同时，进口的货物，经托运人确认原包装完好，符合安全运输要求，并在运单"托运人记载事项"栏内注明"进口原包装"字样，经请示铁路分局同意后，可按原包装方法运输。

(6) 使用旧包装容器装运危险货物时，必须符合本节(2)的要求，托运人应在运单"托运人记载事项"栏内注明"使用旧包装，符合安全运输要求"后方可承运。

(7) 性质或消防方法相互抵触，以及配装号或类项不同的危险货物不得混装在同一包装内。

采用集装化运输的危险货物集合包装必须有足够的强度，能够经受堆码和多次搬运，并便于机械装卸。集合包装中的单件应符合本规则附件二的规定。

(8) 每件货物的包装应牢固、清晰地标明规定的危险货物包装标志和包装储运图示标志，并有与货物运单相同的危险货物品名。

4.3.3 托运和承运

(1) 托运人托运危险货物时，应在货物运单“货物名称”栏内填写危险货物品名索引表内列载的品名和编号，并在运单的右上角，用红色戳记标明类项。

允许混装在同一包装内运输的危险货物，托运人应在货物运单内分别写明货物名称和编号。

(2) 性质或消防方法相互抵触，以及配装号或类项不同的危险货物不能按一批托运。

(3) 禁止运输过度敏感或能自发反应而引起危险的物品。

凡性质不稳定或由于聚合、分解在运输中能引起剧烈反应的危险货物，托运人应采用加入稳定剂或抑制剂等方法，保证运输安全。

对危险性大，如易于发生爆炸性分解等反应或需控温运输的危险货物，托运人应提出安全运输办法，报铁道部审批。

除装入爆炸品保险箱的和配装表第 1、2 号内所列品名外，爆炸品限按整车办理。

(4) 托运爆炸品时，托运人应提出危险货物品名表内规定的许可运输证明(公安机关的运输证明应是收货单位所在地县、市、公安部门签发的爆炸物品运输证)，同时在货物运单“托运人记载事项”栏内注明名称和号码。发站应确认品名、数量、有效期和到达地是否与运输证明记载相符。

(5) 装过危险货物的空容器，口盖必须封闭严密。装过有毒、易燃气体的空钢瓶和装过黄磷、一级毒害品(剧毒品)、一级酸性腐蚀品的空容器必须按原装危险货物运输条件办理。其他危险货物空容器，经车站确认已卸空、倒净，可按普通货物运输。但托运人应在货物运单“货物名称”栏内注明“原装×××，已经安全处理，无危险”字样。

(6) 托运危险货物品名索引表未列载的危险货物时，托运人在托运前向发站提出经县级以上(不包括县)主管部门审查同意的“危险货物运输技术说明书”，铁路部门据以确定运输条件组织试运。爆炸品、氧化剂和有机过氧化物、一级毒害品(剧毒品)由铁路局批准，其他品类由铁路分局批准。

“危险货物运输技术说明书”经批准后，发站、铁路分局、铁路局各存查一份，一份交托运人，一份随货物运单交收货人。

试运时，“托运人记载事项”栏内应注明“危险货物新产品试运”字样。

(7) 发站受理和承运危险货物时，应认真做到：

① 确认货物运单内品名、编号、类项、包装等填写是否正确、完整，并核查危险货物品名表内有无特殊规定；

② 核查托运人提供的证明文件是否符合规定；

③ 检查包装是否符合规定，各项标志是否清晰、齐备、牢固。

4.3.4　按普通货物运输的条件

（1）危险货物按普通货物条件运输时，经铁路分局批准并可在非危险货物办理站发运。托运人应在货物运单“托运人记载事项”栏内注明“×××，可按普通货物运输”（如“易燃液体，可按普通货物运输”或“放射性物品，可按普通货物运输”）。

（2）符合下列条件之一，可按普通货物条件运输：

① 危险货物品名表内有规定的；

② 危险货物品名索引表内品名之前注有“*”符号，货物的包装、标志符合规定，每件货物净重不超过10kg，箱内每小件净重不超过0.5kg，一批货物净重不超过100kg，每车不得超过5批；

③ 成套货物的部分配件或货物的部分材料属于危险货物。

（3）放射性物品的包装件外表面最大辐射水平不超过0.005mSv/h（0.5mrem/h）包装件外表面放射性污染不超过表4－1中的最大限值，并符合下列条件之一者，可按普通货物运输。

表4－1　包装件放射性污染最大限值

污染表示	β、γ和低毒性α发射体/最大限值/（Bq/cm^2）（μCi/cm^2）	其他α发射体（Bq/cm^2）（μCi/cm^2）
包装件外表面或包装件外层辅助包装和运输工具表面	0.4（10^{-5}）	0.04（10^{-6}）

每个包装件放射性内容物不超过表4－2中所列限值。

表4－2　包装件的放射性活度限值

内容物性质	仪表或制成品		放射性物品包装件限值
	物品限值	包装件限值	
固态			
特殊形式	$10^{-2}A_1$	A_1	$10^{-3}A_1$
其他形式	$10^{-2}A_2$	A_2	$10^{-3}A_2$
液态	$10^{-3}A_2$	$10^{-1}A_2$	$10^{-4}A_2$
气态			
氚	$2\times10^{-2}A_2$	$2\times10^{-1}A_2$	$2\times10^{-2}A_2$
特殊形式	$10^{-3}A_1$	$10^{-2}A_1$	$10^{-3}A_1$
其他形式	$10^{-3}A_2$	$10^{-2}A_2$	$10^{-3}A_2$

含有放射性物质的仪表和工业制成品，但距该仪表或工业制成品外表面10cm处任何一点的辐射水平都不超过0.1mSv/h(10mrem/h)；同时每件仪表或物件应贴有放射性标志。

4.3.5 装卸和运输

(1) 危险货物应使用专用棚车(包括毒品专用车)装运，危险货物品名表内有特殊规定的除外。整车发送的毒害品和放射性矿石、矿砂必须使用毒品专用车。如棚车、毒品专用车不足，经发送铁路局批准在采取安全和防止污染措施的条件下，可以使用全钢敞车运输。

爆炸品(爆炸品保险箱除外)、氯酸钠、氯酸钾、黄磷和铁桶包装的一级易燃液体应选用木底棚车装运，如使用铁底棚车时，须经铁路局批准。

使用木底棚车装运爆炸品，如危险货物品名表中未限定“停止制动作用”时应使用有防火板的木底棚车。

铁路局应指定毒品专用车保管(备用)站，加强运用管理和维修工作。毒品专用车回送时，使用“特殊货车及运送用具回送清单”。

(2) 危险货物装卸前，应对车辆和仓库进行必要的通风和检查。车内、仓库内必须清扫干净。

装卸危险货物严禁使用明火灯具照明。照明灯具应具有防爆性能，装卸作业使用的机具应能防止产生火花。

作业前货运员应向装卸工组详细说明货物的品名、性质，布置装卸作业安全注意事项和需准备的消防器材及安全防护用品。作业时要轻拿轻放，堆码整齐牢固，防止倒塌，要严格按规定的安全作业事项操作，严禁货物倒放、卧装(钢瓶及特殊容器除外)。破损的包装件不准装车。

(3) 在同一车内配装数种危险货物时，应符合危险货物配装表的规定。铁路局认为有必要时，可按配装表组织沿途零担危险货物分组运输。

(4) 托运人、收货人有专用铁路、专用线的，整车危险货物的装车和卸车必须在专用铁路、专用线办理。托运人、收货人提出专用铁路、专用线共用时，需由铁路分局批准。

(5) 整车运输的爆炸品以及另有规定的货物品名，托运人应派人押运。押运人员应熟悉货物性质，掌握押运人须知的有关要求，随带必要的工具、备品和防护用品，保证全程押运。

(6) 有调车作业限制、编组隔离限制和需要停止制动作用的货车，应按表4-3规定办理。

在同一车内装有编组隔离不同要求的危险货物时，应按隔离车辆数最多的危险货物作为隔离标准。整装零担车应在封套上记明其类项。

表 4-3　特殊防护事项表

特别防护事项	货车上的表示	运输单据上的表示
禁止溜放或溜放时限速连挂的车辆(附件五)	在货车两侧插挂“禁止溜放”或“限速连挂”的货车表示牌	在货物运单右上角、票据封套、装载清单上用红色记明“禁止溜放”或“限速连挂”字样
车辆编组隔离表(附件六)规定编组需要隔离的货车	在货车表示牌上记明规定的三角标记，对无“禁止溜放”或“限速连挂”的货车应记在货车表示牌背面并在货车两侧反插货车表示牌	在货物运单右上角、票据封套、装载清单上用红色记明规定的三角标记

有关禁止溜放、溜放时限速连挂、停止制动作用或编组隔离事项，应均按规定在列车编组顺序表上做出相应的记载。

(7) 装运爆炸品(爆炸品保险箱除外)需要使用停止制动作用的货车时，应通知车辆部门对所用货车进行检查，确认技术状态良好后，关闭制动机。到站卸车后并应通知车辆部门恢复制动作用。有关关闭制动机或恢复制动作用的通知及办理情况，车站及车辆部门应认真登记作成记录。

(8) 车站应及时组织危险货物的发送和中转。对装有危险货物的车辆应快送、快取、优先编组挂运。停放装有危险货物的车辆时，车站应严格掌握，注意安全防护。

4.3.6　放射性物品运输

(1) 凡放射性比活度大于 70kBq/kg(2Ci/kg)的物质属放射性物品。

(2) 托运人托运放射性物品或放射性物品的空容器时，应提出经铁路卫生防疫部门核查签发的“铁路运输放射性物品包装件表面污染及辐射水平检查证明书”或“铁路运输放射性物品空容器检查证明书”一式两份，一份随货物运单交收货人，一份留发站存查。

对辐射水平相等、重量固定、包装件统一的放射性物品(如：化学试剂、化学制品、矿石、矿砂等)可以一次核定辐射水平和污染程度。托运人应将“铁路运输放射性物品包装件表面污染及辐射水平检查证明书”提交发站，再次托运时，可提出证明书复印件。

托运封闭型固体块状辐射源，如果当地无核查单位时，托运人可凭原有辐射水平检查证明书托运。

铁路防疫部门应对放射性物品的表面污染水平、辐射和放射性总活度等安全指标进行核查监测，不符合上述要求时，不予承运。

（3）放射性物品的包装除应符合上述有关规定外，还必须满足下列要求：

① 包装件应有足够的强度，保证放射性物质不泄漏和散失，并能有效地减弱放射线强度至允许水平、保证放射性内容物始终处于次临界状态。内、外容器必须封严、盖紧。

② 便于搬运、装卸和堆码。重量在5kg以上的包装件应有提手；袋装矿石、矿砂袋口两角应扎结抓手；30kg以上应有提环、挂钩；50kg以上的包装件应清晰耐久地标明总重。

③ 应在包装件两侧分别粘贴、喷涂或拴挂放射性货物包装标志。

（4）托运B型包装件、易裂变物质、国家管制的核材料、气体放射性物品以及危险货物品名索引表内未列载的放射性物品时，须由托运人的主管部门与铁道部商定运输条件。

国家管制的核材料是：

① 铀－235，含铀－235的材料和制品；

② 铀－233，含铀－233的材料和制品；

③ 钚－239，含钚－239的材料和制品；

④ 氚，含氚的材料和制品；

⑤ 锂－6，含锂－6的材料和制品；

⑥ 其他需要管制的核材料和制品。

（5）包装件和运输工具外表面放射性污染和外表面的辐射水平不得超过以下限值：

① 包装件和运输工具外表面放射性污染不得超过表4－4所列限值。

表4－4　包装件和运输工具外表面放射性污染最大限值

污染表示	β、γ和低毒性α发射体最大限值（Bq/cm^2）（$\mu Ci/cm^2$）	其他α发射体最大限值（Bq/cm^2）（$\mu Ci/cm^2$）
包装件外表面或包装件外层辅助包装及运输工具表面	4（10^{-4}）	0.04（10^{-5}）

② 装运放射性物品时，运输工具或包装件外表面的辐射水平不得大于2mSv/h（200mrem/h），运输指数不得大于10；在距运输工具2m处的任何一点辐射水平不得大于0.1mSv/h（10mrem/h）；装车后，车内各包装件的运输指数总和不得大于50，但Ⅰ类低比活度放射性物质，运输指数总和不受限制。

（6）放射性包装件按其外表面辐射水平和运输指数分为三个运输等级，见表4－5。

表4-5　放射性包装件的运输等级

运输等级（标志颜色）	包装件外表面任意一点的最大辐射水平 H/（mSv/h）（mrem/h）	运输指数 TI
Ⅰ级（白色）	$H \leq 0.005(0.5)$	$TI=0$［注］
Ⅱ级（黄色）	$0.005(0.5) < H \leq 0.5(50)$	$0 < TI \leq 1$
Ⅲ级（黄色）	$0.5(50) < H \leq 2(200)$	$1 < TI \leq 10$

注：对于 $TI \leq 0.05$ 的包装件均认为 $TI=0$；其他情况 TI 都应取一位小数。

包装件的运输指数和表面辐射水平等级不一致时，按较高一级的确定运输等级。

运输指数确定原则见《铁路危险货物运输管理细则》第七类。

（7）低比活度放射性物质和表面污染物体的运输条件：

① 每一辆车中装运的Ⅰ类低比放射性物质和非易燃固体的Ⅱ、Ⅲ类低比放射性物质的放射性活度不受限制；

② 表面污染物体和可燃性固体和液体的Ⅱ、Ⅲ类低比活度放射性物质的放射性总活度不得超过100A2。

③ 无包装的Ⅰ类低比活度放射性物质和Ⅰ类表面污染物体必须使用企业自备敞车苫盖自备篷布装运，保证运输途中不撒漏、不飞扬。装卸作业限在专用铁路、专用线。

（8）托运A型包装件时，若内容物为不弥散的固体放射性物质或装有放射性物质的密封小容器，其放射性内容物活度不得大于A1值；若内容物为粉末状、晶粒或液体的放射性物质则不得大于A2。

（9）放射性物品按零担托运时，必须遵守下列条件：

① 仅限办理固体和液体的放射性物品，A型包装的化学试剂和化工制成品，以及一批重量不超过5公斤的放射性矿石、矿砂样品。

② 包装件的最大放射性活度、低比活度放射性物质和表面污染物体应按本段第（5）条①、②项的规定，放射性同位素应符合表4-6的规定。

表4-6　零担车内装载包装件最大放射性活度值

运输包装等级	物理状态	每一包装件最大放射性活度/GB_q
一　级	块状固体	A_1
	粉末、晶粒或液体	A_2
二　级	块状固体	A_1
	粉末、晶粒或液体	A_2
三　级	块状固体	A_1
	粉末、晶粒或液体	A_2

③ 一车内Ⅱ级包装件不超过50件，或Ⅲ级包装件不超过5件（Ⅰ级包装件

的件数不受限制)。Ⅱ、Ⅲ级包装件同车装运时，按一件Ⅲ级等于10件Ⅱ级折算。

(10) 按客运包裹运输的放射性物品仅限Ⅰ级和辐射水平 $H \leqslant 1\mathrm{mrem/h}$ 的Ⅱ级放射性同位素(气体放射性物质除外)，托运的包装件表面放射性污染不得超过表4－1限值，其内容物的放射性活度不超过表4－2的限值。每辆行李车最多只能装20件，每件重量不得超过40kg。

(11) 质量超过1t的放射性包装件，限按整车办理，托运人或收货人应事先与到站联系，取得同意后才能向发站托运。

托运"短寿命"放射性物品时，应在货物运单"托运人记载事项"栏内注明货物容许运输期限。容许运输期限需大于铁路货物运到期限三天。

(12) 放射性物品在同一车内与其他货物配装时，应符合表4－7要求。

表4－7 放射性物品与其他货物配装表

运输等级 / 对象 / 隔开距离	Ⅰ级	Ⅱ级	Ⅲ级
感光材料以及活动物	不能配装	不能配装	不能配装
其他危险货物	不能配装	不能配装	不能配装
各种食品、粮食、饲料、药品、药材、食用油脂	0.5m	2m	不能配装
其他行李、包裹	不隔离	2m(客运除外)	不能配装
普通货物	不隔离	不隔离	1.5m

放射性物品与人员最小安全距离应符合表4－8要求。

表4－8 放射性物品最小安全距离表

距包装件外表面最小安全距离/m / 运输指数(TI)	照射时间 h/h[天]							
	1	2	4	10	24 [1]	48 [2]	120 [5]	240 [10]
0.2	0.5	0.5	0.5	0.5	1	1	2	3
0.5	0.5	0.5	0.5	1	1	2	3	5
1	0.5	0.5	1	1	2	3	5	7
2	0.5	1	1	1.5	3	4	7	9
4	1	1	1.5	3	4	6	9	
8	1	1.5	2	4	6	8		
10	1	2	3	4	7	9		

(13) 装车时，放射性包装件应合理摆放，运输包装等级小的包装件应摆放

在运输包装等级大的包装件周围；零担运输的二级、三级包装件应摆放在车体纵中心线上，距车辆两端板应在0.5m以上。每人每天装卸放射性货物的时间不得超过容许作业时间表4－9的限值。

表4－9 装卸放射性货物容许作业时间表

包装件运输等级	包装件表面辐射水平		运输指数 *TI*	徒手作业	简单工具（距包装件表面约0.5m）	半机械化操作（距包件表面1m）	机械化操作（距包件表面1.5m）
	mSv/h	mrem/h					
Ⅰ级	≤0.005	≤0.5	—	8h	—	—	—
Ⅱ级	0.01	1	—	7h	8h	—	—
	0.05	5	0.05	1.5h	7h	—	—
	0.1	10	0.1	50min	6h	—	—
	0.2	20	0.3	20min	2h	8h	—
	0.3	30	0.6	15min	1.5h	7h	—
	0.4	40	0.8	10min	1h	6h	—
	0.5	50	1.0	7min	50min	5.5h	—
Ⅲ级	0.6	60	1.5	6min	45min	5h	7h
	0.8	80	2.0	5min	40min	4h	6h
	1.0	100	3.0	4min	35min	2.5h	5h
	1.2	120	4.0	3min	30min	2.0h	4h
	1.4	140	5.0	2min	24min	1.5h	3h
	1.8	180	7.0	1min	20min	1.0h	2h
	2.0	200	10.0	不容许	12min	30min	1h

注：①表中"—"表示不加限制。

（14）放射性包装件破损时，不得继续运输，需修复后并确认包装已恢复原设计性能，符合安全运输标准，方可继续运输。

当放射性容器破损内容物泄漏时，必须立即报告铁路和地方的公安、环保和卫生防疫部门，除要求有关部门协助处理外，事故地点应按辐射水平0.005mSv/h(0.5mrem/h)为依据划出警戒区并悬挂警告牌，派人看护。

4.3.7 危险货物罐车运输

（1）原油、汽油、煤油、柴油可以使用铁路罐车装运。液体危险货物(包括上述品名)使用自备罐车装运时，应符合危险货物品名表中的规定。未做规定的应由发送铁路局对有关资料审查并提出意见后报铁道部制定运输条件后进行试运。

罐车试运时，应按符合包装和标志要求，但在运单"托运人记载事项"栏内注明“自备罐车试运”。

（2）托运人申请使用自备罐车装运危险货物时，须出具下列技术文件：

① 装运第二类危险货物时须出具：产品理化特性说明；压力容器使用登记证；液化气体铁路罐车（罐体）安全运输许可证；罐体检定证书；车辆验收记录；车辆定期检修证明；押运证书；其他有关资料。

② 装运其他类液体危险货物时须出具：产品理化特性说明；罐体检定证书；车辆验收记录；车辆定期检修证明；其他有关资料。

（3）托运人应与过轨站签订过轨运输合同，报所属的铁路分局批准。第二类危险货物应报所属的铁路局批准。

铁路局、铁路分局批准过轨合同时应认真审查合同中的各项内容，特别是装卸地点的作业能力及安全防护措施等是否符合有关规定。

铁路局和铁路分局应建立和健全危险货物自备罐车技术档案，检查危险货物自备罐车的运用状况，保证过轨运输的危险货物自备罐车符合安全要求。

（4）凡散装进口的第二类、第三类危险货物采用自备罐车运输的及整车运输的放射性物品，到达口岸后经铁路运输时，应报铁道部批准。其他散装进口的液体危险货物报入境口岸所在地的铁路局批准。

进口的爆炸品、毒害品（剧毒品）、氧化剂和过氧化物以整车运输时，报铁路分局批准。

进口单位向上述部门报批时，必须在货物到港前一个月，持申请报告和有关技术文件进行报批。

（5）自备罐车罐体的设计、制造、使用、充装、检修及故障处理应符合主管部门制定的技术规程，用于装运液化气体的罐车，需符合《液化气体铁路罐车安全管理规程》及铁路有关的技术规定。

（6）自备罐车罐体纵向中部应涂刷一条宽300mm表示货物主要特性的水平环形色带，红色表示易燃性，绿色表示氧化性，黄色表示毒性，黑色表示腐蚀性，蓝色与其他颜色分层涂刷表示液化气体（上层200mm宽涂蓝色，下层100mm宽分别涂红色，表示易燃液体气体，涂黄色表示有毒液化气体，涂蓝色表示不燃液化气体）。

罐体两侧的环形色带中部应以分子、分母形式涂打专用货物名称及其危险性，如苯，$\frac{\text{苯}}{\text{易燃、有毒}}$。

对遇水会发生剧烈反应，事故处理严禁用水的货物，还应在分母内涂打“禁水”二字，如硫酸，$\frac{\text{硫酸}}{\text{腐蚀、禁水}}$。

企业的危险货物自备罐车应按铁道部规定统一编号。

(7) 发站承运自备液化气体罐车时，应审查以下内容：

① 收货人必须与罐车产权单位一致(液化气体的生产企业除外)；

②“铁路罐车充装记录”填写是否完整；

③ 货物运单内是否注明押运人的姓名和有关证明文件的名称和号码；

④ 其他有关规定。

对定检过期、车况不良、罐盖不严、罐体标记文字不清以及有碍安全运输的自备罐车，一律不予承运。

承运液化气体罐车后，“铁路罐车充装记录”一份由发站存查，一份随货物运单送至到站交收货人。

(8) 危险货物罐车的装卸作业必须在专用铁路或专用线办理。第二类、第三类危险货物采用罐车的装卸地点，距铁路正线、房屋建筑的防火间距不少于45m、30m。距其他铁路线路不少于35m、20m。装卸地点应严格控制火源，所有设备应具有防火、防爆和导除静电性能。装卸罐车时散发的易燃、有毒和有害气体，不得超过国家规定允许的浓度标准。

(9) 充装第二类以外的液体危险货物时，托运人应根据液体货物的相对密度、罐车载重、容积以及货温、气温变化，按规定确定充装量，不得超重。对相对密度低于1的液体危险货物，罐体有效容积的膨胀余量上限为8%，下限为20%。凡充装后下限超过20%的，罐体内部应安装隔板，以保持运输的稳定性。

充装液化气体时，还必须用轨道衡对空、重罐车分别检衡，确定罐内余液及实际充装量。充装量应符合《液化气体铁路罐车安全管理规程》。严禁超装超载。

(10) 装车前，托运人应确认罐车是否良好。罐体有漏裂，阀、盖、垫及仪表等附件、配件不完整或作用不良的罐车禁止使用。

装卸罐车必须在货物装注前或卸空后及时将阀件关严，严禁混入杂质。卸车时必须将罐车卸净。装卸车后应认真关闭阀门，盖好人孔盖，拧紧螺栓。罐体外表应保持清洁，上面涂打的标记文字应能清晰易辨。车站对罐车上盖关闭状态应进行检查，关闭不严的禁止编入列车。

(11) 液化气体罐车充装单位应建立健全充装制度并认真贯彻执行。充装前必须有专人检查罐车，进行规定的试验，不具备充装条件的罐车严禁充装。罐车充装完毕后，充装单位应复检充装量，对各密封面进行泄漏检查，检查封车压力。检查情况必须详细填记于“铁路罐车充装记录”内，符合规定才能向铁路办理托运。

罐车卸后应留有不低于0.05MPa的余压。

(12) 液化气体罐车运输时，托运人应派人押运(空罐车不需押运)。押运人应熟悉货物的物理、化学性质，了解罐车的构造及附件性能以及发生故障的处理方法，经主管部门考试合格并取得铁路认可的押运证后方可担任押运工作。押运人应坚守岗位，全程押运，并就沿途温度(外温)、压力变化等作好记录。

发站需认真审查托运人在货物运单内是否注明押运人的姓名、有关证明文件的名称及号码，未按规定填记或无押运人的不予承运。途中各站发现液化气体罐车无人押运或达不到押运人数要求时，应立即甩下，并用电报通知发站转告托运人速派人解决。

液化气体罐车的押运人数应按表4－10的规定配备。

表4－10　液化气体罐车押运人数表

辆/批(辆)	1～4	5～10	11～15	16以上
押运人/人	2	3	4	铁路局确定

(13) 为保证液化气体运输的安全，液化气体罐车不允许进行运输变更或重新起票办理新到站，如遇特殊情况需要变更或重新起票办理新到站时，需经铁路局批准。

(14) 液化气体罐车必须编入有守车及运转车长的货物列车(包括小运转列车)，以便押运人乘坐和随车监护。

(15) 危险货物罐车在运输途中发生泄漏、火灾及其他行车事故时，车站应立即向铁路主管部门、地方政府、公安消防及环保、卫生防疫部门报告，并速请熟悉货物性质及罐体构造的单位前来处理和抢救。同时设立警戒区，组织人员向逆风方向疏散，防止危险货物流入河川。易燃气体及易燃液体发生泄漏时，应迅速隔断火源。如已发生火灾应立即摘下着火罐车，并尽快转移到安全地点，用干粉扑救，同时用大量水冷却罐车，以防爆炸。对标有“禁水”标记的罐车，严禁用水施救。对有毒气体施救时应站在上风方向，防止中毒事故。

4.3.8　爆炸品保险箱

(1) 爆炸品保险箱(以下简称保险箱)运输的爆炸品，可在铁路零担货运营业站(不办理武器、弹药及爆炸品的车站除外)按零担办理。

(2) 用保险箱装爆炸品时，包装应符合本规则附件一的要求。装箱后箱内空隙要填充紧密。同一保险箱内只限装同一品名的货物，每箱总重不得超过200公斤。保险箱两端应有“向上”、“防潮”、“爆炸品”标志。

(3) 托运装有爆炸品的保险箱时，托运人需在货物运单的“货物名称”栏内填写货物品名、编号，在运单右上角及封套上标明危险货物类项，在运单“托运人记载事项”栏内注明保险箱的统一编号。

保险箱编号、标志应清晰，箱体不得破损、变形。托运人应对箱内货物品名的真实性、包装及衬垫的完好性负责。

(4) 装在同一车内或在同一仓库内作业及存放的保险箱，箱内危险货物编号必须一致(配装表第1、2号内所列品名除外)。装有爆炸品的保险箱可比照普通货物配装，但不得与放射性物品同装一车。装车时，保险箱应放在底层，摆放整齐稳固，并尽量装在车门附近。装卸搬运时要稳起稳落，严禁摔碰、撞击、拖拉、翻滚。

(5) 调动装有爆炸品保险箱的车辆时，必须按本规则附件五的规定进行作业。发站应在货物运单、封套、货车装载清单、列车编组顺序表上记明“禁止溜放”字样，并插挂“禁止溜放”货车表示牌。

(6) 装有爆炸品的保险箱，车站应及时发送、中转和交付。保险箱应存放在车站指定的仓库内妥善保管。如遇火灾应及时将保险箱或车辆送至安全地带。

(7) 保险箱的设计、制造应由生产单位的主管部门(省、部级)与铁道部商定后按GB 2701—90《爆炸品保险箱》的标准生产。

保险箱外部应按国家标准涂打使用单位代号。各使用单位需提出爆炸品保险箱编号申请表一式四份，及生产厂出具的爆炸品保险箱合格证到所在地的铁路局编号。如，上—B0001，京—B0001。铁路局编号后，一份存查，其他三份分别交保险箱使用单位、铁路分局及发站。

(8) 保险箱在使用过程中发生损坏，使用单位应及时检修处理，保持完好状态。保险箱每隔二年需由指定单位检验一次。技术状态良好，符合使用要求的由检验单位在箱体两端涂打检验年、月、单位(如94、5—5534厂检)。使用单位应持检验合格证到铁路局进行重新登记，未经登记者不得使用。

4.3.9 洗刷除污

(1) 装过危险货物的货车(包括毒品车)，卸后必须彻底清扫干净。对装过一级毒害品(剧毒品)的货车(包括毒品车)及受到危险货物污染，有刺激异臭气味或危险货物撒漏的货车(包括苫盖篷布及有关用具)，必须进行洗刷除污。洗刷除污工艺见车辆洗刷除污方法。需回送洗刷除污的货车，应在“特殊货车及运送用具回送清单”上注明品名及编号，并在货车两车门内外明显处粘贴“货车洗刷回送标签”各一张。未经洗刷除污的货车严禁使用或排空。

装过放射性物品的车辆(包括苫盖篷布及有关用具)，需经铁路卫生防疫部门检测并出具证明，污染水平应低于相关规定的，否则必须由收货单位彻底清洗除污，达到要求后方能使用或排空。

装过危险货物及放射性物品的车辆检修前必须洗刷合格。

(2) 货车洗刷后，应检查是否已达到相关要求。

经认真洗刷仍不合格的车辆，洗刷所应通知卸车站，要求收货人提供有效的洗刷除污方法和药物，再次洗刷处理。

(3) 货车洗刷除污后的废水、废物必须经过处理，达到环保部门的有关标准后，方可排放。

(4) 洗刷所应建立管理台账。经洗刷除污的货车达到要求时，应撤除货车洗刷回送标签，并在货车两车门内外明显处粘贴洗刷工艺合格证各一张。

4.3.10 保管和交付

(1) 车站对危险货物应按其性质和要求存放在指定的仓库、雨棚或场地，气体钢瓶和桶装、罐装的易燃液体应存放在阴凉通风地点。遇潮或受阳光照射容易燃烧或产生有毒气体的危险货物不得露天存放。存放保管危险货物时，应执行危险货物配装表的规定，对不能配装或灭火方法相互抵触的必须严格隔离。

危险货物编号不同的爆炸品(配装表第1、2号内所列的品名除外)不得同库存放。放射性物品不得与其他危险货物同库存放。

(2) 堆放危险货物的仓库、雨棚、场地必须清洁干燥和通风良好，配备充足有效的消防器材。货场严禁吸烟和使用明火，周围应划定警戒区，设置明显警告标志，并根据货物性质做好防潮、防热、防晒、防火等工作。货场应加强警卫和巡守，无关人员不得进入。库内储存有危险货物，无作业时，应关闭库门并加锁。进入货场的机动车辆必须采取防火措施。

(3) 发现危险货物包装破损，应在车站指定的安全地点采取防护措施予以整修。撒漏物要指定地点存放，必要时，联系托运人或收货人及时处理。

(4) 车站对到达的危险货物应通知收货人及时搬出，对整车运输的爆炸品、放射性物品，可组织收货人直卸。存放危险货物的货位，在货物搬出或装出后应清扫洗刷干净。被污染的设备、工具应及时清扫洗刷。

4.4 危险化学品水路运输安全管理

1996年11月由交通部颁布，并于1996年12月起施行的《水路危险货物运输规则》，为加强水路危险货物运输管理，保障运输安全，提供了法律依据。要求水路运输危险货物有关托运人、承运人、作业委托人、港口经营人以及其他各有关单位和人员，严格执行。

4.4.1 包装和标志

(1) 除爆炸品、压缩气体、液化气体、感染性物品和放射性物品的包装外，危险货物的包装按其防护性能分为：

Ⅰ类包装　适用于盛装高度危险性的货物；

Ⅱ类包装　适用于盛装中度危险性的货物；

Ⅲ类包装　适用于盛装低度危险性的货物。

各类包装应达到的防护性能要求见本规则附件三“包装型号、方法、规格和性能试验”。各种危险货物所要求的包装类别见该货物明细表。

（2）危险货物的包装（压力容器和放射性物品的包装另有规定）应按本规则附件三的规定进行性能试验。申报和托运危险货物应持有交通部认可的包装检验机构出具的“危险货物包装检验证明书”（格式三），符合要求后，方可使用。

（3）盛装危险货物的压力容器和放射性物品的包装应符合国家主管部门的规定，压力容器应持有商检机构或锅炉压力容器检测机构出具的检验合格证书；放射性物品应持有卫生防疫部门出具的“放射性物品包装件辐射水平检查证明书”。

（4）根据危险货物的性质和水路运输的特点，包装应满足以下基本要求：

① 包装的规格、型式和单件质量（重量）应便于装卸或运输；

② 包装的材质、型式和包装方法（包括包装的封口）应与拟装货物的性质相适应。包装内的衬垫材料和吸收材料应与拟装货物性质相容，并能防止货物移动和外漏；

③ 包装应具有一定强度，能经受住运输中的一般风险。盛装低沸点货物的容器，其强度须具有足够的安全系数，以承受住容器内可能产生的较高的蒸气压力；

④ 包装应干燥、清洁、无污染，并能经受住运输过程中温、湿度的变化；

⑤ 容器盛装液体货物时，必须留有足够的膨胀余位（预留容积），防止在运输中因温度变化而造成容器变形或货物渗漏；

⑥ 盛装下列危险货物的包装应达到气密封口的要求：

a. 产生易燃气体或蒸气的货物；

b. 干燥后成为爆炸品的货物；

c. 产生毒性气体或蒸气的货物；

d. 产生腐蚀性气体或蒸气的货物；

e. 与空气发生危险反应的货物。

（5）采用与本规则不同的其他包装方法（包括新型包装），应符合本段（1）、（2）和（4）的规定，由起运港的港务（航）监督机构和港口管理机构共同依据技术部门的鉴定审核同意并报交通部批准后，方可作为等效包装使用。

（6）危险货物包装重复使用时，应完整无损，无锈蚀，并应符合本规则第六条和第八条的规定。

（7）危险货物的成组件应具有足够的强度，并便于用机械装卸作业。

（8）使用可移动罐柜盛装危险货物，可移动罐柜应符合《水路危险货物运输规则》附件六“可移动罐柜”的要求。对适用于集装箱条款定义的罐柜还应满足船检部门《集装箱检验规范》的有关要求。

（9）每一盛装危险货物的包装上均应标明所装货物的正确运输名称，名称的使用应符合“危险货物明细表”的规定。包装明显处、集装箱四侧、可移动罐柜四周及顶部应粘贴或刷印符合“危险货物标志”的规定。

具有两种或两种以上危险性的货物，除按其主要危险性标贴主标志外，还应标贴本规则危险货物明细表中规定的副标志(副标志无类别号)。

标志应粘贴、刷印牢固，在运输过程中清晰、不脱落。

(10) 除因包装过小只能粘贴或刷印较小的标志外，危险货物标志不应小于100mm×100mm；集装箱、可移动罐柜使用的标志不应小于250mm×250mm。

(11) 集装箱内使用固体二氧化碳(干冰)制冷时，装箱人应在集装箱门上显著标明“危险！内有二氧化碳(干冰)，进入前需彻底通风”字样。

(12) 集装箱、可移动罐柜和重复使用的包装，其标志应符合本章的规定，并除去不适合的标志。

(13) 按本规则规定属于危险货物，但国际运输时不属于危险货物，外贸出口时，在国内运输区段包装件上可不标贴危险货物标志，由托运人和作业委托人分别在水路货物运单和作业委托单特约事项栏内注明“外贸出口，免贴标志”；外贸进口时，在国内运输区段，按危险货物办理。

国际运输属于危险货物，但按本规则规定不属于危险货物，外贸出口时，国内运输区段，托运人和作业委托人应按外贸要求标贴危险货物标志，并应在水路货物运单和作业委托单特约事项栏内注明“外贸出口属于危险货物”；外贸进口时，在国内运输内段，托运人和作业委托人应按进口原包装办理国内运输，并应在水路货物运单和作业委托单特约事项栏内注明“外贸进口属于危险货物”。

如本规则对货物的分类与国际运输分类不一致，外贸出口时，在国内运输区段，其包装件上可粘贴外贸要求的危险货物标志；外贸进口时，国内运输区段按本规则的规定粘贴相应的危险货物标志。

4.4.2 托运

(1) 危险货物的托运人或作业委托人应了解、掌握国家有关危险货物运输的规定，并按有关法规和港口管理机构的规定，向港务(航)监督机构办理申报并分别同承运人和起运、到达港港口经营人签订运输、作业合同。

(2) 办理危险货物运输、装卸时，托运人、作业委托人应向承运人、港口经营人提交以下有关单证和资料：

① “危险货物运输声明”或“放射性物品运输声明”；

② “危险货物包装检验证明书”或“压力容器检验合格证书”或“放射性物品包装件辐射水平检查证明书”；

③ 集装箱装运危险货物，应提交有效的“集装箱装运证明书”；

④ 托运民用爆炸品应提交所在地县、市公安机关根据《中华人民共和国民用

爆炸物品管理条例》核发的“爆炸物品运输证”；

⑤ 除提交上述①、②、③、④的有关单证外，对可能危及运输和装卸安全或需要特殊说明的货物还要提交有关资料。

(3) 运输危险货物应使用红色运单；港口作业应使用红色作业委托单。

(4) 托运本规则未列名的危险货物，托运前托运人应向起运港港口管理机构和港务(航)监督机构提交经交通部认可的部门出具的“危险货物鉴定表”，由港口管理机构会同港务(航)监督机构确定装卸、运输条件，经交通部批准后，按本规则相应类别中“未另列名”项办理。

(5) 托运装过有毒气体、易燃气体的空钢瓶，按原装危险货物条件办理。

托运装过液体危险货物、毒害品(包括有毒害品副标志的货物)、有机过氧化物、放射性物品的空容器，如符合下列条件，并在运单和作业委托单中注明原装危险货物的品名、编号和“空容器清洁无害”字样，可按普通货物办理：

① 经倒净、洗清、消毒(毒害品)，并持有技术检验部门出具的检验证明书，证明：空容器清洁无害。

② 盛装过放射性物品的空容器，其表面清洁无污染，或按可接近非固定污染程度，β 或 γ 发射体低于 $4Bq/cm^2$、α 发射体低于 $0.4Bq/cm^2$，并持有卫生防疫部门出具的“放射性物品空容器检查证明书”。

托运装过其他危险货物的空容器，经倒净、洗清，并在运单中和作业委托单中注明原装危险货物的品名和编号和“空容器，清洁无害”字样，可按普通货物办理。

(6) 符合下列条件之一的危险货物，可按普通货物条件运输：

① 成套设备中的部分配件或部分材料属于危险货物(只限不能单独包装)，托运人确认在运输中不致发生危险，经起运港港口管理机构和港务(航)监督机构认可后，并在运单和作业委托单中注明“不作危险货物”字样。

② 危险货物品名索引中注有 * 符号的货物，其包装、标志符合规定，且每个包装件不超过 10 千克，其中每一小包件内货物净重不超过 0.5kg，并由托运人在运单和作业委托单中注明“小包装化学品”字样；但每批托运货物总净重不得超过 100kg，并按本章的有关规定办理申报或提交有关单证。

(7) 性质相抵触或消防方法不同的危险货物应分票托运。

(8) 个人托运危险货物，还须持本人身份证件办理托运手续。

4.4.3 承运

(1) 装运危险货物时，承运人应选派技术条件良好的适载船舶。船舶的舱室应为钢质结构。电气设备、通风设备、避雷防护、消防设备等技术条件应符合要求。

总吨位在500t以下的船舶以及乡镇运输船舶、水泥船、木质船装运危险货物，按国家有关规定办理。

（2）客船和客渡船禁止装运危险货物。

客货船和客滚船载客时，原则上不得装运危险货物。确需装运时，船舶所有人(经营人)应根据船舶条件和危险货物的性能制定限额要求，部属航运企业报交通部备案，地方航运企业报省、自治区、直辖市交通主管部门和港务(航)监督机构备案。并严格按限额要求装载。

（3）船舶装运危险货物前，承运人或其代理应向托运人收取规定的有关单证。

（4）载运危险货物的船舶，在航行中要严格遵守避碰规则。停泊、装卸时应悬挂或显示规定的信号。除指定地点外，严禁吸烟。

（5）装运爆炸品、一级易燃液体和有机过氧化物的船、驳，原则上不得与其他驳船混合编队、拖带。如必须混合编队、拖带时，船舶所有人(经营人)要制定切实可行的安全措施，经港务(航)监督机构批准后，报交通部备案。

（6）装载易燃、易爆危险货物的船舶，不得进行明火、烧焊或易产生火花的修理作业。如有特殊情况，应采用相应的安全措施。在港时，应经港务(航)监督机构批准并向港口公安消防监督机关备案；在航时应经船长批准。

（7）除客货船外，装运危险货物的船舶不准搭乘旅客和无关人员。若需搭乘押运人员时，需经港务(航)监督机构批准。

（8）船舶装载危险货物应严格按照积载要求合理积载、配装和隔离。积载处所应清洁、阴凉、通风良好。

遇有下列情况，应采用舱面积载：

① 需要经常检查的货物；

② 需要近前检查的货物；

③ 能生成爆炸性气体混合物，产生剧毒蒸气或对船舶有强烈腐蚀性的货物；

④ 有机过氧化物；

⑤ 发生意外事故时必须投弃的货物。

（9）船舶危险货物的积载，要确保其安全和应急消防设备的正常使用及过道的畅通。

（10）发生危险货物落入水中或包装破损溢漏等事故时，船舶应立即采取有效措施并向就近的港务(航)监督机构报告详情并做好记录。

（11）滚装船装运“只限舱面”积载的危险货物，不应装在封闭和开敞式车辆甲板上。

（12）纸质容器(如瓦楞纸箱和硬纸板桶等)应装在舱内，如装在舱面，应妥善保护，使其在任何时候都不会因受潮湿而影响其包装性能。

（13）危险货物装船后，应编制危险货物清单，并在货物积载图上标明所装危险货物的品名、编号、分类、数量和积载位置。

（14）承运人及其代理人应按规定做好船舶的预、确报工作，并向港口经营人提供卸货所需的有关资料。

（15）对不符合承运要求的船舶，港务（航）监督机构有权停止船舶进、出港和作业，并责令有关单位采取必要的安全措施。

4.4.4　装卸

（1）船舶载运危险货物，承运人应按规定向港务（航）监督机构办理申报手续，港口作业部门根据装卸危险货物通知单安排作业。

（2）装卸危险货物的泊位以及危险货物的品种和数量，应经港口管理机构和港务（航）监督机构批准。

（3）装卸危险货物应选派具有一定专业知识的装卸人员（班组）担任。装卸前应详细了解所装卸危险货物的性质、危险程度、安全和医疗急救等措施，并严格按照有关操作规程作业。

（4）装卸危险货物，应根据货物性质选用合适的装卸机具。装卸易燃、易爆货物，装卸机械应安置火星熄灭装置，禁止使用非防爆型电器设备。装卸前应对装卸机械进行检查，装卸爆炸品、有机过氧化物、一级毒害品、放射性物品，装卸机具应按额定负荷降低25%使用。

（5）装卸危险货物，应根据货物的性质和状态，在船－岸，船－船之间设置安全网，装卸人员应穿戴相应的防护用品。

（6）夜间装卸危险货物，应有良好的照明，装卸易燃、易爆货物应使用防爆型的安全照明设备。

（7）船方应向港口经营人提供安全的在船作业环境。如货舱受到污染，船方应说明情况。对已被毒害品、放射性物品污染的货舱，船方应申请卫生防疫部门检测，采取有效措施后方可作业。

起卸包装破损的危险货物和能放出易燃、有毒气体的危险货物前，应对作业处所进行通风，必要时应进行检测。

如船舶确实不具备作业环境，港口经营人有权停止作业，并书面通知港务（航）监督机构。

（8）船舶装卸易燃、易爆危险货物期间，不得进行加油、加水（岸上管道加水除外）、拷铲等作业；装卸爆炸品时，不得使用和检修雷达、无线电电报发射机。所使用的通讯设备应符合有关规定。

（9）装卸易燃、易爆危险货物，距装卸地点50米范围内为禁火区。内河码头、泊位装卸上述货物应划定合适的禁火区，在确保安全的前提下，方可作业。

作业人员不得携带火种或穿铁掌鞋进入作业现场，无关人员不得进入。

（10）没有危险货物库场的港口，一级危险货物原则上以直接换装方式作业。特殊情况，需经港口管理机构批准，采取妥善的安全防护措施并在批准的时间内装上船或提离港口。

（11）装卸危险货物时，遇有雷鸣、电闪或附近发生火警，应立即停止作业，并将危险货物妥善处理。雨雪天气禁止装卸遇湿易燃物品。

（12）装卸危险货物，现场应备有相应的消防、应急器材。

（13）装卸危险货物，装卸人员应严格按照计划积载图装卸，不得随意变更。装卸时应稳拿轻放，严禁撞击、滑跌、摔落等不安全作业。堆码要整齐、稳固、桶盖、瓶口朝上，禁止倒放。

包装破损、渗漏或受到污染的危险货物不得装船，理货部门应做好检查工作。

（14）爆炸品、有机过氧化物、一级易燃液体、一级毒害品、放射性物品，原则上应最后装最先卸。

装有爆炸品的舱室内，在中途港不应加载其他货物，确需加载时，应经港务（航）监督机构批准并按爆炸品的有关规定作业。

（15）对温度较为敏感的危险货物，在高温季节，港口应根据所在地区气候条件确定作业时间，并不得在阳光直射处存放。

（16）装卸可移动罐柜，应防止罐柜在搬运过程中因内装液体晃动而产生静电等不安全因素。

（17）危险货物集装箱在港区内拆、装箱，应在港口管理机构批准的地点进行，并按有关规定采取相应的安全措施后方可作业。

（18）对下列各种情况，港口管理机构有权停止船舶作业，并责令有关方面采取必要的安全处置措施：

① 船舶设备和装卸机具不符合要求；

② 货物装载不符合规定；

③ 货物包装破损、渗漏、受到污染或不符合有关规定。

4.4.5 储存和交付

（1）经常装卸危险货物的港口，应建有存放危险货物的专用库（场）；建立健全管理制度，配备经过专业培训的管理人员及安全保卫和消防人员，配有相应的消防器材。库（场）区域内，严禁无关人员进入。

（2）非危险货物专用库（场）存放危险货物，应经港口管理机构批准，并根据货物性质安装安全电气照明设备，配备消防器材和必要的通风、报警设备。库内应保持干燥、阴凉。

(3) 危险货物入库(场)前，应严格验收。包装破损、撒漏、外包装有异状、受潮或沾污其他货物的危险货物应单独存放，及时妥善处理。

(4) 危险货物堆码要整齐、稳固，垛顶距灯不少于1.5m；垛距墙不少于0.5m；距垛不少于1m；性质不相容的危险货物、消防方法不同的危险货物不得同库存放，确需存放时应符合附件四中的隔离要求。消防器材、配电箱周围1.5m内禁止存放任何物品。堆场内消防通道不少于6m。

(5) 存放危险货物的库(场)应经常进行检查，并做好检查记录，发现异常情况迅速处理。

(6) 危险货物出运后，库(场)应清扫干净，对存放危险货物而受到污染的库(场)应进行洗刷，必要时应联系有关部门处理。

(7) 抵港危险货物，承运人或其代理人应提前通知收货人做好接运准备，并及时发出提货通知。交付时按货物运单(提单)所列品名、数量、标记核对后交付。对残损和撒漏的地脚货应由收货人提货时一并提离港口。

收货人未在港口规定时间内提货时，港口公安部门应协助做好货物催提工作。

(8) 对无票、无货主或经催提后收货人仍未提取的货物，港口可依据国家"关于港口、车站无法交付货物的处理办法"的规定处理。对危及港口安全的危险货物，港口管理机构有权及时处理。

4.4.6 消防和泄漏处理

(1) 港口经营人、承运船舶应建立健全危险货物运输安全规章制度，制订事故应急措施，组织建立相应的消防应急队伍，配备消防、应急器材。

(2) 承运船舶、港口经营人在作业前应根据货物性质配备《船舶装运危险货物应急措施》有关应急表中要求的应急用具和防护设备，并应符合《水路危险货物运输规则》附件一"各类危险货物引言和明细表"中的特殊要求。作业过程中(包括堆存、保管)发现异常情况，应立即采取措施，消除隐患。一旦发生事故，有关人员应按《危险货物事故医疗急救指南》的要求在现场指挥员的统一指挥下迅速开展施救，并立即报告公安消防部门、港口管理机构和港务(航)监督机构等有关部门。

(3) 船舶在港区、河流、湖泊和沿海水域发生危险货物泄漏事故，应立即向港务(航)监督机构报告，并尽可能将泄漏物收集起来，清除到岸上的接收设备中去，不得任意倾倒。

船舶在航行中，为保护船舶和人命安全，不得不将泄漏物倾倒或将冲洗水排放到水中时，应尽快向就近的港务(航)监督机构报告。

(4) 泄漏货物处理后，对受污染处所应进行清洗，消除危害。

船舶发生强腐蚀性货物泄漏，应仔细检查是否对船舶造成结构上的损坏，必要时应申请船舶检验部门检验。

（5）危险货物运输中有关防污染要求，应符合我国有关环境保护法规的规定。

4.5 危险化学品航空运输安全管理

2004年5月由中国民用航空总局颁布，并于2004年9月1日起施行的《中国民用航空危险品运输管理规定》（CCAR—276），对民用航空危险品运输的安全管理，提供了法律依据。危险化学品属于危险品的管理范围。

4.5.1 危险品航空运输的基本要求

（1）使用民用航空器（以下简称航空器）载运危险品的运营人，应先行取得局方的危险品航空运输许可。

（2）实施危险品航空运输应满足下列要求：

① 国际民用航空组织发布的现行有效的《危险品航空安全运输技术细则》（Doc9284—AN/905），包括经国际民用航空组织理事会批准和公布的补充材料和任何附录（以下简称技术细则）；

② 局方的危险品航空运输许可中的附加限制条件。

（3）中国民用航空总局（以下简称民航总局）对危险品航空运输活动实施监督管理；民航地区管理局依照授权，监督管理本辖区内的危险品航空运输活动。局方应当根据管理权限，对危险品航空运输活动进行监督检查。局方实施监督检查，不得妨碍被检查单位正常的生产经营活动，不得索取或者收受被许可人财物，不得谋取其他利益。

（4）从事航空运输活动的单位和个人应当接受局方关于危险品航空运输方面的监督检查，对违反规定的行为追究其法律责任。

4.5.2 危险品航空运输的限制

（1）除符合规定和技术细则规定的规范和程序外，禁止危险品航空运输。下列危险品禁止装上航空器：

① 技术细则中规定禁止在正常情况下运输的物品和物质；

② 被感染的活体动物。

（2）技术细则中规定的在任何情况下禁止航空运输的物品和物质，任何航空器均不得载运。

（3）有下列情形之一的，民航总局可给予豁免：

① 情况特别紧急；

② 不适于使用其他运输方式；

③ 公众利益需要。

(4) 除技术细则中另有规定外，不得通过航空邮件邮寄危险品或者在航空邮件内夹带危险品。不得将危险品匿报或者谎报为普通物品作为航空邮件邮寄。

4.5.3 危险品航空运输的申请和许可

(1) 申请。危险品航空运输的申请人应当按规定的格式和方法提交申请书，申请书中应当包含局方要求申请人提交的所有内容。民航地区管理局负责为申请人提供咨询信息，回答申请人提出的关于进行危险品航空运输应满足条件的相关问题，为申请人提供法规、规章和其他相应的规范性文件以及申请文件的标准格式。申请危险品航空运输的国内运营人，应当在提交申请书的同时，提交下列文件：

① 拟运输危险品的类别和运行机场的说明；

② 危险品手册；

③ 危险品训练大纲；

④ 为实施危险品航空运输而进行的人员训练说明；

⑤ 危险品事故应急救援方案；

⑥ 符合性声明；

⑦ 局方要求的其他文件。

(2) 受理。申请人按照本规定要求准备其申请文件，向民航地区管理局提出正式申请。民航地区管理局应在5个工作日内作出是否受理申请的决定。

(3) 审查。民航地区管理局对申请人的危险品训练大纲、手册和相关文件进行详细审查，对危险品训练大纲进行初始批准，对危险品手册予以认可。申请人按初始批准的训练大纲进行训练，按认可的危险品手册建立相关管理和操作程序；民航地区管理局对训练质量和相关程序进行验证检查，确保其符合本规定和技术细则的要求。

(4) 决定。经过审定，确认申请人符合下列全部条件后，局方为申请人颁发危险品航空运输许可文件：

① 危险品训练大纲获得局方批准，危险品手册和相关文件获得局方的认可；

② 配备了合适的和足够的人员并按训练大纲完成训练；

③ 按危险品手册建立了危险品航空运输管理和操作程序、应急方案；

④ 有能力按本规定、技术细则和危险品手册实施运行。

(5) 期限。局方受理危险品航空运输申请后，应当在二十个工作日内对申请人的申请材料进行审查并作出许可决定。需要进行专家评审时，评审时间不计入前述二十个工作日的期限，局方应将所需评审时间书面告知申请人。

(6) 许可的形式和内容。局方通过颁发运行规范或批准函的形式给予危险品航空运输许可，许可应包含下列内容：

① 说明该运营人应按本规定和技术细则的要求，在局方批准的运行范围内实施运行；

② 批准运输的危险品类别；

③ 批准实施运行的机场；

④ 许可的有效期及限制条件；

⑤ 局方认为必需的其他项目。

(7) 许可的有效期。危险品航空运输许可有效期最长不超过两年。出现下列情形之一的，危险品航空运输许可失效：

① 运营人书面声明放弃；

② 局方撤销许可或中止该危险品航空运输许可的有效性；

③ 运营人的运行合格证被暂扣、吊销或因其他原因而失效；

④ 对于外国航空运营人，其所在国颁发的危险品航空运输许可失效。

(8) 许可的变更与延续。危险品航空运输被许可人要求变更许可事项的，应当向民航地区管理局提出申请；符合本规定要求的，局方应当依法办理变更手续。危险品航空运输被许可人需要延续许可有效期的，应当在许可有效期满三十个工作日前向民航地区管理局提出申请；局方应在许可有效期满之前做出是否准予延续的决定；逾期未作决定的，视为准予延续。

4.5.4 危险品手册的要求

(1) 一般要求：

① 运营人应制订危险品手册，并获得局方的认可；

② 危险品手册可以编入运营人运行手册或运营人操作和运输业务的其他手册；

③ 运营人应当建立和使用适当的修订系统，以保持危险品手册的最新有效；

④ 运营人应当在工作场所方便查阅处，为危险品航空运输有关人员提供其所熟悉的文字写成的危险品手册。

(2) 危险品手册至少应包括下列内容：

① 运营人危险品航空运输的总政策；

② 有关危险品航空运输管理和监督的机构和职责；

③ 危险品航空运输的技术要求及其操作程序；

④ 旅客和机组人员携带危险品的限制；

⑤ 危险品事件的报告程序；

⑥ 托运货物和旅客行李中隐含的危险品的预防；

⑦ 运营人使用自身航空器运输运营人物质的管理程序；

⑧ 人员的训练；

⑨ 通知机长的信息；

⑩ 应急程序；

⑪ 其他有关安全的资料或说明。

（3）实施。运营人应采取所有必要措施，确保运营人及其代理人雇员在履行相关职责时，充分了解危险品手册中与其职责相关的内容，并确保危险品的操作和运输按照其危险品手册中规定的程序和指南实施。

（4）局方的通知。局方可通过书面通知要求运营人对危险品手册的相关内容、分发或修订做出调整。

4.5.5　危险品的运输准备

（1）一般要求。航空运输的危险品应根据技术细则的规定进行分类和包装，提交正确填制的危险品航空运输文件。

（2）包装容器的要求：

① 航空运输的危险品应当使用优质包装容器，该包装容器应当构造严密，能够防止在正常的运输条件下由于温度、湿度或压力的变化，或由于振动而引起渗漏。

② 包装容器应当与内装物相适宜，直接与危险品接触的包装容器不能与该危险品发生化学反应或其他反应。

③ 包装容器应当符合技术细则中有关材料和构造规格的要求。

④ 包装容器应当按照技术细则的规定进行测试。

⑤ 对用于盛装液体的包装容器，应当承受技术细则中所列明的压力而不渗漏。

⑥ 内包装应当进行固定或垫衬，控制其在外包装容器内的移动，以防止在正常航空运输条件下发生破损或渗漏。垫衬和吸附材料不得与内装物发生危险反应。

⑦ 包装容器应当在检查后证明其未受腐蚀或其他损坏时，方可再次使用。当包装容器再次使用时，应当采取一切必要措施防止随后装入的物品受到污染。

⑧ 如由于先前内装物的性质，未经彻底清洗的空包装容器可能造成危害时，应当将其严密封闭，并按其构成危害的情况加以处理。

⑨ 包装件外部不得粘附构成危害数量的危险物质。

（3）标签。除技术细则另有规定外，危险品包装件应当贴上适当的标签，并且符合技术细则的规定。

(4) 标记。除技术细则另有规定外，每一危险品包装件应当标明货物的运输专用名称。如有指定的联合国编号，则需标明此联合国编号以及技术细则中规定的其他相应标记。除技术细则另有规定外，每一按照技术细则的规格制作的包装容器，应当按照技术细则中有关的规定予以标明；不符合技术细则中有关包装规格的包装容器，不得在其上标明包装容器规格的标记。

(5) 使用的文字。国际运输时，除始发国要求的文字外，包装上的标记应加用英文。

4.6 港口危险化学品货物安全管理

2003 年 8 月 7 日由交通部颁布，并于2004 年 1 月 1 日起施行的《港口危险货物管理规定》，对加强港口危险化学品货物的管理，提供了法律依据。

4.6.1 危险货物港口基本要求

危险货物，即具有爆炸、易燃、毒害、腐蚀、放射性等特性，在水路运输、港口装卸和储存等过程中，容易造成人身伤亡和财产毁损而需要特别防护的货物。

危险货物港口作业，即在港口装卸、过驳、储存、包装危险货物或者对危险货物集装箱进行装拆箱等项作业。

(1) 危险货物港口作业基本要求

① 禁止在港口装卸、储存国家禁止通过水路运输的危险货物。

② 新建、改建、扩建危险货物作业码头、库场、储罐、锚地等港口设施，应当符合港口总体规划和国家有关建造规范和标准，经所在地港口行政管理部门批准后，按照国家有关基本建设程序办理审批手续。

③ 港口行政管理部门在批准新建、改建、扩建危险货物码头、锚地时，应当事先征得海事管理机构同意。

④ 危险货物港口作业的码头、库场、储罐、锚地等港口设施投入作业前，应当按照国家有关规定组织验收。验收合格后，方可交付使用。

⑤ 港口经营人从事危险货物港口作业，应当具备港口作业经营人的条件，并向所在地港口行政管理部门申请危险货物港口作业资质认定。未取得危险货物港口作业资质的，不得从事危险货物港口作业。

(2) 从事危险货物港口作业经营人的条件

① 符合《港口法》规定的港口经营许可条件；

② 具有符合国家标准的应急设备、设施；

③ 具有健全的安全管理制度和操作规程；

④ 至少有一名企业主要负责人应当具备与本单位所从事的危险货物港口作业相关的安全生产知识和管理技能；

⑤ 配备足够的具有上岗资格证书的管理、作业人员；

⑥ 具备事故应急预案。主要内容应当包括：危险货物作业码头、库场、储罐、锚地等港口设施的概况、重点部位、应急队伍的组成及职责、应急措施、应急救援流程图、指挥序列表、通讯方式、应急人员联络表等；

⑦ 取得消防、环保部门核准意见。

4.6.2　危险货物港口作业安全管理

(1) 从事危险货物港口作业的企业，应当在由所在地港口行政管理部门发放的危险货物港口作业认可证上核定的危险货物港口作业范围内从事危险货物港口作业活动。

(2) 从事危险货物港口作业的企业，应当对从事危险货物港口作业的人员进行有关安全作业知识培训。

(3) 从事危险货物港口作业的管理、作业人员，必须接受有关法律、法规、规章和安全知识、专业技术、职业卫生防护和应急救援知识的培训，并经交通部或其授权的机构组织考核。考核合格，取得上岗资格证后，方可上岗作业。

(4) 船舶载运危险货物进出港口，应当将危险货物的名称、理化性质、包装和进出港口的时间等事项，在预计到、离港 24 小时前向海事管理机构报告。但定船舶、定航线、定货种的船舶可以按照有关规定向海事管理机构定期申报。海事管理机构接到上述报告后应当及时将上述信息通报港口所在地港口行政管理部门。

(5) 作业委托人应当向从事危险货物港口作业的企业提供正确的危险货物名称、国家或联合国编号、适用包装、危害、应急措施等资料，并保证资料正确、完整。作业委托人不得在委托作业的普通货物中夹带危险货物，不得将危险货物匿报或者谎报为普通货物。

(6) 从事危险货物港口作业的企业，在危险货物港口装卸、过驳、储存、包装、集装箱装拆箱等作业开始 24 小时前，应当将作业委托人，以及危险货物品名、数量、理化性质、作业地点和时间、安全防范措施等事项向所在地港口行政管理部门报告。港口行政管理部门应当在接到报告后 24 小时内做出是否同意作业的决定，通知报告人，并及时将有关信息通报海事管理机构。未经港口行政管理部门同意，不得进行危险货物港口作业。

(7) 从事危险货物港口作业的企业，应当按照安全管理制度和操作规程组织危险货物港口作业。

(8) 从事危险货物港口作业的人员应当按照企业安全管理制度和操作规程进

行危险货物的操作。

（9）从事危险货物港口作业的企业，应当对危险货物包装进行检查，发现包装不符合国家有关规定的，不得予以作业，并应当及时通知作业委托人处理。

港口行政管理部门应当根据国家有关规定对危险货物包装进行抽查。不符合规定的，可责令作业委托人处理。

（10）爆炸品、压缩气体和液化气体、易燃液体、易燃固体、自燃物品和遇湿易燃物品的港口作业，企业应当划定作业区域，明确责任人并实行封闭式管理。作业区域应当设置明显标志，禁止无关人员进入和无关船舶停靠。作业期间严禁烟火，杜绝一切火源。

（11）发生下列情况，从事危险货物港口作业的企业应当及时处理并报告所在地港口行政管理部门：

① 发现未申报或者申报不实、申报有误的危险货物；

② 在普通货物或集装箱中发现性质相抵触的危险货物。

（12）从事危险货物港口作业的企业应当按照事故应急预案进行定期演练，做好演练记录，并根据实际情况对事故应急预案进行修订。

（13）当危险货物港口作业发生事故时，从事危险货物港口作业的企业应迅速启动事故应急预案，采取应急行动，排除事故危害，控制事故进一步扩散。并按照国家有关规定立即向港口行政管理部门和有关部门报告。

4.7 危险化学品汽车运输安全管理

1988 年由交通部颁布并施行的《汽车危险货物运输规则》，规定了汽车危险货物运输的技术管理规章、制度、要求与方法，为危险化学品货物汽车运输的安全管理，提供了法律依据。

4.7.1 包装和标志

4.7.1.1 包装

（1）按 JT0017—88 的规定执行。包装必须坚固、完整、严密不漏、外表面清洁，不粘附有害的危险物质，并应符合如下要求：

① 包装的材质、规格、型式、方法和单件质量（重量）应与所装危险货物的性质相适应，并应便于装卸和运输；

② 包装应具有足够的强度，其构造和封闭装置应能承受正常运输条件和装卸作业要求，并能经受一定范围的气候变化；

③ 包装的封口和衬垫材料应与所装货物不溶解、无抵触，具有充分的吸收、缓冲、支撑固定和保护作用；

④ 对必须装有通气孔的危险货物包装，通气孔的设计和安装应能防止所装货物泄漏或杂质进入，排出的气体不得造成危险或污染；

⑤ 容器灌装液体时，应留有足够的其膨胀余量(预留容积应不少于总容积的5%)。

(2) 危险性质或消防方法相抵触的货物，不得混装在同一包装内。

(3) 对包装发生争议时，应当由国家授权的检验部门进行检验，合格的出具证明，并经有关省、自治区、直辖市交通运输主管部门认可后方使用，并报交通部备案。

(4) 国外进口危险货物的包装，如完整无损，符合安全运输要求的，应在运单上注明“进口原包装”字样，可按原包装运输。

(5) 凡重复使用的包装，除应符合(1)规定外，还必须符合下列要求：

① 所装货物必须与原装货物无抵触；

② 所装货物与原装货物的品名或性质不同时，必须将原包装的标记、标志覆盖，并重新标贴。

(6) 危险货物成组包装必须具有能经受多次搬运的强度，并适宜于机械装卸。

(7) 盛装压缩气体和液化气体的压力容器，其设计、制造、检验、漆色、充灌应符合《气瓶安全监察规程》的规定。气瓶集装格应有防止管路和阀门受到碰撞的防护装置，总管路应装有总阀门，每组气瓶应有分阀门，气瓶、管路、阀门和接头不得松动移位。

(8) 放射性货物运输包装应符合国家《放射性物质安全运输规定》的要求。

4.7.1.2　标志

(1) 按GB 190—85、GB 191—85和GB 6388—86的规定执行。

(2) 危险货物标志应标贴在包装件的明显部位上。集装箱和罐(槽)体应在显著部位标有相应加大的危险货物包装标志。

4.7.2　车辆和设备

(1) 装运危险货物的车辆技术状况应符合下列要求：

① 车厢、底板必须平坦完好，周围栏板必须牢固，铁质底板装运易燃、易爆货物时应采取衬垫防护措施，如铺垫木板、胶合板、橡胶板等，但不得使用谷草、草片等松软易燃材料；

② 机动车辆排气管必须装有有效的隔热和熄灭火星的装置，电路系统应有切断总电源和隔离火花的装置；

③ 车辆左前方必须悬挂黄底黑字“危险品”字样的信号旗；

④ 根据所装危险货物的性质，配备相应的消防器材和捆扎、防水、防散失

等用具。

（2）装运危险货物的罐（槽）应适合所装货物的性能，具有足够的强度，并应根据不同货物的需要配备泄压阀、防波板、遮阳物、压力表、液位计、导除静电等相应的安全装置；罐（槽）外部的附件应有可靠的防护设施，必须保证所装货物不发生"跑、冒、滴、漏"，并在阀门口装置积漏器。

（3）使用装运液化石油气和有毒液化气体的罐（槽）车及其设备，必须符合国家劳动人事部1981年发布的《液化石油气汽车槽车安全管理规定》的要求。

（4）应定期对装运放射性同位素的专用运输车辆、设备、搬动工具、防护用品进行放射性污染程度的检查，当污染量超过规定的允许水平时，不得继续使用。

（5）装运集装箱、大型气瓶、可移动罐（槽）等的车辆，必须设置有效的紧固装置。

（6）各种装卸机械、工具要有足够的安全系数，装卸易燃、易爆危险货物的机械和工具，必须有消除产生火花的措施。

4.7.3 托运和单证

（1）托运人应向具有从事危险货物运输经营许可证的运输单位办理托运。危险性质或消防方法相抵触的货物必须分别托运。

（2）未列入交通部《公路危险货物品名表》的危险货物，托运时应提交生产或经营单位的主管部门审核的《危险货物鉴定表》如附录C（参考件），经省、自治区、直辖市交通运输主管部门批准后办理运输，并由批准单位报交通部备案。

（3）盛装过危险货物的空容器，未经消除危险处理的，仍按原装货物条件办理托运，其包装容器内的残留物不得泄漏，容器外表不得粘有导致危害的残留物。

（4）要求使用罐（槽）车运输的危险货物，必要时托运人应提供有关资料或样品，并在运单上注明对装载的质量要求。

（5）高度敏感或能自发引起剧烈反应的爆炸性物品，未采取有效抑制措施的禁止运输。对已采取有效的抑制或防护措施的危险货物，应在运单上注明。需控温运输的危险货物，托运人应在运单上注明控制温度和危险温度，并与承运人商定控温方法。

（6）托运下列危险货物，应按如下规定办理：

① 食用、药用的危险货物应在运单上注明"食用"、"药用"字样；

② 托运"半衰期"短的放射性货物，应在运单上注明允许运送期限，其期限不得少于运输送达所需时间；

③ 集装箱装运危险货物，托运人应提交装箱证明书。

（7）运输下列是危险货物，应持有技术证件：

① 运输爆炸品和需凭证运输的化学危险物品，应有运往地县、市公安部门签发的《爆炸物品准运证》或《化学危险物品准运证》；

② 运输放射性货物（包括同位素空容器和作普通物品运输的装过放射性货物的空容器），应持有省、自治区、直辖市指定的卫生防疫部门核发的包装件表面污染及辐射水平检查证明书。

放射性化学试剂、制品和放射性矿石、矿砂等货物，其运输包装等级和放射性强度每次都相同时，允许一次测定剂量，再次运输时，可以提出原辐射水平检查证明书复制件。

（8）符合下列情况者，可按普通货物运输：

① 货物的部分配件或部分材料属于危险物品，经县、市交通运输主管部门会同有关部门确认在运输中不致发生危险，并在货物运单上注明的；

② 根据国家《放射性物质安全运输规定》所规定的可按普通货物运输的放射性货物或装过放射性同位素的空容器，以及部分涂有放射性发光剂的工业成品；

③ 经发货人确认已经清洗、消毒、消除危险的空容器，并由发货人在货物运单上注明承担责任的；

④ 凡属二级无机氧化剂、二级易燃固体、有毒固体物品、二级腐蚀性固体物品等危险货物其内包装净重不超过0.5kg，每箱净重不超过20kg，其包装标志符合本规则规定，经托运人在货物运单上注明“小包装化学品”字样，一批发运量不超过100kg的；

⑤ 除爆炸品、烈性有机过氧化物外，其他危险货物，其包装要求、限制数量经承托运双方共同商定，采取严密保护措施，确保运输过程中不致发生危害，并报请当地县以上交通运输主管部门批准的。

4.7.4　承运和交接

（1）受理托运时应认真核对运单上所填写货物的编号、品名、规格、件重、净重、总重、收发货地点、时间以及所提供的单证是否符合规定。

（2）承运人自受货后至送达交付前应负保管责任。货物交接双方，必须点收点交，签证手续完备。收货人在收货时如发现差错、破损，应协助承运人采取有效的安全措施，及时处理，并在运输单证上批注清楚。

（3）危险货物运达卸货地点后，因故不能及时卸货，在待卸期间行车和随车人员应负责看管车辆和所装危险货物，同时承运人应及时与托运人联系妥善处理。危及安全时，承运人应立即报请当地交通运输主管部门，并由当地交通运输主管部门会同公安、物资主管部门处理。

4.7.5 运输和装卸

(1) 运输危险货物时，必须严格遵守交通、消防、治安等法规。车辆运行应控制车速，保持与前车的距离，严禁违章超车，确保行车安全。对在夏委高温期间限运的危险货物，应按当地公安部门规定进行运输。

(2) 装载危险货物的车辆不得在居民聚居点、行人稠密地段、政府机关、名胜古迹、风景游览区停车。如必须在上述地区进行装卸作业或临时停车，应采取安全措施征得当地公安部门同意。运输爆炸品、放射性物品及有毒压缩气体、液化气体，禁止通过大中城市的市区和风景游览区。如必须进入上述地区，应事先报经当地县、市公安部门批准，按照指定的路线、时间行驶。

(3) 三轮机动车、全挂汽车列车、人力三轮车、自行车和摩托车不得装运爆炸品、一级氧化剂、有机过氧化物；拖拉机不得装运爆炸品、一级氧化剂、有机过氧化物、一级易燃物品；自卸汽车除二级固体危险货物外，不得装运其他危险货物。

(4) 运输危险货物必须配备随车人员。运输爆炸品和需要特殊防护的烈性危险货物，托运人须派熟悉货物性质的人员指导操作、交接和随车押运。

危险货物如有丢失、被盗，应立即报告当地交通运输主管部门，并由交通运输主管部门会同公安部门查处。

(5) 运输危险货物的车辆严禁搭乘无关人员，途中应经常检查，发现问题及时采取措施；车辆中途临时停靠、过夜，应安排人员看管。

运输危险货物，车上人员严禁吸烟。运输忌火危险货物，车辆不得接近明火、高温场所。

(6) 危险货物运输应优先安排，对港口、车站到达的危险货物应迅速疏运。行车人员不准擅自变更作业计划，严禁擅自拼装、超载。对装运一级易燃、易爆、放射性货物的车辆应优先过渡。

(7) 危险货物装车前应认真检查包装(包括封口)的完好情况，如发现破损，应由发货人调换包装或修理加固。

(8) 装运不同性质危险货物(包括按普通货物运输的危险货物)的配装要求。

(9) 装运危险货物应根据货物性质，采取相应的遮阳、控温、防爆、防火、防震、防水、防冻、防粉尘飞扬、防撒漏等措施。

(10) 装运危险货物的车厢必须保持清洁干燥，车上残留物不得任意排弃，被危险货物污染过的车辆及工具必须洗刷消毒。未经彻底消毒，严禁装运食用、药用物品、饲料及活动物。

(11) 危险货物装卸作业，必须严格遵守操作规程，轻装、轻卸，严禁摔碰、撞击、重压、倒置；使用的工具不得损伤货物，不准粘有与所装货物性质相抵触的污染物。货物必须堆放整齐、捆扎牢固，防止失落。操作过程中，有关人员不得擅离岗位。

(12) 危险货物装卸现场的道路、灯光、标志、消防设施等必须符合安全装卸的条件。罐(槽)车装卸地点的储槽口应标有明显的货名牌；储槽注入、排放口的高度、容量和路面坡度应能适合运输车辆装卸的要求。

4.7.6 保管和消防

(1) 运输、装卸危险货物的单位必须认真贯彻安全第一、预防为主的方针。建立健全安全和消防管理制度，对管理、行车人员应进行安全消防知识的教育和业务技术培训。

(2) 存放危险货物的仓库或场地，必须符合中华人民共和国《消防条例》的有关规定，并经所在地区公安部门批准。

(3) 危险货物的库、场或装卸现场，应配备必要的消防设施。库场必须通风良好，清洁干燥，周围应划定禁区，设置明显的警告标志；库场应配备专职人员看管，负责检查、保养、维修工作，并采取严格的安全措施。

(4) 行车人员必须掌握所装危险货物的消防方法，在运输过程中如发生火警应立即扑救，及时报警。

(5) 装运爆炸品、易燃物品的车辆、机械及装过易燃物品而未经消除危险处理的空罐(槽)，检修时不得动用明火，不得使用易产生火花的工具敲击。

4.7.7 劳动防护和医疗急救

(1) 运输、装卸危险货物的单位，必须配备必要的劳动防护用品和现场急救用品。特殊的防护用品和急救用具应由托运人提供。

(2) 进行危险货物装卸操作时，必须穿戴相应的防护用品，并采取相应的人身肌体保护措施；防护用品使用后，必须集中进行清洗；对被剧毒物品、放射性物品和恶臭物品污染的防护用品应分别清洗、消毒。

(3) 承运危险货物运输的专业单位，应配备或指定医务人员负责对装运现场人员定期进行保健检查，并进行预防急救知识的培训教育工作。

(4) 对直接从事危险货物运输生产的人员(包括现场人员)应根据国家劳动人事部门的规定发给保健津贴(食品)或岗位津贴。

(5) 危险货物一旦对人体造成灼伤、中毒等危害，应立即进行现场急救，必要时迅速送医院治疗。

4.7.8 监督和管理

(1)《汽车危险货物运输规则》由各级交通运输主管部门组织实施，加强监督管理。由各有关主管部门及其所属单位贯彻执行。

(2)从事危险货物运输、装卸的单位应严格执行本规则；违反者，要分别情节轻重，予以批评教育、经济制裁、行政处罚；构成犯罪者，提交司法部门，依法追究刑事责任。

第5章　危险化学品安全使用

一切危险化学品的生产最终都是为了使用。危险化学品的使用涉及众多的行业和人员。通常使用者对危险化学品性能的了解远不如生产、储存、经营人员深透，危险化学品使用中的事故常源于“无知”或“知之甚少”。因此加强日常安全管理、严格控制使用程序、制定并演练应急措施、认真进行安全检查等都是十分必要的。

《危险化学品安全管理条例》在危险化学品安全使用方面的规定是：

(1) 国家对危险化学品的生产和储存实行统一规划、合理布局和严格控制，并对危险化学品生产、储存实行审批制度；未经审批，任何单位和个人都不得生产、储存危险化学品。

(2) 危险化学品生产、储存企业，必须具备下列条件：

① 有符合国家标准的生产工艺、设备或者储存方式、设施；

② 工厂、仓库的周边防护距离符合国家标准或者国家有关规定；

③ 有符合生产或者储存需要的管理人员和技术人员；

④ 有健全的安全管理制度；

⑤ 符合法律、法规规定和国家标准要求的其他条件。

(3) 设立剧毒化学品生产、储存企业和其他危险化学品生产、储存企业，应当分别向省、自治区、直辖市人民政府经济贸易管理部门和设区的市级人民政府负责危险化学品安全监督管理综合工作的部门提出申请，并提交下列文件：

① 可行性研究报告；

② 原料、中间产品、最终产品或者储存的危险化学品的燃点、自燃点、闪点、爆炸极限、毒性等理化性能指标；

③ 包装、储存、运输的技术要求；

④ 安全评价报告；

⑤ 事故应急救援措施；

⑥ 符合本条例第八条规定条件的证明文件。

申请人凭批准书向工商行政管理部门办理登记注册手续。

(4) 除运输工具加油站、加气站外，危险化学品的生产装置和储存数量构成重大危险源的储存设施，与下列场所、区域的距离必须符合国家标准或者国家有关规定：

① 居民区、商业中心、公园等人口密集区域；

② 学校、医院、影剧院、体育场(馆)等公共设施；

③ 供水水源、水厂及水源保护区；

④ 车站、码头(按照国家规定，经批准，专门从事危险化学品装卸作业的除外)、机场以及公路、铁路、水路交通干线、地铁风亭及出入口；

⑤ 基本农田保护区、畜牧区、渔业水域和种子、种畜、水产苗种生产基地；

⑥ 河流、湖泊、风景名胜区和自然保护区；

⑦ 军事禁区、军事管理区；

⑧ 法律、行政法规规定予以保护的其他区域。

(5) 危险化学品生产、储存企业改建、扩建的，必须依照规定经审查批准。

(6) 依法设立的危险化学品生产企业，必须向国务院质检部门申请领取危险化学品生产许可证；未取得危险化学品生产许可证的，不得开工生产。

国务院质检部门应当将颁发危险化学品生产许可证的情况通报国务院经济贸易综合管理部门、环境保护部门和公安部门。

(7) 任何单位和个人不得生产、经营、使用国家明令禁止的危险化学品，禁止用剧毒化学品生产灭鼠药以及其他可能进入人民日常生活的化学产品和日用化学品。

(8) 使用危险化学品从事生产的单位，其生产条件必须符合国家标准和国家有关规定，并依照国家有关法律、法规的规定取得相应的许可，必须建立、健全危险化学品使用的安全管理规章制度，保证危险化学品的安全使用和管理。

(9) 生产、储存、使用危险化学品的，应当根据危险化学品的种类、特性，在车间、库房等作业场所设置相应的监测、通风、防晒、调温、防火、灭火、防爆、泄压、防毒、消毒、中和、防潮、防雷、防静电、防腐、防渗漏、防护围堤或者隔离操作等安全设施、设备，并按照国家标准和国家有关规定进行维护、保养，保证符合安全运行要求。

(10) 生产、储存、使用剧毒化学品的单位，应当对本单位的生产、储存装置每年进行一次安全评价；生产、储存、使用其他危险化学品的单位，应当对本单位的生产、储存装置每两年进行一次安全评价。

(11) 危险化学品的生产、储存、使用单位，应当在生产、储存和使用场所设置通讯、报警装置，并保证在任何情况下处于正常适用状态。

(12) 剧毒化学品的生产、储存、使用单位，应当对剧毒化学品的产量、流向、储存量和用途如实记录，并采取必要的保安措施，防止剧毒化学品被盗、丢失或者误售、误用；发现剧毒化学品被盗、丢失或者误售、误用时，必须立即向当地公安部门报告。

(13) 危险化学品的生产、储存、使用单位转产、停产、停业或者解散的，应当采取有效措施，处置危险化学品的生产或者储存设备、库存产品及生产原料，不得留有事故隐患。处置方案应当报所在地设区的市级人民政府负责危险化学品安全监督管理综合工作的部门和同级环境保护部门、公安部门备案。负责危险化学品安全监督管理综合工作的部门应当对处置情况进行监督检查。

5.1　化学品安全使用公约

随着经济全球化的发展，化学品安全使用成为国际性问题，有关国际组织为建立统一的国际化学品标准而积极工作。1990 年国际劳工组织(ILO)制定了 170 公约《作业场所安全使用化学品公约》、177 建议书《作业场所安全使用化学品建议书》，1993 年制定了 174 号公约《预防重大工业事故公约》、《预防重大工业事故实践守则(基本框架)》，规范世界各国安全使用化学品的行为，要求各国制定相应法规，预防重大事故的发生。我国分别于 1994 年 10 月 27 日由全国人民代表大会常务委员会批准了 170 公约，于 1992 年 8 月 27 日由中国劳动部于提交国务院批准了 177 建议书。

170 公约和 174 公约的制定和在我国批准执行，使我国化学品安全使用和管理具有国际法律依据，也为我国进一步推进危险化学品的安全使用打开了新的篇章。实现危险化学品的安全使用，必须深入了解、掌握并贯彻执行这些公约。

5.1.1　《作业场所安全使用化学品公约》要点

5.1.1.1　基本概念

(1)“化学品”一词系指各类化学元素和化合物，及其混合物，无论其为天然或人造；

(2)“有害化学品”一词包括根据第六条被分类为有害，或有适当资料指明其为有害的任何化学品；

(3)“作业场所使用化学品”一词系指可能使工人接触化学制品的任何作业活动，包括：

① 化学品的生产；

② 化学品的搬运；

③ 化学品的储存；

④ 化学品的运输；

⑤ 化学品废料的处置或处理；

⑥ 因作业活动导致的化学品的排放；

⑦ 化学品设备和容器的保养、维修和清洁；

⑧“经济活动部门”一词系指雇用工人的所有部门，其中包括公共服务机构；

⑨“物品”一词系指在生产过程中形成特定形状或构型，或以原始形状存在的一种物质，其在这种形态下，该物体的用途全部或部分地取决于其形状或构型；

⑩“工人代表”一词系指根据1971年工人代表公约被国家法律或惯例所承认的人员。

5.1.1.2　总则

应就为使本公约各项规定生效所采取的措施与最有代表性的有关雇主组织和工人组织进行协商。

会员国应依照国家条件和惯例并经与最有代表性的雇主组织和工人组织协商，制定和实施一项有关作业场所安全使用化学品的政策，并进行定期检查。

如在安全和健康方面认为适当，主管当局应有权禁止或限制某些有害化学品的使用，或要求在使用此种化学品时事先通知主管当局并得到批准。

5.1.1.3　分类和有关措施

（1）分类制度

① 应由主管当局，或经主管当局批准或认可的机构，根据国家或国际标准，建立适当的制度或专门标准，以按照其固有的对健康和身体的危害方式和程度对所有化学品进行分析，并对确定化学品是否有害所需的有关资料进行评价。

② 通过以其各种化学品固有危害为基础进行的评价，确定两种或多种化学品的危害特性。

③ 在运输时，此种制度和标准应考虑关于危险品运输的联合国建议书。

④ 分类制度及其实施应逐步推广。

（2）标签和标识

① 所有化学品应加以标识以表明其特性。

② 有害化学品应以易于为工人理解的方式另外加贴标签，以便提供关于其分类，其具有的危害以及应遵循的安全预防措施的基本资料。

③ 应由主管当局，或经主管当局批准或认可的机构，根据国家或国际标准，依照本条第1和第2款做出对化学品加以标识或加贴标签的要求。在运输时，此种要求应考虑联合国关于危险品运输的建议书。

（3）化学品安全使用说明书

① 对于有害化学品，应向雇主提供化学品安全使用说明书，其中应列明其特性、供货人、分类、危害、安全防预措施和应急处置方法的基本资料。

② 应由主管当局，或经主管当局批准或认可的机构，根据国家或国际标准，制订关于编制化学品安全使用说明书的标准。

③ 化学品安全使用说明书中用于识别化学品的化学或通用名称应与标签上使用的名称一致。

(4) 供货人的责任

① 化学品供货人，无论是制造商，进口商或经销商，均应保证：已在了解其特性和对现有资料进行查询的基础上，根据要求对这些化学品进行分类，或已根据要求对其进行评价；

根据要求对这些化学品加以标识以表明其特性；

根据要求对其提供的有害化学品加贴标签；

② 有害化学品的供货人应保证，在得到新的适当安全卫生资料时，以符合国家法律和实践的方法编制经修订的标签和化学品安全使用说明书并提供给雇主。

③ 未根据要求进行分类的化学品的供货人，应在对现有资料进行查询的基础上，对其供应的化学品进行识别并对其成分进行评价以确定其是否为有害化学品。

5.1.1.4 雇主的责任

(1) 鉴别

① 雇主应保证作业场所使用的所有化学品均按第七条的要求加贴标签或加以标识，化学品安全使用说明书已按要求提供并可供工人及其代表使用。

② 收到尚未按要求加贴标签或加以标识，或尚未按要求提供化学品安全说明书的化学品雇主，应从供货人或其他合理的可能来源处获得有关资料，在未获得此种资料前不应使用此种化学品。

③ 雇主应保证所使用的化学品都是根据要求进行分类的，或根据要求进行识别或评价的，并根据要求加贴标签或加以标识的化学品，同时需要保证在使用前采取必要的预防措施。

④ 雇主应参照适当的化学品安全使用说明书对作业场所使用的有害化学品进行登记。所有有关工人及其代表都能查阅此种登记册。

(2) 化学品的转移

雇主应保证在将化学品转移到其他容器或设备中时，以一定方式对其内容加以列明，以便工人明了其特性、以及有关的危害和应遵守的安全措施。

(3) 接触

雇主应：

① 保证工人接触化学品的程度不超过主管当局、或经主管当局批准或认可的机构，根据国家或国际标准制订的用于评估和控制作业环境的接触限值或其他接触标准；

② 评价工人接触有害化学品的情况；

③ 在对保障工人安全和健康属必要或经主管当局决定时，监测并记录工人接触有害化学品的情况；

④ 保证对工作环境和使用有害化学品工人的接触情况的监测记录按主管当局规定的期限加以保存及可供工人及其代表使用。

（4）操作控制

① 雇主应对作业场所中使用化学品所造成的危险进行评价，并通过适当的方法，包括下列方法使工人避免这些危险：

a. 选用可将危险消除或减到最低程度的化学品；

b. 选用可将危险消除或减到最低程度的技术；

c. 使用适当的工程控制措施；

d. 采用可将危险消除或减到最低程度的工作制度和实际做法；

e. 采取适当的职业卫生措施；

f. 在依靠上述措施仍不足的情况下，免费向工人提供并适当保养个人防护装备和服装，并采取措施保证其使用。

② 雇主应：

a. 限制接触有害化学品以保护工人的安全与健康；

b. 提供急救；

c. 做好处置紧急情况的安排。

（5）处置

对不再需要的有害化学品和可能残留有害化学品的空容器，应依照国家法律和惯例以一定方式加以处理或处置，以将其对安全和健康，以及环境的危害加以消除或减到最低程度。

（6）资料和培训

雇主应：

① 通知工人所接触作业场所使用的化学品有关的危害；

② 指导工人如何获得和使用就标签和化学品安全使用说明书所提供的资料；

③ 按照化学品安全使用说明书以及关于作业场所的专门资料，编制工人作业须知，如适宜应采用书面形式；

④ 对工人经常进行作业场所安全使用化学品方面应遵循的做法和程度的培训。

（7）合作

雇主在履行其责任时，应尽可能在作业场所安全使用化学品方面与工人及其代表密切合作。

5.1.1.5 工人的义务

（1）在雇主履行其责任时，工人应尽可能与其雇主密切合作，并遵守与作业场所安全使用化学品有关的所有程序和做法。

（2）工人应采取一切合理步骤将作业场所使用化学品对他们自己以及他人的

危险加以消除或减到最低程度。

5.1.1.6 工人及其代表的权利

(1) 工人应有权在有正当理由确信存在对其安全或健康的紧迫和严重危险的情况下，从使用化学品造成的危险中撤离，并应立即报告其上级主管。

(2) 根据前款从危险中撤离或行使本公约规定的任何其他权利的工人应受保护以免遭不适当的待遇。

(3) 有关工人及其代表应有权获得：

① 关于作业场所使用的化学品的特性、此种化学品的有害成分、预防措施、教育和培训的资料；

② 标签和标识包含的资料；

③ 化学品安全使用说明书；

④ 本公约要求加以保存的任何其他资料。

(4) 在某种化学混合物的成分的特殊特性向竞争者透露可能对雇主的经营造成损害的情况下，雇主在提供上述要求的资料时，可以根据要求由主管机关批准的方式对该种特性予以保密。

5.1.1.7 出口国的责任

在某出口化学品的会员国因工作安全和健康原因全部或部分禁用有害化学品的情况下，此种禁用的事实和原因应由该出口会员国通知进口化学品的国家。

5.1.2 《作业场所安全使用化学品建议书》要点

5.1.2.1 总则

(1) 本建议书各项规定应结合170公约各项规定予以实施。

(2) 应就为使建议书各项规定生效所采取的措施与最有代表性的有关雇主和工人组织进行协商。

(3) 主管当局应列明因安全和健康原因不得使用特定化学制品或只能在根据国家法律或条例规定的条件下使用此种化学制品的工人类别。

(4) 建议书各项规定还应适用于由国家法律或条例列明的自营人员。

(5) 主管当局规定的保护机密资料的特殊规定应：

① 将机密资料限于向与工人安全和健康问题有关的人员透露；

② 保证获得机密资料的人员同意仅将其用于安全和健康方面的需要，及在其他情况下予以保密；

③ 规定在紧急情况下对有关资料立即予以解密；

④ 制订程序以及时考虑保密要求以及在就解密达成协议情况下撤出有关资料的需要是否适当。

5.1.2.2 分类和有关措施

(1) 分类

制订的化学制品分类标准应以化学制品的特性为基础，其中包括：

① 有毒成分，包括对人身体所有部分的急性或慢性健康影响；

② 化学或物理特征，包括易燃、易爆、易氧化和危险性反应特性；

③ 腐蚀性和刺激性；

④ 致过敏和敏感作用；

⑤ 致癌作用；

⑥ 畸形和畸变作用；

⑦ 对生殖系统的影响。

如属合理可行，主管当局应编制工作中使用的化学制品成分和化合物及其相关危害性资料的综合目录，并定期予以更新。

对未纳入综合目录的化学制品成分和化合物，除准予例外者外，应要求制遣者或进口者在用于工作之前以符合公约第一条第2款(b)规定的保护机密资料的方式向主管当局提供补充该目录所需要的资料。

(2) 标签和标志

① 根据公约第七条规定的对化学制品加贴标签和加以标志的要求。应使处理或使用化学制品的人员在按收和使用化学制品时能对之加以确认和区分，以便安全地使用。

② 对有害化学制品加贴标签的要求，依照现有国家和国际制度，应列在标签上的资料，包括：

a. 商品名称；

b. 化学制品成分；

c. 供货人姓名、地址和电话；

d. 有害标志；

e. 与使用化学制品有关的特殊危险的性质；

f. 安全预防措施；

g. 批号识别；

h. 关于提供其他资料的化学制品安全说明书可由雇主处获得的说明；

i. 根据主管当局规定的制度进行的分类；

标签的清晰度、耐久性和尺寸；

标签和记号，包括颜色的一致。

③ 标签应易于为工人理解。

④ 对于上述未包括的化学制品，标志可仅限于化学制品的成分。

⑤ 在由于容器尺寸或包装性质的原因而无法对化学制品加贴标签或加以标

志的情况下，应规定其他有效的识别手段，如加系标签或随附文书。但在所有有害化学制品的容器上均应通过适当文字或标记注明内装物品的危害。

（3）化学制品安全说明书

① 编制关于有害化学制品的化学制品安全说明书应包含下列基本资料：

a. 化学制品产品和公司的识别（包括化学制品的商品名称或通用名称以及供货人和制造者的详情）；

b. 成分/关于构成物的资料（以对其清楚地加以识别以便进行危害评价的方式；

c. 对危害的识别；

d. 急救措施；

e. 消防措施；

f. 事故性泄露搭施；

g. 搬运和储存；

h. 接触控制/人员防护（包括可能的监视工作场所接触的办法）；

i. 物理和化学性质；

j. 稳定性和反应性；

k. 毒理学资料（包括进入人体的潜在途径以及与工作中遇到的其他化学制品或有害物产生协助作用的可能性）；

l. 生态学资料；

m. 处置方面的考虑；

n. 关于运输的资料；

o. 关于规章制度的资料；

p. 其他资料（包括化学制品安全说明书的编制日期）。

② 在上述提到的成分的名称或含量构成保密资料时，可将其由化学制品安全说明书中删除，这些资料应要求以书面形式向主管当局以及有关雇主、工人和工人代表透露，他们应同意仅将这些资料用于保护工人的安全和健康及在其他情况下不予泄露。

5.1.2.3　雇主的责任

（1）接触监视

① 在工人接触有害化学制品的情况下，应要求雇主：

a. 限制接触此种化学制品以保护工人的健康；

b. 视需要判定、监视及记录工作场所化学制品中悬浮物的成分。

② 工人及其代表和主管当局应能得到有关记录；

③ 雇主应在主管当局确定的期限内保存本段所规定的记录。

（2）工作场所的操作控制

① 雇主应在下述规定标准的基础上采取措施保护工人免遭工作中使用化学

制品引起的危害。

根据国际劳工局理事会通过的关于多国企业和社会政策原则的三方宣言，拥有两个以上工厂的国家或多国企业应无例外地向其所有工厂的工人。无论这些工厂位于任何地点或国家，提供预防、控制和保护免遭因职业接触有害化学制品造成的健康危害的安全措施。

② 主管当局应保证制定关于使用有害化学制品的安全标准，包括如属可行关于下列问题的规定：

a. 因呼吸、皮肤吸收或吞咽进入人体导致急性或慢性疾病的危险；

b. 因皮肤或眼睛接触引起的伤害或疾病的危险；

c. 因物理性能或化学反应造成的失火、爆炸或其他事故引起伤害的危险；

d. 通过下列方法采取的预防措施：选择消除此种危险或将其减至最低程度的化学品；选择消除此种危险或将其减至最低程度的工艺、技术和装置；使用和适当保有工程控制措施；采用消除此种危险或将其减至最低程度的工作制度和做法；采用适当的个人卫生措施，提供适当的卫生设施；在证实上述措施不足以消除此种危险的情况下，提供、保有和使用合适的个人防护装备和服装，并对工人免费；使用标记和通知；对紧急情况做好适当准备。

③ 主管当局应保证制订有害化学制品储存的安全标准，包括如属可行关于下列问题的规定：

a. 储存中的化学制品的相容性和分隔性；

b. 将予储存的化学制品的特性和数量；

c. 仓库的安全、位置和通道；

d. 储存容器的构造、性质和完好性；

f. 储存容器的装卸；

g. 加贴标签和重贴标签的要求；

h. 对事故性排放、起火、爆炸和化学反应的预防措施；

i. 温度、湿度和通风；

j. 发生外溢时的预防措施和程序；

k. 紧急情况下的程序；

l. 储存中的化学制品可能的物理和化学变化。

④ 主管当局应保证为参与有害化学制品运输的工人安全制订符合国家和国际运输条例的标准，包括如属可行关于下列问题的规定：

a. 交付运输的化学制品的特性和数量；

b. 运输中使用的包装和容器，包括管线的性质、完好性和保护性；

c. 用于运输的车辆的规范；

d. 行走路线；

e. 运输工人的培训和资格；

f. 加贴标签的要求；

g. 装卸；

h. 发生外溢时的程序。

⑤ 主管当局应保证为制订处置和处理有害化学制品和有害废弃产品应遵循的程序而建立符合有害废弃物处理国家和国际条例的标准，以保证工人安全。

这些标准应包括如属可行关于下列问题的规定：

a. 认别废弃产品的方法；

b. 受污染容器的处理；

c. 废品容器的识别、制造、性质、完好性和保护性；

d. 对工作环境的影响；

e. 处置场地的划分；

f. 人员防护设备和服装的提供，保养和使用；

g. 处置或处理的方法。

⑥ 依照公约和本建议书制订的工作中使用化学制品的标准应尽可能符合对一般公众和环境的保护以及为此目的制订的标准。

(3) 医务监视

① 应要求雇主或根据国家法律和实践认定的主管机构，通过符合国家法律和实践的方法，为下列目的安排如属必要对工人的医务监视；

a. 判定与接触化学制品造成的危害有关的工人健康状况；

b. 诊断按触化学制品造成的与工作有关的疾病和伤害。

② 在医务测定或调查的结果显示临床或临床前反应的情况下，应采取措施防止或减少有关工人的接触程度，并防止其健康状况的进一步恶化。

③ 医务检查的结果应用于确定与接触化学制品有关的健康状况，而不应用于对工人的歧视做法。

④ 对工人医务监视的记录应按主管当局的规定在一定时限内由专人保存。

⑤ 工人应能亲自或通过医生获得他们自己的医务记录。

⑥ 工人医务记录的保密性应依照普遍接受的医务道德原则受到重视。

⑦ 医务检查结果应向有关工人做出清楚说明。

⑧ 在无法对具体工人加以识别的情况下，工人及其代表应能获得根据医务记录得出的研究结果。

⑨ 在有助于认识和控制职业病的情况下，医务记录的结果应能以保证不透露人名为前提用于编制有关的健康统计资料和流行病学研究。

(4) 急救和紧急情况

根据主管当局提出的要求，应要求雇主制订程序，包括急救安排，以处理工作中使用有害化学制品导致的紧急情况和事故，并保证对工人进行关于这些程序的培训。

（5）合作

雇主、工人及其代表应在实施根据本建议书规定的措施中尽可能密切合作。应要求工人：

① 按照其所接受的培训及其雇主给予的指导，尽可能留意他们自身以及可能被他们的行为或疏漏所影响的其他人员的安全和健康；

② 适当使用为保护他们或其他人员而提供的所有设备；

③ 及时向上级主管报告他们认为可能造成危险和他们自己无法适当处理的情况。

关于工作中可能使用的有害化学制品的宣传材料应提请注意这些制品的危害及采取预防措施的必要性。

供货人应要求向雇主提供评估可能因工作中对某种化学制品的特殊使用而造成的不正常危害所需的其可能提供的资料。

5.1.2.4 工人的权利

（1）工人及其代表应有权：

① 从雇主处获得化学制品安全说明书和其他资料以便能采取适当预防措施，与其雇主合作保护工人避免工作中使用有害化学制品造成的危险；

② 要求和参与由雇主或主管当局进行的。对工作中使用化学制品造成的可能的危险的调查。

（2）在需要提供的资料属保密的情况下，雇主可要求工人或工人代表将资料的使用仅限于评估和控制工作中使用化学制品引起的可能的危险，并采取合理步骤保证该项资料不向潜在的竞争者泄露。

（3）考虑到未于多国企业和社会政策原则的三方宣言，多国企业应要求向其开展经营活动的所有国家的有关工人、工人代表、主管当局、雇主和工人组织提供关于他们在其他国家遵守的、与他们在当地的经营活动有关的使用化学制品的标准和程序的资料。

（4）工人应有权：

① 提请其代表、雇主或主管当局注意工作中使用化学制品引起的潜在危害；

② 在有合理的正当理由确信存在对其安全或健康的紧迫和严重危险时，自行脱离因使用化学制品导致的危险并应立即通知其上级主管；

③ 在诸如化学制品敏感等置工人于有害化学制品造成的伤害危险不断增加的健康条件下，如能提供其他工作且有关工人具备资格或能经适当培训后从事此项工作，调做不接触此种化学制品的工作；

④ 如③提及的情况导致失去工作则获得赔偿；

⑤ 因工作中使用化学制品导致的伤害和疾病而获得适当治疗和赔偿。

（5）根据②自行脱离危险或根据本建议书行使任何权利的工人应受保护，免受不公正对待。

（6）在工人根据②自行脱离危险的情况下，雇主应与工人及其代表合作，立即调查此种危险并采取必要的纠正步骤。

（7）在有工作机会的情况下，女性工人在怀孕或哺乳期间应有权调换到不使用或接触对未出生或哺乳期婴儿健康有害的化学制品的工作，并有权在适当时候返回其原岗位。

（8）工人应得到：

① 以其易于理解的形式和语言提供的关于化学制品分类和加贴标签以及关于化学制品安全说明书的资料；

② 关于其工作过程中使用有害化学制品可能导致的危险的资料；

③ 以化学制品安全说明书为基础，针对工作场所的书面或口头指导；

④ 可用于顶防、控制及保护免遭此种危险的方法，包括储存、运输和废弃物处理的正确方法以及紧急情况和急救措施的培训及在必要情况下的再培训。

5.2　危险化学品使用登记制度

由国家经济贸易委员会于2002年10月颁布，2002年11月实行的《危险化学品登记管理办法》（以下称“管理办法”），为加强对危险化学品使用的安全管理，防范化学事故和应急救援技术及信息支持提供了法律依据。

管理办法规定，凡在我国境内生产、储存危险化学品的单位以及使用剧毒化学品和使用其他危险化学品数量构成重大危险源的，在工商行政管理机关进行了登记的法人或非法人单位，生产、使用、经营列入国家标准《危险货物品名表》（GB 12268）中的危险化学品，由国家安全生产监督管理局会同国务院公安、环境保护、卫生、质检、交通部门确定并公布的未列入《危险货物品名表》的其他危险化学品都必须进行使用登记。

5.2.1　登记机构和职责

国家设立国家化学品登记注册中心（以下简称登记中心），承办全国危险化学品登记的具体工作和技术管理工作。

省、自治区、直辖市设立化学品登记注册办公室（以下简称登记办公室），承办所在地区危险化学品登记的具体工作和技术管理工作。

国家安全生产监督管理局对登记中心实施监督管理；省、自治区、直辖市安全生产监督管理机构对本辖区登记办公室实施监督管理。

（1）登记中心的职责

① 组织、协调和指导全国危险化学品登记工作；

② 负责全国危险化学品登记证书颁发与登记编号的管理工作；

③ 建立并维护全国危险化学品登记管理数据库和动态统计分析信息系统；

④ 设立国家化学事故应急咨询电话，与各地登记办公室共同建立全国化学事故应急救援信息网络，提供化学事故应急咨询服务；

⑤ 组织对新化学品进行危险性评估；对未分类的化学品统一进行危险性分类；

⑥ 负责全国危险化学品登记人员的培训工作。

（2）登记办公室的职责

① 组织本地区危险化学品登记工作；

② 核查登记单位申报登记的内容；

③ 对生产单位编制的化学品安全技术说明书和化学品安全标签的规范性、内容一致性进行审查；

④ 建立本地区危险化学品登记管理数据库和动态统计分析信息系统；

⑤ 提供化学事故应急咨询服务。

5.2.2 登记人员和登记制度

（1）登记中心和登记办公室从事危险化学品登记的工作人员（以下简称登记人员）应经统一培训，由国家安全生产监督管理局考核合格后，发给《危险化学品登记人员上岗证》（以下简称登记上岗证），持证上岗。

（2）登记中心应有 10 名以上有登记上岗证的登记人员；登记办公室应有 3 名以上有登记上岗证的登记人员。

（3）登记中心和登记办公室应当制定严格的工作制度和程序，为登记单位提供良好的服务，保守登记单位的商业秘密。

（4）登记中心每年应向国家安全生产监督管理局书面报告全国危险化学品登记工作情况；登记办公室每年应向所在省、自治区、直辖市安全生产监督管理机构书面报告本地区危险化学品登记工作情况。各地登记办公室的报告应同时抄送登记中心。

5.2.3 登记的时间、内容和程序

（1）登记时间

登记单位应在《危险化学品名录》公布之日起 6 个月内办理危险化学品登记手续。

对危险性不明的化学品，生产单位应在本办法实施之日起 1 年内，委托国家

安全生产监督管理局认可的专业技术机构对其危险性进行鉴别和评估，持鉴别和评估报告办理登记手续。

对新化学品，生产单位应在新化学品投产前1年内，委托国家安全生产监督管理局认可的专业技术机构对其危险性进行鉴别和评估，持鉴别和评估报告办理登记手续。

新建的生产单位应在投产前办理危险化学品登记手续。

已登记的登记单位在生产规模或产品品种及其理化特性发生重大变化时，应当在3个月内对发生重大变化的内容办理重新登记手续。

(2) 生产单位应登记的内容

① 生产单位的基本情况；

② 危险化学品的生产能力、年需要量、最大储量；

③ 危险化学品的产品标准；

④ 新化学品和危险性不明化学品的危险性鉴别和评估报告；

⑤ 化学品安全技术说明书和化学品安全标签；

⑥ 应急咨询服务电话。

(3) 储存单位、使用单位应登记的内容

① 储存单位、使用单位的基本情况；

② 储存或使用的危险化学品品种及数量；

③ 储存或使用的危险化学品安全技术说明书和安全标签。

(4) 办理登记的程序

① 登记单位向所在省、自治区、直辖市登记办公室领取《危险化学品登记表》，并按要求如实填写。

② 登记单位用书面文件和电子文件向登记办公室提供登记材料。

③ 登记办公室对登记单位提交的危险化学品登记材料在后的20个工作日内对其进行审查，必要时可进行现场核查，对符合要求的危险化学品和登记单位进行登记，将相关数据录入本地区危险化学品管理数据库，向登记中心报送登记材料。

④ 登记中心在接到登记办公室报送的登记材料之日起10个工作日内，进行必要的审查并将相关数据录入国家危险化学品管理数据库后，通过登记办公室向登记单位发放危险化学品登记证和登记编号。

⑤ 登记办公室在接到登记证和登记编号之日起5个工作日内，将危险化学品登记证和登记编号送达登记单位或通知登记单位领取。

5.3 危险化学品使用安全措施

危险化学品使用安全措施包括预防各类使用事故的措施和实现使用安全的措

施。前者属于被动措施，后者属于主动措施。

5.3.1 危险化学品使用事故预防原则

在作业场所中，应对涉及危险化学品的使用进行严格控制。其目标是消除化学品危害或者尽可能降低其危害程度，以免危害工人，污染环境，引起火灾和爆炸等重大事故。

预防化学品引起的伤害、以及火灾和爆炸的最理想的方式是在工作中不使用与上述危害有关的化学品，然而并不是总能做到这一点。因此，采取隔离危险源，实施有效的通风，或使用适当的个体防护用品等手段往往也是非常必要的。通常采用操作控制的四条基本原则，从而有效地消除或降低化学品暴露，减少化学品引起的伤亡事故、火灾及爆炸。

因此，危险化学品使用事故预防的基本原则是：

（1）取代　无毒取代有毒，低毒取代高毒；

（2）隔离　密闭危险源或增大操作者与有害物之间的距离等；

（3）通风　用全面通风或局部通风手段排除或降低有害物如烟、气、气化物和雾气在空气中的浓度；

（4）使用个体防护用具。

5.3.1.1 取代

减小化学危害的最有效方法是不使用有毒有害化学品，不使用易燃易爆化学物质，或尽量使用比较安全的化学品。然而到底使用哪种化学品才能安全，这种选择要参照工艺过程的性质，在工艺设计阶段就要做出。对于旧工艺，尽量要采取取代的方法。

取代有毒化学品的例子很多，例如，使用水基涂料或水基黏合剂而不使用有机溶剂基的涂料或黏合剂；使用水基洗涤剂而不使用溶剂基洗涤剂；使用三氯甲烷作脱脂剂而不使用三氯乙烯作脱脂剂；使用高闪点化学品而不使用低闪点化学品。取代工艺过程例子也很多。例如，改喷涂为电涂或浸涂；改手工分批装料为机械连续装料；改干法破碎为湿法破碎。

供选择的取代物往往是很有限的。特别是在某些技术要求和经济要求的情况下，一些有害化学品不可避免地要被使用。根据类似的情况，积极寻找取代物往往总能收到成效，例如，用水溶性胶水代替有机溶剂胶水。

5.3.1.2 隔离

即拉开工人与有害物间的距离或设置防护设施。这个方法是将加工设备封闭起来，以便限制空气污染扩散到工作区，和隔断明火，热源或燃料而减少危险。

最理想的加工工艺是让工人最大限度地减少接触有害化学品的机会。例如，隔离整个机器，封闭加工过程中的扬尘点，可以有效地限制污染物扩散到作业环境中去。

用隔离的方法可减少工人与危险化学品的接触，将危险的生产或操作过程远离工厂或建立屏障把它们与其他生产操作隔开。例如，将大型研磨喷砂设备设在工厂的远处，或用隔板或墙把喷漆操作与工厂的其他操作分开。通过安全储存有害化学品和严格限制有害化学品在作业场所的存放量(满足一天或一个班工作所需要的量即可)也可以获得相同的隔离效果，这种方法特别适用于那些操作人数不多，而且很难采用其他控制手段的工序，但在使用这种手段时，切记要向工人提供充足的个体防护用品。

5.3.1.3　通风

对于化学物质产生的飘尘，除了取代和隔离以外，通风是最有效地控制办法。借助于有效的通风和相关的除尘装置，直接捕集了生产过程中所释放出的飘尘污染物，防止了这些有害物进入工人的呼吸场所，通过管道将收到的污染物送到收集器中，这样就不会污染外部的环境。这是通过专门的排气系统或加强全面通风来完成的。

使用局部通风时，吸尘罩应尽可能地接近污染源，否则，通风系统中风扇所产生的抽力将被减弱，以致不能有效的捕集扬尘。为了确保通风系统的高效率，认真检查体系设计的合理性是很重要的并要向安置通风系统的专家或工人请教。此外，对安装好的通风系统，要经常性的加以维护和保养，使其有效发挥作用。目前，局部通风已在多种场合应用，起到了有效控制有害物质如铅烟、石棉尘和有机溶剂的作用。

全面通风亦称稀释通风，其原理是向作业场所提供新鲜空气，以达到冲稀污染物或易燃气体的浓度。提供新鲜空气的方式主要是采用自然通风和机械通风。欲采用全面通风时，在厂房设计阶段就要考虑到空气流向等因素。因为全面通风的目标不是消除污染物，而且将污染物分散稀释，从而降低其浓度，所以全面通风仅适应于低毒性、无腐蚀性污染物存在的场合，且污染物的使用量不能大。

5.3.1.4　个体防护

在无法将作业场所中的有害化学物质降低到可接受水平时，工人就必须使用个体防护用品。个体防护用品并不能降低和排除作业场所的有害物质，它只是一道阻止有害物进入人体的屏障。防护用品本身的失效意味着屏障的立即消失。因此，个体防护用品不能被视为控制危害的主要手段，而只是作为对其他控制手段的补充。对于火灾和爆炸危害来说，是没有可靠的防护用品可提供的。

(1) 防护口罩

口罩，其形式是覆盖口和鼻子，其作用是防止有害化学物质通过呼吸系统进入人体，防护口罩的使用主要局限于下列场合：①在安装工程控制系统之前，必须采取临时控制措施的场合；②没有切实可行的工程控制措施的场合；③在工程控制系统保养和维修期间；④突发事件期间。

在选择防护口罩时应考虑下列因素：①污染物的性质；②作业场所污染物可能达到的最高浓度；③舒适性；④适合工种性质，且能消除对健康的危害；⑤适合于工人的脸形，能保证佩戴严密，防止漏气。

防护口罩主要分为自吸过滤式和送风隔离式两种类型。

自吸过滤式净化空气的原理是吸附或过滤空气，使空气中的有害物不能通过口罩，保证进入呼吸系统的空气是净化的。口罩中的净化装置是由滤膜或吸附剂组成的，滤膜是用来滤掉空气中的尘，含吸附剂的滤毒盒是用来吸附空气中的有害气体、雾、蒸气等，这些防护口罩又可分为半面式和全面式。半面式用来遮住口、下巴、鼻；全面式可遮住整个面部包括眼。实际上，没有哪一种防护口罩是万能的。或者说没有哪一种防护口罩能防护所有的有害物。不同性质的有害物需要选择不同的过滤材料和吸附剂，为了取得防护效果，正确选择防护口罩至关重要，可以从防护口罩生产厂家获得这方面的信息。

送风隔离式防护口罩是使人的呼吸道与被污染的作业环境中的空气隔离，通过导气管或加用空气压缩机将未被污染场所的新鲜空气送进防护口罩或通过导管将便携式气瓶内的压缩空气或液化空气或氧气送入防护口罩，对使用者能够提供最有效的防护。所显示的类型被称为自给式呼吸器(SCBA)，自给式呼吸器的口罩常设计为全面罩。

为了确保防护口罩的使用效果，必须培训工人如何正确佩戴、保管和维护防护口罩，请记住，佩戴一个保养很差的防护口罩比不佩戴更危险，因为佩戴者以为他已经保护自己了，而实际上并没有。

(2) 其他个体防护用品

为了防止由于化学物质的溅射，以及化学尘、烟、雾、蒸气等所导致的眼和皮肤伤害，也需要使用适当的防护用品或护具。

眼面护具的例子主要有安全眼镜，护目镜以及用于防护腐蚀性液体，固体及蒸汽对面部产生伤害的面罩用抗渗透材料制作的防护手套、围裙、靴和工作服，用来消除由于与化学品接触对皮肤产生的伤害。用于制造这类防护用品的材料很多，作用也不同，因此正确选择很重要。如棉布手套、皮革手套主要用于防灰尘，橡胶手套防腐蚀性物质，在选择时要针对所接触的化学品的性质来确定合适材料制作的护品，作为护品的销售商，也应掌握这方面的知识，以便向购买者提供护品的使用范围等方面的咨询服务。

护肤霜、护肤液也是一类皮肤防护用品，它们的功效各种各样，选择合适时能够起到一定的作用。但是没有万能护肤霜，要么用来防护有机溶剂。要么用来防护水溶性物质。

(3) 个人卫生

保持个人卫生是为了保持身体干净，不让有害物附着在皮肤上，防止有害物通过皮肤渗透人体内。防有害物经皮肤吸收同防有害物经呼吸道和食道吸收同等重要。

使用化学品的过程中保持个人卫生的基本原则如下：①要遵守安全操作规程并使用适当的防护用品，避免化学品暴露的可能性；②工作结束后、饭前、饮水前、吸烟前以及便后要充分洗净身体的暴露部分；③定期检查身体以确信皮肤的健康；④皮肤受伤时，要完好地包扎；⑤每时每刻都要防止自我污染，尤其是在清洗或更换工作服时要注意；⑥建立安全运输步骤；⑦安全使用操作规程；⑧保持作业场所的整洁；⑨废物处理程序；⑩化学品暴露监测；⑪医疗检查；⑫记录存档；⑬培训和教育；⑭在衣服口袋里不装被污染的东西，如脏擦布、工具等；⑮防护用品要分放、分洗；⑯勤剪指甲并保持指甲洁净；⑰不接触能引起过敏反应的化学物质。

除此以外，以下卫生措施也需提起注意：①即使产品标签上没有标明使用时应穿防护服，记住在使用过程中也要尽可能地盖住身体的暴露部分，如穿长袖衬衫；②由于工作条件等限制不便穿工作服时。那么就要寻求使用那些不需穿工作服的化学品。购买前要看清标签和请教供应商。

5.3.2 危险化学品使用的安全管理措施

危险化学品使用的安全管理措施是一项系统工程，是由企业建立的一系列管理措施和操作规程的总和。在这些系统化的管理措施共同制约下，保证企业安全。这些措施主要应包括：①对所有使用的危险化学品进行识别；②正确使用危险化学品安全标签；③提供并使用危险化学品安全数据表；④危险化学品安全储存；⑤危险化学品安全运输；⑥危险化学品安全处理及使用；⑦辅助工作；⑧危险化学品废物的处理；⑨危险化学品暴露的监测；⑩医学监督；⑪记录保存；⑫培训与教育。

(1) 危险化学品识别

识别化学品危害性的原则是，首先要弄清所使用的或正在生产的是什么化学品，它是怎样引起伤害事故和职业病的，它是怎样引起火灾和爆炸的或溢出和泄漏怎样危害环境的。

对作业场所中的每一种化学品都必须充分鉴别，并贴上标签，准备安全数据表。标签和安全数据表上的信息可以从化学品生产单位或销售单位获得。如果销售商不能提供这些信息，应设法通过政府部门，实验室、大学或有关研究机构来获得这些信息。

事实上，任何不经鉴别、无标签、无安全数据表的化学品不能使用。且对标签也有专门的要求，其中一条是标签上的内容表述必须能让一般工人看懂。

（2）标签

对所有装有化学品的容器要进行经常性的检查，确保在容器上贴着合格的标签。贴标签的目的是为了告诫使用者，此种化学品的危害性以及一旦发生事故，应采取的急救措施。标签一般应包括下列信息：①商品名；②化学品的特性；③生产者的姓名、电话及地址；④危险标志；⑤使用时需注意预防的特殊危险；⑥安全预防措施；⑦批号；⑧指出更详细的信息可参见安全数据表，安全数据表可从顾主那里获得；⑨类别（按照主管单位所建立的分类体系）。

当一种危险化学品从原装储罐分装入分装容器时，必须在所有的分装容器上贴上标签。任何化学品如果不能很快地识别出来，则必须作适当的处理。

（3）化学品安全数据表

企业中使用的任何化学品都必须备有安全数据表。此表提供了有关化学品本身及安全使用方面的基本信息，同时也提供了应采用的预防措施，包括个体防护用品及发生事故后的急救措施。

化学品安全数据表通常应包括以下信息：①产品名称，包括商品名称和俗名；②产品中的组分名称；③危害性；④急救措施；⑤灭火措施；⑥偶然泄漏的处理措施；⑦处理、储存；⑧暴露控制及个体防护措施；⑨物理化学性质；⑩化学稳定性和化学反应性；⑪毒性；⑫生态信息；⑬废物处理注意事项；⑭运输；⑮管理；⑯其他信息（包括安全数据表制作日期）。

如果没有化学品安全数据表，必须立即向产品生产者索要。

基于对生产工艺的了解和安全数据表中所提供的化学品物理性质，化学性质，稳定性，反应活性及毒理性等方面的信息，管理人员需要对化学品进行仔细的研究，以确定化学品之间的可混性，制定化学品的储存，运输，使用和废物处理等规程，作为工厂的安全官员，职业安全卫生人员，厂内消防队都应持有一套厂内使用的化学品安全数据表。一旦发生紧急情况，如某工人急性中毒，能立即向医护人员提供相关的安全数据表，以帮助医护人员立即了解情况，并制定正确的急救措施。

化学品安全数据表所提供的信息非常重要，它可以用来培训工人和管理人员如何安全使用某种化学品、同时也是讲解或编写安全使用说明书的基本素材。在培训内容方面，建议包括如何使用安全数据表的内容。

（4）安全储存

如果某种具有危险性的化学品不能被危险性小的化学品所取代，应将该化学品在工作场所的量减少到每日所需的用量（一个轮班用量）剩余部分要存放在一个安全的化学品仓库。

为保障化学品仓库的安全应遵守下列规则：①不兼容物质不能放在一起（如把酸与氰化物放在一起，在酸或氰化物不小心撤出时，可产生致人死亡的氰化氢气体)；②避免将化学品存放在可以发生化学反应的环境中；③仓库内储存化学品的容器不可泄漏、生锈或损坏，并按顺序排好；④要有适当的通风。以保证泄漏的有毒蒸气被充分稀释、减少。

对于能造成火灾或有爆炸危险的化学品还有另外一些规定：①易燃化学品应存放于冷的、通风好的地方，并远离可能的火源；②仓库应与工厂及生活区分开并远离饮用水水源；③具备一套自动火灾防护系统如喷洒灭火系统(与水能反应的化学品不可用喷水的方法灭火，而且这些化学品也不能放在这里)；④工厂应具有自动防火门，一个报警系统和一个具有防护墙的场地，以防火灾蔓延；⑤应保证救火车畅通行驶；⑥应使用防爆电器，配有适当的保险管以防电路过载；⑦应防止由于大桶、铲车移动，偶然损坏接线、闸盒及其固定装置；⑧避免静电起火，所有用于传输用的大桶都应接地；⑨不能存在辐射热源，并禁止出现焊接或吸烟的明火；⑩禁止装有内燃机的铲车通过；⑪库房的储存量不应过多，限制在仅够使工厂正常运行所必须的量。

(5) 安全运输过程

化学品可通过管道、传送带或用铲车。有轨道的小轮车，或小手推车在各工作场所之间传送。若用管道传送化学品，注意必须保证阀门与法兰的完好，没有泄漏。若使用密封式传送带，则可避免危险性灰尘的扩散，若化学品以高速高压通过各种各样的系统、注意必须避免产生热，否则将引起火灾或爆炸。

装易燃液体的容器应具有特殊结构，装有弹簧盖，并在液体出口安装火焰消除器。要在通风好的地方转移易燃液体，并将容器接上地线。

如果用铲车运送化学品，道路要足够的宽，并有清楚的标志，以减少冲撞及溢出的可能性。

(6) 安全处理及使用

化学品能够通过三种主要途径进入人体，皮肤吸收、吸入、摄取。在工作场所通常是通过吸入进入人体，其次是皮肤吸收。

可吸入的化学品在空气中以粉尘、蒸气、烟、雾的形式存在。粉尘通常是在研磨、压碎、切削、钻孔或破碎过程中产生的。蒸气产生于被加热的液体或固体，雾是产生于溅落、电镀或沸腾过程，焊接或铸造时由于金属的熔化而产生烟。当处理汽态化学品时通常发生皮肤的吸收。液体飞溅到裸露的皮肤或衣服上是最通常的接触方式。例如，把零件浸入脱脂槽，机器运转时使用切削油或传送液体时等。

往往在上述的过程，由于所含化学品的性质也会产生火灾或爆炸的危险，如果没有可替代的化学品，那么为了减少危险，控制热源是十分必要的。

处理或使用化学品一定要注意：①看懂标签上的说明及化学品安全数据表以及与化学品相关的装置或个体防护设施的说明；②确保使用者在使用化学品和预

防措施方面接受有效的培训；③要有防护措施。如局部通风或屏蔽并且能正常运行；④对使用化学品可能引起危险的场地进行控制(如使用易燃液体或气体时要控制明火或其他燃料)在使用化学品前，将其转移到其他地方；⑤检查防护服和其他安全装置，包括防毒面具(如果需要的话)是完整的没有任何毛病；⑥确保应急装备处于完好、可使用状态。

在处理和使用危险化学品时预防人体暴露于化学品的最好的方法，可通过以下一些控制原理来实现：①消除或取代；②密封或隔离；③通风；④提供个人防护设施。

(7) 辅助工作

有效的辅助工作在控制化学危害中起着重要的作用。工作台、地面或壁架上的粉尘应定期用负压抽真空的装置清扫干净，泄漏的液体要及时用密闭容器装好，并当天从车间取走，若装化学品的容器损坏或泄漏应及时将化学品转移到完好的容器内、损坏的容器作相应处理。

(8) 废物处理方法

所有制造过程都产生一定量的废弃物，有害废弃物处理不得当不仅对工人健康有害，也有可能发生火灾和爆炸，而且有害于环境，危害住在工厂周围的居民。

所有废弃物应装在特别设计的有标签的容器内，以前曾装过有毒或易燃物的空容器或袋子也应放在这样的容器内。

应该制定一个处理有害废物的规程，处理这些有害废物的工人安全也应通过适当的管理措施得到保障。

(9) 暴露监测

车间的监测包括空气采样及分析样品化学物质的浓度。这些化学物质可能以粉尘、蒸气、气或烟的形式存在。

采集空气样品，可通过在工人呼吸地带高度系一个个体监测装置或在车间一定的地点放置空气采样装置。

样品的采集可以短时间也可以长时间、分析结果将指出特定化学物质的浓度及在采样时存在的其他污染物的浓度，将这些浓度值与国家权威机构公布的或任何公认的机构公布暴露极限值作比较，一旦问题确定，就要实施控制措施以减少工人的暴露。

(10) 医学监督

医学监督包括上岗前检查和定期的医学检查。上岗前检查可以知道工人是否有过分敏感的可能性，并适当地分配到对他们的健康没有危害的工作岗位，定期体检有助于检查出早期的职业病征兆，也检验控制措施是否有效。

(11) 记录保存

所有环境与医学监视记录都应保存好，某些由化学物质引起的疾病潜伏期较长，这些记录以后能帮助医生做出诊断使病人能得到赔偿，并为流行病学研究提供有价值的资料，流行病学研究将进一步弄清化学物质对健康的危害。

(12) 培训与教育

培训与教育在控制化学危害中起着重要的作用。应向接触化学品的人传授由化学品引起的可能危害、安全工作规程、维护及使用防护设备，应急与急救措施方面的知识。

培训工人，使其在控制措施失灵时能够辨别并能解释为该化学品提供的标签与危害信息。培训工作对新工人尤为重要，而对现有工人应该定期复习所学课程。

5.4 危险化学品使用单位的安全检查

为了保证危险化学品安全使用，定期进行全面、系统的安全检查是十分必要的。安全检查一般应由企业外部具有实践经验和专业知识的权威人士主持。保证安全检查质量的关键是检查工作程序要严谨不能随意，检查内容要完整不能疏漏。

5.4.1 安全检查的工作程序

(1) 了解企业概况

对没有亲自查看过的企业，应首先对其有一个总体的认识，向企业的所有人或经理提出一些已经准备好的问题。例如，应当了解产品和生产方式，工人总数(包括女工和男工)，工作时间(包括午餐时间，其他休息时间和总时间)以及一些主要的操作和劳工问题等。

(2) 确定要被检查的工作区域

若是一个小型企业，那么其整个生产区都要被检查，若是大型企业，则应确定出其不同的，特定的工作区域以便分别进行检查。

(3) 安全检查

在开始检查以前，先读一遍检查表，并认真查看整个企业。

危险化学品使用单位的安全检查内容应包括：化学品管理、危险性识别、操作控制、个人防护、安全工艺过程和实际操作规范、暴露情况的检测、医疗监督、培训和教育、紧急措施等。可以事先将这些内容列成安全检查表，对检查表的每个事项都要进行仔细的阅读。找出适用于各个事项的改进措施的方法。如果必要可向企业的所有人或工人提出问题。如果这种措施已被应用或没有必要被应用，就在“你建议采取行动吗?”这栏上标出“不”，如果你认为有必要采取措施，则标出“优先”字样。

在完成检查之前，要确定检查中的各事项是否都标上了“不”或“是”，在

"是"的这些事项中是否有的标上"优先"。

5.4.2 化学品管理的安全检查表

（1）针对安全，卫生地使用化学品，要建立一个明确的，有组织性的安排，并让企业的管理者，工人以及与企业有关的厂外人员对此安排有所了解。

（2）由管理部门任命一个人或一个委员会来对化学品安全进行计划安排和协调活动。

（3）建立一个用于企业所需要的化学品(新的现存的)的购买程序。

（4）建立一个在企业中所使用化学品的存货单。

（5）确认企业拥有它所使用的所有化学品的 MSDS。

5.4.3 危险性识别的安全检查表

（6）储存可燃化学品的方式要能够保证防止燃或爆炸混合状态的形成。

（7）在可燃化学品的使用，运输或储存区域内要消除任何明火。

（8）清洁并维持地面，工作平台和机械表面没有油的淤积和灰尘。

（9）确保运输通道被很好的标识出，并且确保通道上无堆积物。

（10）要在工作场所周围，为原料和成品提供存储挂物架。

5.4.4 操作控制方法的安全检查表

（11）检查是否有可能用低毒性的化学品代替毒性化学品。

（12）确保发散灰尘、蒸气或雾气的工艺过程被封闭。

（13）确保将发散灰尘、蒸气或雾气的工艺过程与工厂其他区域隔离开以对工人进行保护。

（14）确保安装局部通风系统，并维持其正常工作以减少工作区域的污染。

（15）确保自然通风能提供足够的空气交换。

（16）安装风扇和其他机械装置用以改善总体的通风状况。

5.4.5 个人防护装置的安全检查表

（17）当采用其他操作控制措施不能消除工人由于暴露于空气污染物中而造成的危害时，向工人提供个体防护用品。

（18）当有可能发生化学品飞溅时，向工人提供适当的护目和护肤用品。

（19）建立有组织性的安排以使个体防护用品得到很好的维护和检查。

5.4.6 安全工艺过程和实际操作规范的安全检查表

（20）要确保所有的化学品都被清晰地用标签标识，标签上的内容包括供应商的名称，化学品的名称和产地，危险标记符号，危险性指示，以及有关其危害性和安全使用建议的一些短语。

（21）对分配到更小的容器中的化学品要进行重新标签。

（22）确保所有的化学品都储存在适当的，完好的容器中。

（23）确保化学品的储存区域有良好的通风状况，且其位置远离火源。

（24）使用适当的装置对化学品进行运输和转移以确保在此过程中不会产生危险。

（25）保证当有很少的化学品溅出时，此溅出物能被迅速清除，使工作区域能继续安全地进行工作。

（26）确保废掉的化学品和以前储存化学品的空容器被彻底地进行了安全处理，以使其不会对工人和环境造成危害。

（27）确保管理部门将化学品的安全储存，运输和处理过程等以书面形式通知给有关工人。

5.4.7　暴露情况的监测的安全检查表

（28）指定专人或安排组织性的措施来定期监测工人暴露于化学品的状况。

5.4.8　医疗监督的安全检查表

（29）确保让那些第一次去使用危险化学品区域工作的工人接受上岗前的医疗检查。

（30）确保向那些处理指定种类有害化学品的工人提供定期医疗检查来监视其健康状况。

5.4.9　培训和教育的安全检查表

（31）向新招收的处理化学品的工人进行有关化学品所能形成危险，安全操作规程和惯例，以及紧急状况处理等方面的初始培训和再培训。

（32）确保标于化学容器上的标签和说明是用工人能读懂的语言书写。

（33）要向被提供了个人防护装置的工人提供有关使用、维护、清洗、储存这些防护装置的培训。

（34）确保定期反复地进行那些有关危险化学品的重要培训活动。

5.4.10　紧急措施的安全检查表

（35）在重要关键的位置上提供有工作良好的，且足够的急救装备（洗眼点和淋浴装置等）。

（36）提供足够数量的适当型号的灭火器，用以控制涉及化学品失火的紧急状况。

（37）确保让公司在每个班上都提供一组受过训练的人员能对小化学品失火事件进行扑灭处理。

（38）制定并告知全体工人有关失火后疏散的计划，并定期进行演习。

（39）确保公司在每个班上都提供接受过训练的专人，来进行急救。

（40）提供足够数量的配备良好，标识清淅的急救箱和其他适当的急救装备。

第 6 章　危险化学品废物安全处置

危险化学品废物即在人们物质生产、储存、运输、经营、使用过程中以及生活、工作中直接或间接产生各种具有或可能产生危险化学品成分的废物质。

危险化学品废物不但具有可燃性、腐蚀性、反应性、传染性、放射性以及浸出毒性、急性毒性等直接危害特性，还会在土壤、水体、大气等自然环境中迁移、滞留、转化，污染土壤、水体、大气等人类赖以生存的生态环境，甚至可能在外界环境作用下发生物理、化学转化产生新的危害特性。因此，危险化学品废物安全处理是危险化学品安全管理中不可忽视的重要环节。

危险化学品废物安全处理的总原则是"减量化、资源化、无害化"。

"减量化"是通过适宜的手段减少危险化学品废物的数量和容积，从源头上减少危险化学品废物的产生，即通过经济和政策鼓励企业进行技术改造，实行清洁生产。危险化学品废物减量化适用于任何产生危险化学品废物的工艺过程。

"资源化"是指采用工艺技术，从危险化学品废物中回收有用的物质与资源。资源化要求已产生的危险化学品废物应首先考虑回收利用，减少后续处理处置的负荷，回收利用过程应达到国家和地方有关规定的要求，避免二次污染；生产过程中产生的危险化学品废物，应积极推行生产系统内的回收利用；生产系统内无法回收利用的危险化学品废物，通过系统外的危险化学品废物交换、物质转化、再加工、能量转化等措施实现回收利用。

"无害化"是将不能回收利用资源化的危险化学品废物通过一种或多种物理、化学、生物等手段进行最终处置，将危险化学品废物中对人体或环境有害的物质分解为无害或毒性较小的化学形态，达到不损害人体健康、不污染周围的自然环境的目的。

《危险化学品安全管理条例》在危险化学品废物处置方面的规定是：

(1) 处置废弃危险化学品，依照固体废物污染环境防治法和国家有关规定执行。

(2) 危险化学品的生产、储存、使用单位转产、停产、停业或者解散的，应当采取有效措施，处置危险化学品的生产或者储存设备、库存产品及生产原料，不得留有事故隐患。处置方案应当报所在地设区的市级人民政府负责危险化学品安全监督管理综合工作的部门和同级环境保护部门、公安部门备案。负责危险化学品安全监督管理综合工作的部门应当对处置情况进行监督检查。

(3) 公众上交的危险化学品，由公安部门接收。公安部门接收的危险化学品和其他有关部门收缴的危险化学品，交由环境保护部门认定的专业单位处理。

6.1 危险化学品废物及其危害

掌握危险化学品废物的种类和来源，了解其危害特性是“减量化、资源化、无害化”处置的基础。

6.1.1 危险化学品废物及其来源

国家环保总局、国家经贸委、外经贸部和公安部于1998年1月4日颁布了国家危险废物名录。该名录于1998年7月1日实施，2008年又发布了国家危险废物名录2008版。《国家危险废物名录》共涉及47类废物，其中编号为HW01～HW18的废物名称具有行业来源特征，是以来源命名的，主要有医院临床废物、医药废物、废药品、农药废物、木材防腐剂废物等18个大类；编号为HW19～HW47的废物名称具有成分特征，是以危害成分命名的，主要有含金属羰基化合物废物、含铍废物、含铬废物、含砷废物、含有机溶剂废物、废酸、废碱等39类物质，但在《国家危险废物名录》中没有限定危害成分的含量，需要依赖其他的标准鉴别这些物质的危害程度。该《国家危险废物名录》(以下简称《名录》)是我国的第一批《名录》。随着我国经济和社会的发展，《名录》必将不定期地修补。我国规定凡是列入《名录》中的废物均为危险废物，必须纳入危险废物管理体系进行统一管理。

目前，不同的机构应用不同的系统确定有危险废物的名单，因此在危险废物评估工作中必须考虑目前应用的各类分类系统。我国的《国家危险废物名录》是根据废物的危害程度及来源确定并列举的名单。美国的资源保护和回收(RCRA)法案中的危险废物主要分成三大类：清单内的危险废物、特征危险废物和其他危险废物，具体分类见表6－1～表6－3分别列出了一些产业可能产生的危险废物和《巴塞尔条约》危险废物的分类方法。

表6－1 资源保护和回收法案中危险废物分类表

清单内的危险废物	特征危险废物	其他危险废物	清单内的危险废物	特征危险废物	其他危险废物
一般来源	可燃性的	混合物(危险与非危险废物)	商用化学品(严重危险级)	反应性的	包含有清单内危险废物的废物
特殊来源	腐蚀性的	废物处理产生的残留物	商用化学品(非严重危险级)	有毒性的	

表6－2　产生危险废物的典型部门和产出废物类别

部门	废物产出地	废物类别	部门	废物产出地	废物类别
小型工业	金属处理（电镀、蚀刻、阳极化处理、镀锌） 照相业 纺织加工 印刷 毛皮制革 铝土矿加工业	酸、重金属 溶剂、酸、银 镉、矿物酸 溶剂、染料、墨水 溶剂、铬 赤泥	大型工业	车辆维修 机场	废油 废油、废液等
			商业、农业	干洗 变压器 医院 农场	卤化溶剂 多氯联苯（PCBs） 病原体、传染病源废物 废农药
大型工业	炼油业 石油制造业 化学、医药工业 氯工业	废催化剂 废油 残留物、溶剂 汞	家庭生活	从家庭收集的废物 从焚烧家庭废物产生的残留物	废电池、重金属等

表6－3　巴塞尔公约列出的应加控制的和须加特别考虑的废物类别

废物组别	废物来源	废物组别	废物来源
Y01	从医院、医疗中心和诊所的医疗服务中产生的临床废物	Y13	从树脂、胶乳、增塑剂、胶水/胶黏剂的生产、配置和使用中产生的废物
Y02	从药品的生产和制作中产生的废物	Y14	从研究和发展或教学活动中产生的、尚未鉴定的和（或）新的并且对人类和（或）环境的影响未明确的化学废物
Y03	废药物和废药品	Y15	其他立法未加管制的爆炸性废物
Y04	从生物杀伤剂和植物药物的生产、配制和使用中产生的废物	Y16	从摄影化学品和加工材料的生产、配置和使用中产生的废物
Y05	从木材防腐化学品的生产、配制和使用中产生的废物	Y17	从金属和塑料表面处理产生的废物
Y06	从有机溶剂的生产、配制和使用中产生的废物	Y18	从工业废物处理作业中产生的残留物
Y07	从含有氰化物的热处理和退火作业中产生的废物		含有下列成分的废物
		Y19	金属羰基化合物
Y08	不适合原来用途的废矿物油	Y20	铍；铍化合物
Y09	废油/水、烃/水混合物乳化液	Y21	六价铬化合物
Y10	含有或沾染多氯联苯（PCBs）和（或）多氯三联苯（PCTs）和（或）多溴联苯（PBBs）的废物质和废物品	Y22	铜化合物
		Y23	锌化合物
		Y24	砷；砷化合物
Y11	从精炼、蒸馏和任何热解处理中产生的废焦油状残留物	Y25	硒；硒化合物
		Y26	镉；镉化合物
Y12	从油墨、染料、颜料、油漆、真漆、罩光漆的生产、配制和使用中产生的废物	Y27	锑；锑化合物
		Y28	碲；碲化合物

续表

废物组别	废物来源	废物组别	废物来源
Y29	汞；汞化合物	Y39	酚；酚化合物包括氯酚类
Y30	铊；铊化合物	Y40	醚类
Y31	铅；铅化合物	Y41	卤化有机溶剂
Y32	无机氟化合物(不包括氟化钙)	Y42	有机溶剂(不包括卤化溶剂)
Y33	无机氰化合物	Y43	任何多氯苯并呋喃同系物
Y34	酸溶液或固态酸	Y44	任何多氯苯并二噁英同系物
Y35	碱溶液或固态碱	Y45	有机卤化物(不包括其他在本表内提到的物质，如 Y39、Y41、Y42、Y43、Y44)
Y36	石棉(尘和纤维)		
Y37	有机磷化合物	Y46	生活垃圾中的危险废物
Y38	有机氰化合物	Y47	生活垃圾焚烧厂产生的飞灰

6.1.2 危险化学品废物危害

6.1.2.1 危险化学品废物的直接危害

危险化学品废物的直接危害特性主要包括：可燃性、腐蚀性、反应性、传染性、放射性以及浸出毒性、急性毒性等。

(1) 可燃性　燃点较低的废物，或者经摩擦或自发反应而易于发热从而进行剧烈、持续燃烧的废物具有可燃性。国家规定燃点低于60℃的废物即具有可燃性。

(2) 腐蚀性　含水废物的浸出液或不含水废物加入水后的浸出液，能使接触物质发生质变，就可以说该废物具有腐蚀性。按照规定，浸出液 pH≤2 或 pH≥12.5 的废物；或温度≥55℃时，浸出液对规定的牌号钢材腐蚀速率大于0.64cm/a 的废物为具有腐蚀性的。

(3) 反应性　在无引发条件的情况下，由于本身不稳定而易发生剧烈变化，如与水能反应形成爆炸性混合物，或产生有毒的气体、蒸气、烟雾或臭气；在受热的条件下能爆炸；常温常压下即可发生爆炸等，此类废物则可认为具有反应性。

(4) 传染性　各种化学品废物进入环境之后，发生各种变化，不少物质变成环境激素，统称为势因性内分泌干扰物质”，通过食物链又回到人体，扰乱人体内分泌功能，发生传染性疾病。

(5) 放射性　核废物、污水处理废物、医疗废物等存在放射性物质成分，从放射化学的观点看，其总放射性、半衰期、比活度、核素组成、毒性等危害性质，对人类及自然界生物链造成威胁。

危险化学品废物的毒性表现为以下三类：

(1) 浸出毒性　用规定方法对废物进行浸取，在浸取液中若有一种或一种以上有害成分，其浓度超过规定标准，就可认定具有毒性。

(2) 急性毒性　指一次投给实验动物加大剂量的毒性物质，在短时间内所出现的毒性。通常用一群实验动物出现半数死亡的剂量即半致死剂量表示。按照摄毒的方式急性毒性又可分口服毒性、吸入毒性和皮肤吸收毒性。

(3) 其他毒性　包括生物富集性、刺激性、遗传变异性、水生生物毒性及传染性等。

上述这些危险特性在某些文献中以代码的形式来表示，见表6-4。

表6-4　危险特性代码含义

感染性	易燃性	腐蚀性	反应性	毒性	急性毒性
In	I	C	R	T	H

危险化学品废物的危害特性表现为短期的急性危害和表现为长期的潜在性危害，短期的急性危害主要指急性中毒、火灾、爆炸等；长期的潜在性危害主要指慢性中毒、致癌、致畸形、致突变、污染地面水或地下水等。这些危害中与安全相关的性质有腐蚀性、爆炸性、可燃性、反应性；与健康相关的性质有致癌性、传染性、刺激性、突变性、毒性、放射性，致畸变性。

6.1.2.2　危险化学品废物对环境的危害

危险化学品废物中的有害物质不仅能造成直接的危害，还会在土壤、水体、大气等自然环境中迁移、滞留、转化，污染土壤、水体、大气等人类赖以生存的生态环境，从而最终影响到生态和健康。

(1) 危险化学品废物对土壤的污染

危险化学品废物是伴随生产和生活过程中发生的，如处置不当，任意露天堆放，不仅会占用一定的土地，导致可利用土地资源减少，而且大量的有毒废渣在自然界的风化作用下到处流失。很容易就接触到土壤；而这些有毒物质一旦进入土壤，会被土壤所吸附，对土壤造成污染。其中的有毒物质会杀死土壤中微生物和原生动物，破坏土壤中的微生态，反过来又会降低土壤对污染物的降解能力；其中的酸、碱和盐类等物质会改变土壤的性质和结构，导致土质酸化、碱化、硬化，影响植物根系的发育和生长，破坏生态环境；同时许多有毒的有机物和重金属会在植物体内积蓄，当土壤中种有牧草和食用作物时，由于生物积累作用，会最终在人体内积聚，对肝脏和神经系统造成严重损害，诱发癌症和使胎儿畸形。

(2) 危险化学品废物对水域的污染

危险化学品废物可以通过多种途径污染水体，如可随地表径流进入河流湖泊，或随风迁徙落入水体，特别是当危险化学品废物露天放置时，有害物质在雨水的作用下，很容易流入江河湖海，造成水体的严重污染与破坏。最为严重的是有些企业甚至将危险化学品废物直接倒入河流、湖泊或沿海海域中，造成更大污染。其中的有毒有害物质进入水体后，首先会导致水质恶化，对人类的饮用水安全造成威胁，危害人体健康；其次会影响水生生物正常生长，甚至杀死水中生物，破坏水体生态平衡；危险化学品废物中往往含有大量的重金属和人工合成的有机物，这些物质大都稳定性极高，难以降解，水体一旦遭受污染就很难恢复；对于含有传染性病原菌的危险化学品废物，如医院的医疗废物等，一旦进入水体，将会迅速引起传染性疾病的快速蔓延，后果不堪设想。许多有机型的危险化学品废物长期堆放后也会和城市垃圾一样产生渗滤液。渗滤液危害众所周知，它可进入土壤使地下水受污染，或直接流入河流、湖泊和海洋，造成水资源的水质型短缺。

（3）危险化学品废物对大气的污染

危险化学品废物在堆放过程中，在温度、水分的作用下，某些有机物质发生分解，产生有害气体；有些危险化学品废物本身含有大量的易挥发的有机物，在堆放过程中会逐渐散发出来；还有一些危险化学品废物具有强烈的反应性和可燃性，在和其他物质反应过程中或自燃时会放出大量 CO_x、SO_x 等气体，污染环境，而火势一旦蔓延，则难以救护；以微粒状态存在的危险化学品废物，在大风吹动下，将随风飘扬，扩散至远处，既污染环境，影响人体健康，又会玷污建筑物、花果树木，影响市容与卫生，扩大危害面积与范围；此外，危险化学品废物在运输与处理的过程中，产生的有害气体和粉尘也常是十分严重的。扩散到大气中的有害气体和粉尘不但会造成大气质量的恶化，一旦进入人体和其他生物群落，还会危害到人类健康和生态平衡。

6.1.2.3 危险化学品废物转化的危害性

危险化学品废物对健康和环境的危害除了与有害物质的成分、稳定性有关外，还与这些物质在自然条件下的物理、化学和生物转化规律有关。

（1）物理转化

自然条件下危险化学品废物的物理转化主要是指其成分相的变化，而相变化中最主要的形式就是污染物有其他形态转化为气态，进入大气环境。气态物质产生的主要机理是挥发、生物降解和化学反应，其中挥发是最为主要的，属于物理过程。挥发的数量和速度与污染物的相对分子质量、性质、温度、气压、比表面积、吸附强度等因素有关，通常低分子有机物在温度较高、通风良好的情况下较易挥发，因而挥发是危险化学品废物污染大气的主要途径之一。

（2）化学转化

危险化学品废物的各种组分在环境中会发生各种化学反应而转化成新的物

质。这种化学转化有两种结果：一是理想情况下，反应后的生成物稳定、无害，这样的反应可作为危险化学品废物处理的借鉴；二是反应后的生成物仍然有毒有害，比如不完全燃烧后的产物，不仅种类繁多，而且大都是有害的，甚至某些中间产物的毒性还大大超过了原始污染物（如无机汞在环境中会转化成毒性更大的有机汞等），这也是危险化学品废物受到越来越多关注的原因之一。在自然的环境中，除反应性物质外，大多数危险化学品废物的稳定性很强，化学转化过程非常缓慢，因此，要通过化学转化在短时间内实现危险化学品废物的稳定化、无害化，必须采用人为干扰的强制手段。

（3）生物转化

除化学反应外，危险化学品废物裸露在自然环境中，在迁移的同时还会和土壤、大气及水环境中的各种微生物及动植物接触，这就给危险化学品废物的生物转化创造了条件。危险化学品废物中的铬、铅、汞等重金属单质和无机化合物能被生物转化成一些剧毒的化合物，例如在厌氧条件下，会产生甲基汞、二甲砷、二甲硒等剧毒化合物；电池的外壳腐烂后，汞被释放出来，在厌氧条件下，经过几年就会发生汞的生物转化。危险有机物同样具有以上特点，但是降解速率一般很慢。可生物降解的化合物在降解过程中往往会经历以下一个或多个过程：氨化和酯的水解；脱羧基作用；脱氨基作用；脱卤作用；酸碱中和；羟基化作用；氧化作用；还原作用；断链作用。这些作用多数使原化合物失去毒性，但也可能产生新的有毒化合物，有些产物可能会比原化合物毒性更强。

（4）化学和生物转化的协同作用

除了上面提到的化学和生物转化，某些危险化学品废物的转化是化学与生物转化共同作用的结果。图6-1表示了TCA(1,1,1-三氯乙烷)在转变成水和二氧化碳的过程中既有化学作用又有生物作用，两者相互协同共同作用，缺一不可。

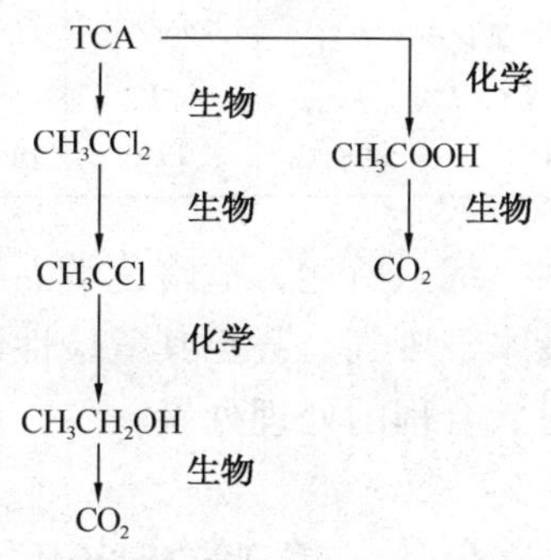

图6-1 TCA的化学生物协同转化过程示意图

（5）有害物质的稳定性

危险化学品废物中的有害物质在环境中虽然会自发地发生物理、化学和生物的转变，但这些物质中的大部分不仅处理困难，而且在环境中十分稳定，很难转化。因此，在危险化学品废物的管理中，了解这些危险化合物的环境稳定性是十分关键的问题。通常危险化学品废物被分为非稳定和稳定两大类，见表6-5。

由于无机化合物中非金属单质及化合物的性质较为活泼，容易反应；而重金属属于非降解性物质，一般只进行迁移转化，因此通常意义上的化合物的稳定性主要指有机化合物的稳定性，并用半衰期来表示。一般来说，半衰期越大，则说

表 6－5　含有稳定化合物和非稳定化合物的危险化学品废物

典型化合物			危害性
非稳定性化合物	有机化合物	油、低分子溶剂、一些可生物降解的杀虫剂（有机磷、甲氨酸酯、苯胺、尿素）、废油、洗涤剂	在源头或释放点，对环境和生物产生毒害，这种毒性是急性和亚急性的
	无机化合物	非金属单质、无机化合物	
稳定性化合物	有机化合物	高分子含氯芳烃、一些杀虫剂（含氯杀虫剂如六六六、DDT、六氯化苯）、PCBs	在源头或释放点，也许会发生急性毒性，也可能是慢性中毒，有机废物在食物链内扩散并导致生物富集。由于环境的传递作用，即使生物处在较低水平的污染物中也可能会慢性中毒
	无机化合物	二氧化氯	

明这种化合物越稳定，在环境中越不易降解，则引起危害的可能性就越大，时间就越长。表 6－6 列出了卤化烷烃的半衰期。

表 6－6　卤化链烃的半衰期

化合物	半衰期/a	产物	化合物	半衰期/a	产物
溴化甲烷	0.10		1,1,1,2－四氯乙烷	384	三氯乙烯
溴苯海拉明	137				
氯仿	1.3		三氯乙烯	0.9	
四氯化碳	7000		四氯乙烯	0.7	
氯乙烷	0.12	乙炔	溴丙烷	0.07	溴丙烯
1,1,2－三氯乙烷	170	1,1－二氯乙烯	二溴丙烷	0.88	

综上所述，危险化学品废物对环境的污染，对人体健康的影响，丝毫不弱于废水、废气，甚至其危险性还超过了后两者，因此，必须采取严格措施，进行及时、合理的处理处置。

6.2　危险废物经营许可证管理

为贯彻《中华人民共和国固体废物污染环境防治法》，加强对危险废物收集、储存和处置经营活动的监督管理，防治危险废物污染环境，国务院于 2004 年 5 月 18 日发布第 408 号令，决定从 2004 年 7 月 1 日起施行《危险废物经营许可证管理办法》。规定在我国境内从事危险废物收集、储存、处置经营活动的单位，应当依照《办法》的规定，按照经营方式，领取危险废物收集、储存、处置综合经营许可证和危险废物收集经营许可证。

领取危险废物综合经营许可证的单位，可以从事各类别危险废物的收集、储存、处置经营活动；领取危险废物收集经营许可证的单位，只能从事机动车维修活动中产生的废矿物油和居民日常生活中产生的废镉镍电池的危险废物收集经营活动。

6.2.1 概念

(1) 危险废物，是指列入国家危险废物名录或者根据国家规定的危险废物鉴别标准和鉴别方法认定的具有危险性的废物。

(2) 收集，是指危险废物经营单位将分散的危险废物进行集中的活动。

(3) 储存，是指危险废物经营单位在危险废物处置前，将其放置在符合环境保护标准的场所或者设施中，以及为了将分散的危险废物进行集中，在自备的临时设施或者场所每批置放重量超过5000kg或者置放时间超过90个工作日的活动。

(4) 处置，是指危险废物经营单位将危险废物焚烧、煅烧、熔融、烧结、裂解、中和、消毒、蒸馏、萃取、沉淀、过滤、拆解以及用其他改变危险废物物理、化学、生物特性的方法，达到减少危险废物数量、缩小危险废物体积、减少或者消除其危险成分的活动，或者将危险废物最终置于符合环境保护规定要求的场所或者设施并不再回取的活动。

6.2.2 申请领取危险废物经营许可证的条件

(1) 申请领取危险废物收集、储存、处置综合经营许可证，应当具备下列条件：

① 有3名以上环境工程专业或者相关专业中级以上职称，并有3年以上固体废物污染治理经历的技术人员；

② 有符合国务院交通主管部门有关危险货物运输安全要求的运输工具；

③ 有符合国家或者地方环境保护标准和安全要求的包装工具，中转和临时存放设施、设备以及经验收合格的储存设施、设备；

④ 有符合国家或者省、自治区、直辖市危险废物处置设施建设规划，符合国家或者地方环境保护标准和安全要求的处置设施、设备和配套的污染防治设施；其中，医疗废物集中处置设施，还应当符合国家有关医疗废物处置的卫生标准和要求；

⑤ 有与所经营的危险废物类别相适应的处置技术和工艺；

⑥ 有保证危险废物经营安全的规章制度、污染防治措施和事故应急救援措施；

⑦ 以填埋方式处置危险废物的，应当依法取得填埋场所的土地使用权。

（2）申请领取危险废物收集经营许可证，应当具备下列条件：

① 有防雨、防渗的运输工具；

② 有符合国家或者地方环境保护标准和安全要求的包装工具，中转和临时存放设施、设备；

③ 有保证危险废物经营安全的规章制度、污染防治措施和事故应急救援措施。

6.2.3 申请领取危险废物经营许可证的程序

（1）国家对危险废物经营许可证实行分级审批颁发。

下列单位的危险废物经营许可证，由国务院环境保护主管部门审批颁发：

① 年焚烧10000t以上危险废物的；

② 处置含多氯联苯、汞等对环境和人体健康威胁极大的危险废物的；

③ 利用列入国家危险废物处置设施建设规划的综合性集中处置设施处置危险废物的。

医疗废物集中处置单位的危险废物经营许可证，由医疗废物集中处置设施所在地设区的市级人民政府环境保护主管部门审批颁发。

危险废物收集经营许可证，由县级人民政府环境保护主管部门审批颁发。

本条规定之外的危险废物经营许可证，由省、自治区、直辖市人民政府环境保护主管部门审批颁发。

（2）申请领取危险废物经营许可证的单位，应当在从事危险废物经营活动前向发证机关提出申请，并附具本办法第五条或者第六条规定条件的证明材料。

（3）发证机关应当自受理申请之日起20个工作日内，对申请单位提交的证明材料进行审查，并对申请单位的经营设施进行现场核查。符合条件的，颁发危险废物经营许可证，并予以公告；不符合条件的，书面通知申请单位并说明理由。

发证机关在颁发危险废物经营许可证前，可以根据实际需要征求卫生、城乡规划等有关主管部门和专家的意见。申请单位凭危险废物经营许可证向工商管理部门办理登记注册手续。

（4）危险废物经营许可证包括下列主要内容：

①法人名称、法定代表人、住所；②危险废物经营方式；③危险废物类别；④年经营规模；⑤有效期限；⑥发证日期和证书编号。

危险废物综合经营许可证的内容，还应当包括储存、处置设施的地址。

（5）危险废物经营单位变更法人名称、法定代表人和住所的，应当自工商变更登记之日起15个工作日内，向原发证机关申请办理危险废物经营许可证变更手续。

（6）有下列情形之一的，危险废物经营单位应当按照原申请程序，重新申请领取危险废物经营许可证：

①改变危险废物经营方式的；②增加危险废物类别的；③新建或者改建、扩建原有危险废物经营设施的；④经营危险废物超过原批准年经营规模20%以上的。

（7）危险废物综合经营许可证有效期为5年；危险废物收集经营许可证有效期为3年。

危险废物经营许可证有效期届满，危险废物经营单位继续从事危险废物经营活动的，应当于危险废物经营许可证有效期届满30个工作日前向原发证机关提出换证申请。原发证机关应当自受理换证申请之日起20个工作日内进行审查，符合条件的，予以换证；不符合条件的，书面通知申请单位并说明理由。

（8）危险废物经营单位终止从事收集、储存、处置危险废物经营活动的，应当对经营设施、场所采取污染防治措施，并对未处置的危险废物作出妥善处理。

危险废物经营单位应当在采取前款规定措施之日起20个工作日内向原发证机关提出注销申请，由原发证机关进行现场核查合格后注销危险废物经营许可证。

（9）禁止无经营许可证或者不按照经营许可证规定从事危险废物收集、储存、处置经营活动。

禁止从中华人民共和国境外进口或者经中华人民共和国过境转移电子类危险废物。

禁止将危险废物提供或者委托给无经营许可证的单位从事收集、储存、处置经营活动。

禁止伪造、变造、转让危险废物经营许可证。

6.3　危险化学品废物的综合治理

危险化学品废物品种多、产生的环节多、涉及的产业多，必须实行综合治理。危险化学品废物的综合治理，在纵向上，要实行从产生到最终处置的全程管理体制，即“从摇篮到坟墓”的管理；在横向上，要实现“减量化、资源化和无害化”的全面管理体制。

6.3.1　我国危险化学品废物处理

随着工业建设的飞速发展，有害废物和其他废物的产生与处置也日益成为我国必须正视的严肃问题。《控制工业废物越境转移及其外置巴塞尔公约》的制定，对加强中国的废物管理工作，包括防治废物污染的立法工作，都具有积极的推动作用。虽然我国某些地方也进口过一些有害废物，但是，中国工业自身产生的有害废物比外界输入的有害废物的危害更大，更难以治理。公约明确要求，凡是有害废物，无论在何地处理。都必须遵循对环境无害的方式。这对中国工业建设提出了更高的要求。中国不能走工业发达国家先污染后治理的老路，在发展工业的同时，一定要顾及环境保护问题，采取新的工艺，把生产过程中产生的有害废物减少到最低限度。应加强力量，进行调查研究，严格控制有害废物的输入和输出，密切注视国际上有害废物的流动情况。同时，也应掌握中国国内有害废物的产生情况，弄清危害程度，提出治理措施，解决有害废物的产生问题。

20 世纪 80 年代以后，我国危险化学品废物管理才提到日程，制定了部分危险化学品废物管理的行政规章及环境标准。目前，我国仅开展了固体废物排污申报登记工作，初步掌握了危险化学品废物的污染现状，危险化学品废物的管理远没有进入规范化、系统化的规程。有的城市根本没有专门的危险化学品废物处理场所、造成大量危险化学品废物或混入生活垃圾、或随意抛弃、堆积、填埋，综合回收利用率较低，长期以来在自然环境中囤积数量已达到了较高程度，大量有毒有害物质渗透到自然环境中，已经或正在对生态环境造成极大的破坏。

据统计，1995 年我国产生的 2618.4×10^4t 危险化学品废物中 45.4% 得到了综合利用，9.8% 得到安全处置，28.9% 处于储存状态，15.8% 被排放至环境中。由于危险化学品废物的管理起步晚，所以目前无论从管理法规、管理机构、处理技术的研究和处理处置设施的建设等方面都存在不足，对危险化学品废物的管理和处理处置还处于低水平阶段。大多数危险化学品废物只是简单堆放或填埋，甚至有一部分危险化学品废物未经处理就直接排入环境，对人体健康和环境造成严重的危害。1991 ~ 1996 年间，平均每年发生固体废物污染事故近 60 起。经济损失超过 90 亿元。

我国第一个国家危险化学品废物处理工程中心在沈阳建成。该中心总投资 507 万元，占地面积 $1.2\times10^4m^2$，下设危险化学品废物焚烧、金属湿法回收、生物处理三套处理装置和废物处理工艺室、废物特性鉴别实验室、生物实验室、综合分析室等。现已建成的填埋场由一个总容量 24×10^4t 危险化学品废物的填埋坑及附属设施组成，工业固体废物年处理量为 2×10^4t。

由国内外合资兴建的天津市危险化学品废物处理处置中心集回收利用、焚烧、安全填埋为一体，主要包括 1 个年焚烧量为 1.35×10^4t 的有毒有害危险化学品废物焚烧厂、1 个年填埋量为 6200t 的危险化学品废物安全填埋场以及 1 个每年可无害化处理及回收利用 1×10^4t 重金属废液、废溶剂的危险化学品废物资源化处理厂，处理技术和手段达到国际先进水平，并于 2003 年 6 月投入使用。

在过去的几年中，我国部分城市在对危险化学品废物进行综合利用和无害化处理处置的实践中取得了一些经验，研究开发出一些起点较高、经济实用的综合利用、储存、运输、处理和处置技术和设备，但整体水平较低。

（1）危险化学品废物的综合利用技术　根据申报登记数据的统计结果，我国危险化学品废物的综合利用率虽然达到了45.4%，但目前我国危险化学品废物的综合利用水平还处于一个较低的技术水平。由于未综合考虑环境资源的可持续利用，某些综合利用技术还导致了资源的再浪费和环境的二次污染。

（2）危险化学品废物的储存技术　我国对于储存量较大的危险化学品废物一般都有专门的储存设施或场所，这些设施大小不一，有的采取一定的污染防止措施，如采取砌墙、筑坝、水封等措施，以防扬尘、防渗、防雨等，也有的直接利用厂区内空地进行露天堆放；对于储存量较小的危险化学品废物多数都是以桶装、池封或袋装的形式储存于库房或厂区内，仅一部分具有“三防”的功能。由于缺乏统一的储存管理制度和储存设施技术规范，致使储存方式多样且储存点分散。这样不仅导致了重复建设，也不利于统一管理，具有极大的危险性。

（3）危险化学品废物焚烧处理技术　焚烧可以有效破坏废物中的有毒、有害、有机废物。是实现危险化学品废物减量化、无害化的最快捷、最有效的技术。经过20余年的发展，国外用于处理危险化学品废物的焚烧技术已相当成熟，可用于处理危险化学品废物的焚烧炉有旋转窑焚烧炉、液体喷射焚烧炉、热解焚烧炉、流化床焚烧炉、多层焚烧炉等多种炉型。我国目前的危险化学品废物焚烧处理设施，多为企业所拥有，这些焚烧炉一般没有尾气净化系统或只有简单的尾气净化系统，焚烧温度也难以达到要求，运行费用较高。近几年来，在沈阳、北京、南通、浙江等地已开始出现商业运行的危险化学品废物焚烧处理厂。

（4）医院临床废物的焚烧处理技术　医院临床废物不同于其他危险化学品废物，由于其传染性，使其不宜于长途运输，但各医院产生量均不大，产生源多，所以适合于小范围集中处置。国外医院临床废物一般采用热解焚烧技术处理。我国已建成并成功投入运行的医院临床废物集中焚烧处理厂也大都采用热解焚烧技术，个别采用旋转窑焚烧技术。沈阳环保所研究开发出的两段式热解焚烧炉，投资成本较低，已成功运行3年多。清华大学和太原烽亚机电设备公司研究开发的立式旋转热解焚烧炉，炉排破渣、排渣功能强，处理医院临床废物的效果较好，已在太原成功运行2年多。对于PCBs并二噁英类废物，由于其危害极大、处理要求高，需要集中处置。沈阳环保所研究开发的处理能力为400t的PCBs专用焚烧炉已连续运行4年多，其高温烟气急剧降温系统达到了较高水平，目前正规划建设全国性年处理能力4000t的集中焚烧厂。

（5）危险化学品废物（预）处理技术　危险化学品废物的（预）处理技术中最重要的处理技术有氧化还原处理技术、中和处理技术、油水分离技术、固化/稳定化技术。危险化学品废物固化/稳定化处理是危险化学品废物安全填埋处置的必要步骤，其目的是使危险化学品废物中的所有污染组分呈现化学惰性或被包容起来，减小废物的毒性和迁移性，同时改善处理对象的工程性质，使便于运输、利用和处置。我国已基本掌握危险化学品废物的固化/稳定化技术，并已开发出效果较好的有机螯合稳定化剂。

（6）危险化学品废物最终处置技术　目前我国进行处置的危险化学品废物主要是没有利用价值，并且危险较大的废物或者是虽然具有一定的利用价值，但是限于目前的条件和技术水平而无法进行充分利用的废物。从目前处置设施的情况来看，我国仅有深圳、沈阳、大连等几个城市拥有符合标准的综合性危险化学品废物集中处置场；专业性处置设施和企业附属的处置设施很少。大部分危险化学品废物是在较低水平下处置的，如没有防渗设施的填埋和没有尾气处理的焚烧等，非常容易对环境造成二次污染。常用的危险化学品废物最终处置技术是土地安全填埋技术。我国已基本掌握该项技术，但是建设危险化学品废物安全填埋场所需的工程材料基本上依赖进口。

6.3.2　我国危险化学品废物管理中存在的问题

由于我国危险化学品废物的产生量越来越大、种类繁多、性质复杂，且产生源数量分布广泛，管理难度较大。主要问题有：

（1）国家仅规定了极少数有害物质的鉴别标准，大量的危险化学品废物由于无法鉴别而难以定性。近年来，出现的许多新型的化学产品，也没有规定相应的鉴别标准，难以鉴定其中的有害成分及含量，妨碍了管理工作的进程；另外，危险化学品废物的鉴别技术要求较高，许多项目国内仅有几家较权威的机构可以检测，甚至国内根本无法监测。

（2）现在有的企业已经积极开展技术改造，进行清洁生产、并对废物进行回收利用。但由于缺乏有效的引导、相关的政策和技术以及没有综合性的废物资源信息中心来对废物进行跨地区、跨行业的调配工作，使得这一行业难以尽快建立和发展。

（3）危险化学品废物的处理处置设施一般是指焚烧炉和安全填埋场，由于此类设施技术要求和所需建设费用较高，全国建成的符合要求的设施屈指可数，而且由于处置费用高昂使许多建成的设施因无法收集足够的危险化学品废物而被闲置，更加限制了基础设施的建设。大多数排放的危险化学品废物因无法处置，只能被露天堆存，这也是导致危险化学品废物污染环境的重要原因之一。

与废水、废气管理相比，我国危险化学品废物管理工作起步较晚，尚未建立较完整的法律法规体系，缺少一系列危险化学品废物污染控制标准，使我国危险化学品废物污染防治缺乏可操作性，这给危险化学品废物管理带来很大难度。

6.3.3　我国危险化学品废物管理的具体对策

实现危险化学品废物管理的阶段性目标的具体对策是：

（1）健全法规体系，加强监管力度

全面配合《中华人民共和国固体废物污染环境防治法》的实施，进一步完善危险化学品废物管理的法规体系和污染控制标准，制定特殊危险化学品废物的单项技术法规和技术标准，同时进一步深化和完善现有的管理制度和措施，加强各级危险化学品废物专职管理机构的建设和专职管理人员的培训，强化危险化学品废物的监督管理，加大执法力度，从而使危险化学品废物的管理法律化、规范化并落到实处。通过合理的政策和技术经济手段，鼓励企业进行清洁生产，尽可能地防止和减少危险化学品废物的产生。

（2）提高综合利用水平和综合利用率，实行危险化学品废物资源化

① 鼓励和推行危险化学品废物交换制度，建立区域性的废物交换中心，在环保主管部门的监督和管理下，进行区域性的废物收集、交换和买卖活动。

② 吸收、引进和发展危险化学品废物回收利用技术，增加可回收利用的危险化学品废物种类和利用深度，提高危险化学品废物的综合利用率。鼓励危险化学品废物回收利用的企业的发展和规模化，避免处理和利用过程中产生二次污染。鼓励危险化学品废物焚烧余热利用，对于大型危险化学品废物焚烧设施必须进行余热的回收利用。

③ 完善危险化学品废物综合利用的各项优惠政策，如免税政策、优先投资政策、资金补偿政策。

（3）建立安全的危险化学品废物区域利用、处理和处置措施

① 对于产生量不大、种类繁多的危险化学品废物进行集中处理、处置一种形式是大企业所建的危险化学品废物处理、处置厂有偿地为中小企业服务；另一种形式是建立区域性的危险化学品废物处理处置中心，供区域危险化学品废物产生者有偿使用。对于优先管理的危险化学品废物如 PCBs 建立全国或大区域的集中处置设施或流动性焚烧炉。

② 发展危险化学品废物的焚烧装置。危险化学品废物焚烧处理设施要将烟气排放作为一项关键指标，应采用先进的技术手段，进行严格的处理，使其稳定地达到污染物控制标准要求后排放。焚烧处置项目要统筹规划，合理布点。有机类危险化学品废物可以水泥回转窑焚烧处理为主，小型焚烧炉作为辅助设施。小型焚烧炉的设置，应由环保部门统一规划。

③ 建设危险化学品废物安全填埋场。国际上对危险化学品废物安全填埋场普遍采用的模式为：政府投资建设，委托专业公司负责运行，享受税收优惠政策，公司收取填埋运行费，维持日常运行。根据我国区域发展状况和污染物类型特征，以省级或地区级建设大型集约化危险化学品废物安全填埋场，可形成规模效应，且更加安全可靠。

（4）加强环境教育，提高全民的环境法制意识，建立相关机制，鼓励公众

参与

鉴于人们普遍对危险化学品废物认识不足的现象，可通过各种媒体进行广泛的宣传，引起全社会的重视，同时建立和加强监督举报制度，发挥公民的社会监督作用，促进危险化学品废物的污染防治。

6.3.4 危险化学品废物防治技术路线

危险化学品废物的特性决定了其收集、运输、利用、处理、存放、处置等各个环节都是污染源，必须实行从产生到最终处置的全面管理体制，即国外所说的“从摇篮到坟墓”的管理。因此，危险化学品废物污染防治的技术路线是：从危险化学品废物产生、收集、储存、运输、综合利用、处理，到最终处置的全过程控制，重点废物进行特殊管理。

（1）从源头控制危险化学品废物污染，实现废物减量化。通过经济和政策措施鼓励企业进行清洁生产，尽可能防止和减少危险化学品废物的产生。企业需根据经济和技术发展水平，采用低废、少废、无废工艺，实施清洁生产。

（2）鼓励和促进危险化学品废物交换，为废物回收利用创造条件。在环保主管部门的监督和管理下，产生危险化学品废物的各地区、各企业要互通信息，充分利用危险化学品废物，实现其资源化。

（3）加强对危险化学品废物收集运输的管理，降低环境风险。危险化学品废物必须根据成分，采用专用容器进行分类收集，不得混合收集，并注意与综合利用和处理处置相结合。家庭产生的危险化学品废物需同垃圾的分类收集相结合，通过分类收集提高家庭危险化学品废物的回收利用和资源化。发展安全、高效的危险化学品废物运输系统，鼓励发展各种形式的密闭车辆。淘汰敞开式危险化学品废物运输车辆，减少运输过程中的二次污染和对环境的风险。

（4）鼓励危险化学品废物综合利用，实现其资源化。通过优惠政策鼓励危险化学品废物回收利用企业的发展和规模化，鼓励综合利用，避免处理和利用过程中的二次污染。对于大型危险化学品废物焚烧设施，必须进行余热的回收利用。

（5）发展危险化学品废物的焚烧处置，实现其减量化和资源化。危险化学品废物的焚烧处置目的是危险化学品废物的减量化和无害化，并回收利用其余热。焚烧处置适用于不能回收利用其有用组分、并具有一定热值的危险化学品废物。危险化学品废物焚烧处理设施要将烟气排放作为一项关键指标，采取先进的技术手段进行严格的处理，使其稳定达到污染物控制标准要求后排放。焚烧产生的残渣、烟气处理产生的飞灰，按危险化学品废物进行安全填埋处置。

（6）建设危险化学品废物填埋处置设施，实现安全处置。安全填埋是危险化学品废物的最终处置方式。安全填埋处置适用于不能回收利用其有用组分、不能回收利用其能量的危险化学品废物，包括焚烧过程的残渣和飞灰。安全填埋场的规划、选址、建设和运营管理，要严格按照国家有关标准的要求执行。

（7）有效控制特殊危险化学品废物，减少环境污染。需建设专用医疗废物处理设施对医院临床废物进行处置。机动车用废铅酸电池必须进行回收利用，不允许利用其他办法进行处置。含多氯联苯废物因其毒性极大需集中在专用焚烧设施中进行处置。废矿物油需首先进行回收利用，残渣进行焚烧处置。

（8）提高危险化学品废物处理相关技术和装备研究和开发水平，推进其国产化。鼓励引进、消化、吸收国外先进技术，同时自行开发、发展危险化学品废物处理技术和装备。

6.3.5 危险化学品废物储存、收集和运输措施

6.3.5.1 危险化学品废物的储存

由于危险化学品废物的固有属性，包括化学反应性、毒性、易燃性、腐蚀性或其他特性，可导致对人类健康或环境产生危害，因此在其收集、存储及运输期间必须注意进行不同于一般废物的特殊管理。

盛装危险化学品废物的容器装置可以是钢圆桶、钢罐或塑料制品。所有装满废物待运走的容器或储罐都应清楚地表明内盛物的类别与危害说明，以及数量和装进日期。危险化学品废物的包装应足够安全，并经过周密检查，严防在装载、搬移或运输途中出现渗漏、溢出、抛洒或挥发等情况；否则，将引发所在地区大面积的环境污染。

根据危险化学品废物的性质和形态，可采用不同大小和不同材质的容器进行包装。以下是可供选用的包装装置和适宜于盛装的废物种类。

（1）带塞钢圆桶或钢圆罐带塞钢圆桶如图6－2所示。

$V=200$L，可供盛装废油和废溶剂。

（2）带卡箍盖钢圆桶如图6－3所示。

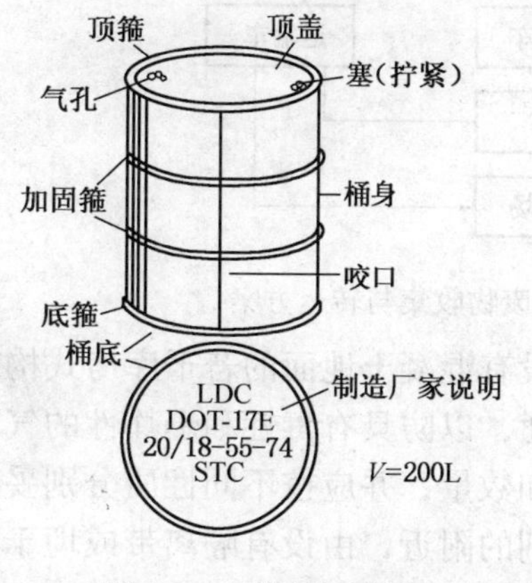

图6－2 带塞钢圆桶

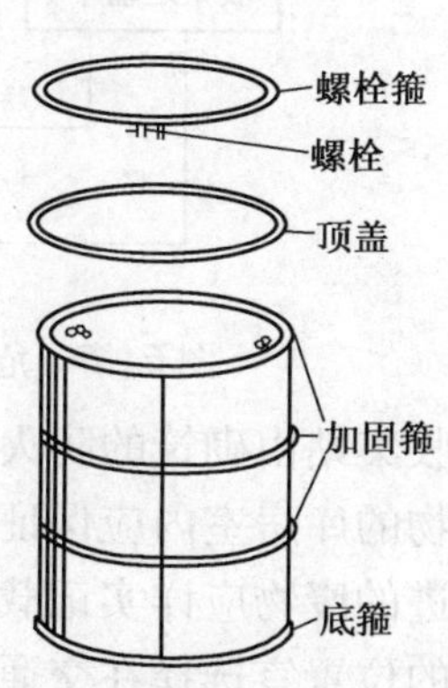

图6－3 带卡箍盖钢圆桶

$V=200$L，可供盛装固态或半固态有机物。

（3）塑料桶或聚乙烯罐

$V=30$L、45L 或 200L，可供盛装无机盐液。

（4）带卡箍盖钢圆桶或塑料桶

$V=200$L，可供散装固态或半固态危险化学品废物。

（5）储罐其外形与大小尺寸可根据需要设计加工，要求坚固结实，并应便于检查渗漏或溢出等事故的发生。此式装置适宜于储存可通过管线、皮带等输送方式送进或输出的散装液态危险化学品废物。

6.3.5.2 危险化学品废物的收集

放置在场内的桶或袋装危险化学品废物可由产出者直接运往场外的收集中心或回收站。也可以通过地方主管部门配备的专用运输车辆按规定的路线运往指定的地点储存或做进一步处理；前者的运行方案如图 6－4 所示，后者方案示于图 6－5 中。

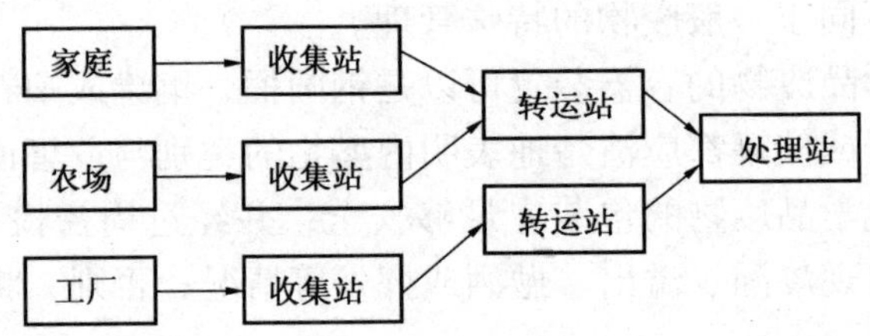

图 6－4 危险化学品废物收集方案

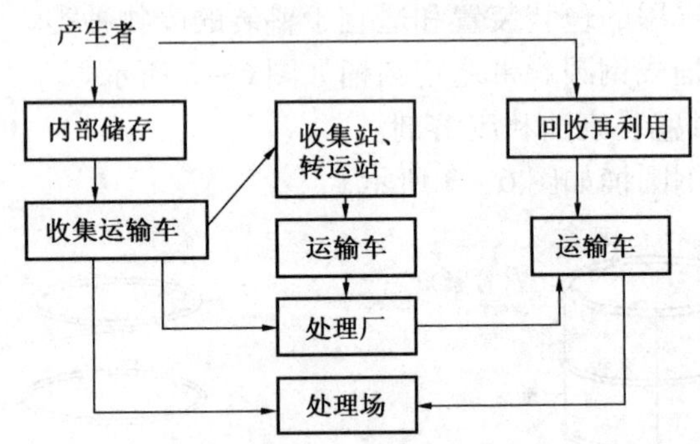

图 6－5 危险化学品废物收集与转运方案

典型的收集站由砌筑的防火墙及铺设有混凝土地面的若干库房式构筑物所组成，储存废物的库房室内应保证空气流通，以防具有毒性和爆炸性的气体积聚产生危险。收进的废物应详实记载其类型和数量，并应按不同性质分别妥善存放。

转运站的位置宜选择在交通路网便利的附近，由设有隔离带或埋于地下的液态危险化学品废物储罐、油分离系统及盛装有废物的桶或罐等库房群组成。站内工作人员应负责办理废物的交接手续，按时将所收存的危险化学品废物如数装进运往处理场的运输车厢，并责成运输者负责途中安全。转运站内部的运作方式及程序可参见图6－6所示。

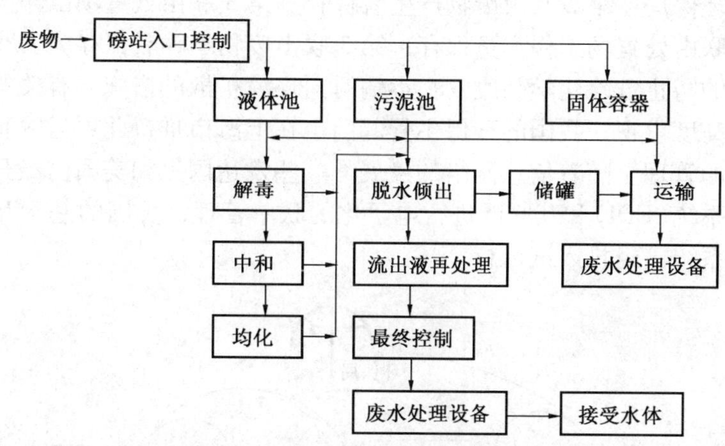

图6－6 废物运转站的内部运行系统

6.3.5.3 危险化学品废物的运输

产生量较小而环境危害较大的特殊危险化学品废物流的管理应遵从集中处理原则，因此，危险进行处理；法国是欧洲PCB的主要处理国，很多欧洲国家(包括澳洲的新西兰等国家)都出口其PCB废物到法国处理。

近年来，危险化学品废物的转移向大型专业运输公司方向发展。相对集中的承运，有利于危险废物的管理。美国有18029家运输公司从事危险化学品废物的转运工作，1997年共计运输了7332532t危险化学品废物；其中，运量较大的前50家运输公司(占总数的0.3%)的运输量为2677782t，占总运量的36.6%，其中前5家的运量就占11.7%。

运输过程中的主要污染控制方法有：

(1) 危险化学品废物的运输车辆需经过主管单位检查，并持有有关单位签发的许可证，负责运输的司机应经过培训，持有证明文件；

(2) 承载危险化学品废物的车辆应有醒目的标志或适当的危险符号；

(3) 载有危险化学品废物的车辆在公路上行驶时，需持有运输许可证，其上应注明废物来源、性质合运往地点。必要时还应有专门单位人员负责押运；

(4) 组织危险化学品废物的运输单位，在事先需做出周密的运输计划和行驶路线，其中包括有效的废物泄露情况下的应急措施。

6.3.6 危险废物转移联单管理

使用固体废物转移联单系统来跟踪和控制危险化学品废物的转移是发达国家

比较通用的危险废物管理方法。

澳大利亚环保局对危险化学品废物采用了上述的制度进行运输管理。图 6－7为其危险化学品废物运输清单(共 5 联)及分送情况，其中第 1 联由废物产生者送交环保局；第 2 联由废物产生者保存；第 3 联由处置场工作人员送交环保局；第 4 联由处置场工作人员保存；第 5 联由废物运输者保存。实践证明，这是一种有效的防止危险化学品废物在运输时向环境扩散的措施，有关的工作受到很多国家的高度重视。我国的环保主管部门也在上海市推行此项运输制度，以强化危险废物的管理。随着信息网络的发展，一些发达国家如美国已经开始利用电子数据交换系统(EDI)和互联网进行电子化的联单管理，美国的基于互联网的电子联单试验系统已经投入试运行。

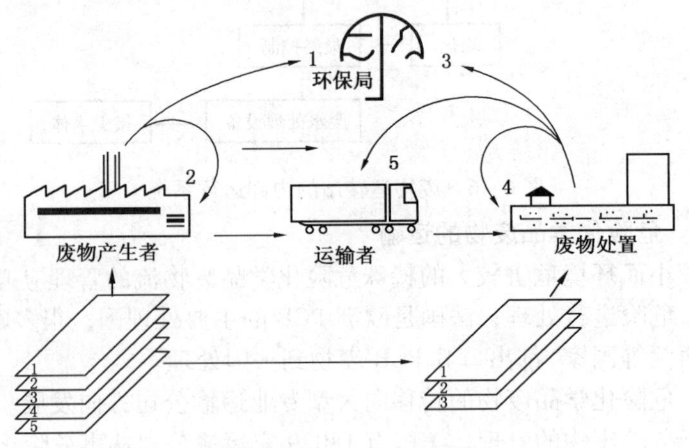

图 6－7　运输危险化学品废物清单及其处理情况

我国《危险废物转移联单管理办法》于 1999 年 5 月经国家环境保护总局发布，1999 年 10 月 1 日起施行。《管理办法》规定：

(1) 危险废物产生单位在转移危险废物前，须按照国家有关规定报批危险废物转移计划；经批准后，产生单位应当向移出地环境保护行政主管部门申请领取联单。

产生单位应当在危险废物转移前三日内报告移出地环境保护行政主管部门，并同时将预期到达时间报告接受地环境保护行政主管部门。

(2) 危险废物产生单位每转移一车、船(次)同类危险废物，应当填写一份联单。每车、船(次)有多类危险废物的，应当按每一类危险废物填写一份联单。

(3) 危险废物产生单位应当如实填写联单中产生单位栏目，并加盖公章，经交付危险废物运输单位核实验收签字后，将联单第一联副联自留存档，将联单第二联交移出地环境保护行政主管部门，联单第一联正联及其余各联交付运输单位随危险废物转移运行。

（4）危险废物运输单位应当如实填写联单的运输单位栏目，按照国家有关危险物品运输的规定，将危险废物安全运抵联单载明的接受地点，并将联单第一联、第二联副联、第三联、第四联、第五联随转移的危险废物交付危险废物接受单位。

（5）危险废物接受单位应当按照联单填写的内容对危险废物核实验收，如实填写联单中接受单位栏目并加盖公章。

接受单位应当将联单第一联，第二联副联自接受危险废物之日起十日内交付产生单位，联单第一联由产生单位自留存档，联单第二联副联由产生单位在二日内报送移出地环境保护行政主管部门；接受单位将联单第三联交付运输单位存档；将联单第四联自留存档；将联单第五联自接受危险废物之日起二日内报送接受地环境保护行政主管部门。

（6）危险废物接受单位验收发现危险废物的名称、数量、特性、形态、包装方式与联单填写内容不符的，应当及时向接受地环境保护行政主管部门报告，并通知产生单位。

（7）联单保存期限为五年；储存危险废物的，其联单保存期限与危险废物储存期限相同。

环境保护行政主管部门认为有必要延长联单保存期限的，产生单位、运输单位和接受单位应当按照要求延期保存联单。

（8）省辖市级以上人民政府环境保护行政主管部门有权检查联单运行的情况，也可以委托县级人民政府环境保护行政主管部门检查联单运行的情况。

被检查单位应当接受检查，如实汇报情况。

（9）转移危险废物采用联运方式的，前一运输单位须将联单各联交付后一运输单位随危险废物转移运行，后一运输单位必须按照联单的要求核对联单产生单位栏目事项和前一运输单位填写的运输单位栏目事项，经核对无误后填写联单的运输单位栏目并签字。经后一运输单位签字的联单第三联的复印件由前一运输单位自留存档，经接受单位签字的联单第三联由最后一运输单位自留存档。

（10）违反本办法有下列行为之一的，由省辖市级以上地方人民政府环境保护行政主管部门责令限期改正，并处以罚款：

① 未按规定申领、填写联单的；② 未按规定运行联单的；

③ 未按规定期限向环境保护行政主管部门报送联单的；

④ 未在规定的存档期限保管联单的；

⑤ 拒绝接受有管辖权的环境保护行政主管部门对联单运行情况进行检查的。

有前款第①项、第③项行为之一的，依据《中华人民共和国固体废物污染环境防治法》有关规定，处五万元以下罚款；有前款第②项、第④项行为之一的，处三万元以下罚款；有前款第⑤项行为的，依据《中华人民共和国固体废物污染环境防治法》有关规定，处一万元以下罚款。

（11）联单由国务院环境保护行政主管部门统一制定，由省、自治区、直辖市人民政府环境保护行政主管部门印制。

联单共分五联，颜色分别为：第一联，白色；第二联，红色；第三联，黄色；第四联，蓝色；第五联，绿色。

联单编号由十位阿拉伯数字组成。第一位、第二位数字为省级行政区划代码，第三位、第四位数字为省辖市级行政区划代码，第五位、第六位数字为危险废物类别代码，其余四位数字由发放空白联单的危险废物移出地省辖市级人民政府环境保护行政主管部门按照危险废物转移流水号依次编制。联单由直辖市人民政府环境环保行政主管部门发送的，其编号第三位、第四位数字为零。

6.4 危险化学品废物安全储存

为贯彻《中华人民共和国固体废物污染环境防治法》，防止危险废物储存过程造成的环境污染，加强对危险废物储存的监督管理，国家环境保护总局于2001年12月28日颁布，并于2002年7月1日实施了《危险废物储存污染控制标准(GB 18597—2001)》。《标准》规定了对危险废物储存的一般要求，对危险废物包装、储存设施的选址、设计、运行、安全防护、监测和关闭等要求。

6.4.1 危险化学品废物储存的概念和一般要求

危险化学品废物是指列入国家危险废物名录或者根据国家规定的危险废物鉴别标准和鉴别方法认定的具有危险特性的废物。

危险废物储存是指危险废物再利用，或无害化处理和最终处置前的存放行为。

危险废物的储存设施是指按规定设计、建造或改建的用于专门存放危险废物的设施。集中储存是指危险废物集中处理、处置设施中所附设的储存设施和区域性的集中储存设施。容器是指按标准要求盛载危险废物的器具。

(1)所有危险废物产生者和危险废物经营者应建造专用的危险废物储存设施，也可利用原有构筑物改建成危险废物储存设施。

（2）在常温常压下易爆、易燃及排出有毒气体的危险废物必须进行预处理，使之稳定后储存，否则，按易爆、易燃危险品储存。

（3）在常温常压下不水解、不挥发的固体危险废物可在储存设施内分别堆放。

（4）危险废物必须装入容器。

（5）禁止将不相容（相互反应）的危险废物在同一容器内混装。

（6）无法装入常用容器的危险废物可用防漏胶袋等盛装。

（7）装载液体、半固体危险废物的容器内须留足够空间，容器顶部与液体表面之间保留 100mm 以上的空间。

（8）医院产生的临床废物，必须当日消毒，消毒后装入容器。常温下储存期不得超过一天，于摄氏 5 度以下冷藏的，不得超过 7 天。

（9）盛装危险废物的容器上必须粘贴符合本标准附录 A 所示的标签。

（10）危险废物储存设施在施工前应做环境影响评价。

6.4.2　危险化学品废物储存容器

（1）应当使用符合标准的容器盛装危险废物。

（2）装载危险废物的容器及材质要满足相应的强度要求。

（3）装载危险废物的容器必须完好无损。

（4）盛装危险废物的容器材质和衬里要与危险废物相容（不相互反应）。

（5）液体危险废物可注入开孔直径不超过 70mm 并有放气孔的桶中。

6.4.3　危险化学品废物储存设施的选址与设计原则

（1）危险废物集中储存设施的选址应满足下列条件：

①地质结构稳定，地震烈度不超过 7 度的区域内。②设施底部必须高于地下水最高水位。③场界应位于居民区 800m 以外，地表水域 150m 以外。④应避免建在溶洞区或易遭受严重自然灾害如洪水、滑坡，泥石流、潮汐等影响的地区。⑤应在易燃、易爆等危险品仓库、高压输电线路防护区域以外。⑥应位于居民中心区常年最大风频的下风向。⑦集中储存的废物堆选址除满足以上要求外，还应满足 6.3.1 各项要求。

（2）危险废物储存设施（仓库式）的设计原则是：①地面与裙脚要用坚固、防渗的材料建造，建筑材料必须与危险废物相容。②必须有泄漏液体收集装置、气体导出口及气体净化装置。③设施内要有安全照明设施和观察窗口。④用以存放装载液体、半固体危险废物容器的地方，必须有耐腐蚀的硬化地面，且表面无裂隙。⑤应设计堵截泄漏的裙脚，地面与裙脚所围建的容积不低于堵截最大容器的最大储量或总储量的五分之一。⑥不相容的危险废物必须分开存放，并设有隔离间隔断。

（3）危险废物的堆放应满足下列条件：①基础必须防渗，防渗层为至少 1m 厚黏土层（渗透系数 $\leqslant 10^{-7}$ cm/s），或 2mm 厚高密度聚乙烯，或至少 2mm 厚的其他人工材料，渗透系数 $\leqslant 10^{-10}$ cm/s。②堆放危险废物的高度应根据地面承载能力确定。③衬里放在一个基础或底座上。④衬里要能够覆盖危险废物或其溶出物可能涉及到的范围。⑤衬里材料与堆放危险废物相容。⑥在衬里上设计、建造浸出液收集清除系统。⑦应设计建造径流疏导系统，保证能防止25年一遇的暴雨不会流到危险废物堆里。⑧危险废物堆内设计雨水收集池，并能收集25年一遇的暴雨24h降水量。⑨危险废物堆要防风、防雨、防晒。⑩产生量大的危险废物可以散装方式堆放储存在按上述要求设计的废物堆里。⑪不相容的危险废物不能堆放在一起。⑫总储存量不超过300kg(L)的危险废物要放入符合标准的容器内，加上标签，容器放入坚固的柜或箱中，柜或箱应设多个直径不少于30mm的排气孔。不相容危险废物要分别存放或存放在不渗透间隔分开的区域内，每个部分都应有防漏裙脚或储漏盘，防漏裙脚或储漏盘的材料要与危险废物相容。

6.4.4 危险废物储存设施的运行与管理

（1）从事危险废物储存的单位，必须得到有资质单位出具的该危险废物样品物理和化学性质的分析报告，认定可以储存后，方可接收。

（2）危险废物储存前应进行检验，确保同预定接收的危险废物一致，并登记注册。

（3）不得接收未粘贴符合规定的标签或标签没按规定填写的危险废物。

（4）盛装在容器内的同类危险废物可以堆叠存放。

（5）每个堆间应留有搬运通道。

（6）不得将不相容的废物混合或合并存放。

（7）危险废物产生者和危险废物储存设施经营者均须作好危险废物情况的记录，记录上须注明危险废物的名称、来源、数量、特性和包装容器的类别、入库日期、存放库位、废物出库日期及接收单位名称。

危险废物的记录和货单在危险废物回取后应继续保留三年。

（8）必须定期对所储存的危险废物包装容器及储存设施进行检查，发现破损，应及时采取措施清理更换。

（9）泄漏液、清洗液、浸出液必须符合GB 8978的要求方可排放，气体导出口排出的气体经处理后，应满足GB 16297和GB 14554的要求。

6.4.5 危险废物储存设施的安全防护与监测

（1）安全防护

①危险废物储存设施都必须按GB 15562.2的规定设置警示标志。②危险废物储存设施周围应设置围墙或其他防护栅栏。③危险废物储存设施应配备通讯设备、照明设施、安全防护服装及工具，并设有应急防护设施。④危险废物储存设施内清理出来的泄漏物，一律按危险废物处理。

（2）按国家污染源管理要求对危险废物储存设施进行监测。

6.4.6 危险废物储存设施的关闭

（1）危险废物储存设施经营者在关闭储存设施前应提交关闭计划书，经批准后方可执行。

（2）危险废物储存设施经营者必须采取措施消除污染。

（3）无法消除污染的设备、土壤、墙体等按危险废物处理，并运至正在营运的危险废物处理处置场或其他储存设施中。

（4）监测部门的监测结果表明已不存在污染时，方可摘下警示标志，撤离留守人员。

6.5 危险化学品废物安全填埋

安全填埋场是危险化学品废物最终的处理场所。不过，安全填埋场造价非常高昂，同时，填埋场中填埋的危险化学品废物将永远存在。虽然对安全填埋场的建设要求十分严格，所用材料均是最牢靠的，但最牢靠的材料也有使用寿命(如100年)。由于危险化学品废物的存在年限可能远远超过安全填埋场人工铺设材料(如高分子内衬等)的使用寿命，因此，要努力减少进入安全填埋场的危险化学品废物数量，以延长填埋场的使用寿命，降低安全填埋场的环境风险。

安全填埋作为危险化学品废物的最终处置手段，适用于不能回收利用其组分和能量的危险化学品废物，危险化学品废物安全填埋场必须按入场要求和经营许可证规定的范围接收危险化学品废物，达不到入场要求的，须进行压缩、稳定化预处理、脱水、粉碎等处理以达到填埋场入场要求。

为贯彻《中华人民共和国固体废物污染环境防治法》，防止危险废物填埋处置对环境造成的污染，国家环境保护总局于2001年12月28日颁布，并于2002年7月1日实施了《危险废物填埋污染控制标准(GB 18598—2001)》。《标准》对危险废物安全填埋场在建造和运行过程中涉及的环境保护要求，包括填埋物入场条件、填埋场选址、设计、施工、运行、封场及监测等方面作了规定。

6.5.1 填埋场场址选择要求

填埋场是指处置废物的一种陆地处置设施，它由若干个处置单元和构筑物组成，处置场有界限规定，主要包括废物预处理设施、废物填埋设施和渗滤液收集处理设施。

填埋场场址应满足：

（1）填埋场场址的选择应符合国家及地方城乡建设总体规划要求，场址应处于一个相对稳定的区域，不会因自然或人为的因素而受到破坏。

（2）填埋场场址的选择应进行环境影响评价，并经环境保护行政主管部门批准。

（3）填埋场场址不应选在城市工农业发展规划区、农业保护区、自然保护区、风景名胜区、文物（考古）保护区、生活饮用水源保护区、供水远景规划区、矿产资源储备区和其他需要特别保护的区域内。

（4）填埋场距飞机场、军事基地的距离应在3000m以上。

（5）填埋场场界应位于居民区800m以外，并保证在当地气象条件下对附近居民区大气环境不产生影响。

（6）填埋场场址必须位于百年一遇的洪水标高线以上，并在长远规划中的水库等人工蓄水设施淹没区和保护区之外。

（7）填埋场场址距地表水域的距离不应小于150m。

（8）填埋场场址的地质条件应符合下列要求：①能充分满足填埋场基础层的要求；②现场或其附近有充足的黏土资源以满足构筑防渗层的需要；③位于地下水饮用水水源地主要补给区范围之外，且下游无集中供水井；④地下水位应在不透水层3m以下，否则，必须提高防渗设计标准并进行环境影响评价，取得主管部门同意；⑤天然地层岩性相对均匀、渗透率低；⑥地质结构相对简单、稳定，没有断层。

（9）填埋场场址选择应避开下列区域：破坏性地震及活动构造区；海啸及涌浪影响区；湿地和低洼汇水处；地应力高度集中，地面抬升或沉降速率快的地区；石灰溶洞发育带；废弃矿区或塌陷区；崩塌、岩堆、滑坡区；山洪、泥石流地区；活动沙丘区；尚未稳定的冲积扇及冲沟地区；高压缩性淤泥、泥炭及软土区以及其他可能危及填埋场安全的区域。

（10）填埋场场址必须有足够大的可使用面积以保证填埋场建成后具有10年或更长的使用期，在使用期内能充分接纳所产生的危险废物。

（11）填埋场场址应选在交通方便、运输距离较短，建造和运行费用低，能保证填埋场正常运行的地区。

6.5.2 填埋物入场要求

（1）下列废物可以直接入场填埋：

① 根据GB 5086和GB/T 15555.1－11测得的废物浸出液中有一种或一种以上有害成分浓度超过GB 5085.3中的标准值并低于表6－7中的允许进入填埋区控制限值的废物。

表6－7 危险废物允许进入填埋区的控制限值

序 号	项 目	稳定化控制限值/(mg/L)
1	有机汞	0.001
2	汞及其化合物(以总汞计)	0.25
3	铅(以总铅计)	5
4	镉(以总镉计)	0.50
5	总铬	12
6	六价铬	2.50
7	铜及其化合物(以总铜计)	75
8	锌及其化合物(以总锌计)	75
9	铍及其化合物(以总铍计)	0.20
10	钡及其化合物(以总钡计)	150
11	镍及其化合物(以总镍计)	15
12	砷及其化合物(以总砷计)	2.5
13	无机氟化物(不包括氟化钙)	100
14	氰化物(以CN计)	5

② 根据GB 5086和GB/T 15555.12测得的废物浸出液pH值在7.0～12.0之间的废物。

(2) 下列废物需经预处理后方能入场填埋：

① 根据GB 5086和GB/T 15555.1－11测得废物浸出液中任何一种有害成分浓度超过表6－7中允许进入填埋区的控制限值的废物；②根据GB 5086和GB/T 15555.12测得的废物浸出液pH值小于7.0和大于12.0的废物；③本身具有反应性、易燃性的废物；④含水率高于85%的废物；⑤液体废物。

(3) 下列废物禁止填埋：

①医疗废物；②与衬层具有不相容性反应的废物。相容性是指某种危险废物同其他危险废物或填埋场中其他物质接触时不产生气体、热量、有害物质，不会燃烧或爆炸，不发生其他可能对填埋场产生不利影响的反应和变化。

6.5.3 填埋场设计与施工的环境保护要求

(1) 填埋场应设预处理站，预处理站包括废物临时堆放、分捡破碎、减容减量处理、稳定化养护等设施。

(2) 填埋场应对不相容性废物设置不同的填埋区，每区之间应设有隔离设施。但对于面积过小，难以分区的填埋场，对不相容性废物可分类用容器盛放后填埋，容器材料应与所有可能接触的物质相容，且不被腐蚀。

（3）填埋场所选用的材料应与所接触的废物相容，并考虑其抗腐蚀特性。

（4）填埋场天然基础层的饱和渗透系数不应大于 1.0×10^{-5}cm/s，且其厚度不应小于2m（天然基础层即填埋场防渗层的天然土层）。

（5）填埋场应根据天然基础层的地质情况分别采用天然材料衬层、复合衬层或双人工衬层作为其防渗层。防渗层即人工构筑的防止渗滤液进入地下水的隔水层，复合衬层即包括一层人工合成材料衬层和一层天然材料衬层的防渗层，双人工衬层即包括两层人工合成材料衬层的防渗层。

6.5.4 衬层的施工条件

如果天然基础层饱和渗透系数小于 1.0×10^{-7}cm/s，且厚度大于5m，可以选用天然材料衬层。天然材料衬层经机械压实后的饱和渗透系数不应大于 1.0×10^{-7}cm/s，厚度不应小于1m。

如果天然基础层饱和渗透系数小于 1.0×10^{-6}cm/s，可以选用复合衬层。复合衬层必须满足下列条件：

（1）天然材料衬层经机械压实后的饱和渗透系数不应大于 1.0×10^{-7}cm/s，厚度应满足表6－8所列指标，坡面天然材料衬层厚度应比表6－8所列指标大10%；

表6－8 复合衬层下衬层厚度设计要求

基础层条件	下衬层厚度
渗透系数≤1.0×10^{-7}cm/s，厚度≥3m	厚度≥0.5m
渗透系数≤1.0×10^{-6}cm/s，厚度≥6m	厚度≥0.5m
渗透系数≤1.0×10^{-6}cm/s，厚度≥3m	厚度≥1.0m

（2）人工合成材料衬层可以采用高密度聚乙烯（HDPE），其渗透系数不大于 10^{-12}cm/s，厚度不小于1.5mm。HDPE材料必须是优质品，禁止使用再生产品。

如果天然基础层饱和渗透系数大于 1.0×10^{-6}cm/s，则必须选用双人工衬层。

双人工衬层必须满足下列条件：

（1）天然材料衬层经机械压实后的渗透系数不大于 1.0×10^{-7}cm/s，厚度不小于0.5m；

（2）上人工合成衬层可以采用HDPE材料，厚度不小于2.0mm；

（3）下人工合成衬层可以采用HDPE材料，厚度不小于1.0mm。

6.5.5 填埋场集排系统

填埋场必须设置渗滤液集排水系统、雨水集排水系统和集排气系统。各个系统在设计时采用的暴雨强度重现期不得低于50年。管网坡度不应小于2%；填埋场底部应以不小于2%的坡度坡向集排水管道。

采用天然材料衬层或复合衬层的填埋场应设渗滤液主集排水系统，它包括底部排水层、集排水管道和集水井；主集排水系统的集水井用于渗滤液的收集和排出。

采用双人工合成材料衬层的填埋场除设置渗滤液主集排水系统外，还应设置辅助集排水系统，它包括底部排水层、坡面排水层、集排水管道和集水井；辅助集排水系统的集水井主要用作上人工合成衬层的渗漏监测。

排水层的透水能力不应小于0.1cm/s。

填埋场应设置雨水集排水系统，以收集、排出汇水区内可能流向填埋区的雨水、上游雨水以及未填埋区域内未与废物接触的雨水。雨水集排水系统排出的雨水不得与渗滤液混排。

填埋场设置集排气系统以排出填埋废物中可能产生的气体。

填埋场必须设有渗滤液处理系统，以便处理集排水系统排出的渗滤液。

6.5.6 填埋场施工质量要求

填埋场周围应设置绿化隔离带，其宽度不应小于10m。

填埋场施工前应编制施工质量保证书并获得环境保护主管部门的批准。施工中应严格按照施工质量保证书中的质量保证程序进行。

在进行天然材料衬层施工之前，要通过现场施工试验确定合适的施工机械，压实方法、压实控制参数及其他处理措施，以论证是否可以达到设计要求。同时在施工过程中要进行现场施工质量检验，检验内容与频率应包括在施工设计书中。

人工合成材料衬层在铺设时应满足下列条件：

(1) 对人工合成材料应检查指标合格后才可铺设，铺设时必须平坦，无皱折；

(2) 在保证质量条件下，焊缝尽量少；

(3) 在坡面上铺设衬层，不得出现水平焊缝；

(4) 底部衬层应避免埋设垂直穿孔的管道或其他构筑物；

(5) 边坡必须锚固，锚固形式和设计必须满足人工合成材料的受力安全要求；

(6) 边坡与底面交界处不得设角焊缝，角焊缝不得跨过交界处。

在人工合成材料衬层在铺设、焊接过程中和完成之后，必须通过目视，非破坏性和破坏性测试检验施工效果，并通过测试结果控制施工质量。

6.5.7 填埋场运行管理要求

在填埋场投入运行之前，要制订一个运行计划。此计划不但要满足常规运行，而且要提出应急措施，以便保证填埋场的有效利用和环境安全。

填埋场的运行应满足下列基本要求：

（1）入场的危险废物必须符合本标准对废物的入场要求；

（2）散状废物入场后要进行分层碾压，每层厚度视填埋容量和场地情况而定；

（3）填埋场运行中应进行每日覆盖，并视情况进行中间覆盖；

（4）应保证在不同季节气候条件下，填埋场进出口道路通畅；

（5）填埋工作面应尽可能小，使其得到及时覆盖；

（8）废物堆填表面要维护最小坡度，一般为1∶3（垂直∶水平）；

（7）通向填埋场的道路应设栏杆和大门加以控制；

（8）必须设有醒目的标志牌，指示正确的交通路线。标志牌应满足GB 15562.2的要求；

（9）每个工作日都应有填埋场运行情况的记录，应记录设备工艺控制参数，入场废物来源、种类、数量、废物填埋位置及环境监测数据等；

（10）运行机械的功能要适应废物压实的要求，为了防止发生机械故障等情况，必须有备用机械；

（11）危险废物安全填埋场的运行不能暴露在露天进行，必须有遮雨设备，以防止雨水与未进行最终覆盖的废物接触；

（12）填埋场运行管理人员，应参加环保管理部门的岗位培训，合格后上岗。

6.5.8 危险废物安全填埋场分区原则

（1）可以使每个填埋区能在尽量短的时间内得到封闭。

（2）使不相容的废物分区填埋。

（3）分区的顺序应有利于废物运输和填埋。

（4）填埋场管理单位应建立有关填埋场的全部档案，从废物特性、废物倾倒部位、场址选择、勘察、征地、设计、施工、运行管理、封场及封场管理、监测直至验收等全过程所形成的一切文件资料，必须按国家档案管理条例进行整理与保管，保证完整无缺。

6.5.9 填埋场污染控制要求

（1）严禁将集排水系统收集的渗滤液直接排放，必须对其进行处理并达到GB 8978《污水综合排放标准》中第一类污染物最高允许排放浓度的要求及第二类污染物最高允许排放浓度标准要求后方可排放。

(2) 危险废物填埋场废物渗滤液第二类污染物排放控制项目为：pH 值，悬浮物(SS)，五日生化需氧量(BOD_5)，化学需氧量(COD_{Cr})，氨氮(NH_3—N)，磷酸盐(以 P 计)。

(3) 填埋场渗滤液不应对地下水造成污染。填埋场地下水污染评价指标及其限值按照 GB/T 14848 执行。

(4) 地下水监测因子应根据填埋废物特性由当地环境保护行政主管部门确定，必须具有代表性，能表示废物特性的参数。常规测定项目为浊度、pH 值、可溶性固体、氯化物、硝酸盐(以 N 计)、亚硝酸盐(以 N 计)、氨氮、大肠杆菌总数。

(5) 填埋场排出的气体应按照 GB 16297 中无组织排放的规定执行。监测因子应根据填埋废物特性由当地环境保护行政主管部门确定，必须具有代表性，能表示废物特性的参数。

(6) 填埋场在作业期间，噪声控制应按照 GB 12348 的规定执行。

6.5.10 填埋场的封场要求

当填埋场处置的废物数量达到填埋场设计容量时，应实行填埋封场。

填埋场的最终覆盖层应为多层结构，应包括下列部分：

(1)底层(兼作导气层)：厚度不应小于 20cm，倾斜度不小于 2%，由透气性好的颗粒物质组成；

(2) 防渗层：天然材料防渗层厚度不应小于 50cm，渗透系数不大于 10^{-7} cm/s；若采用复合防渗层，人工合成材料层厚度不应小于 1.0mm，天然材料层厚度不应小于 30cm。其他设计要求与衬层相同；

(3) 排水层及排水管网：排水层和排水系统的要求同底部渗滤液集排水系统相同，设计时采用的暴雨强度不应小于 50 年；

(4) 保护层：保护层厚度不应小于 20cm，由粗砥性坚硬鹅卵石组成；

(5) 植被恢复层：植被层厚度一般不应小于 60cm，其土质应有利于植物生长和场地恢复；同时植被层的坡度不应超过 33%。在坡度超过 10% 的地方，须建造水平台阶；坡度小于 20% 时，标高每升高 3m，建造一个台阶；坡度大于 20% 时，标高每升高 2m，建造一个台阶。台阶应有足够的宽度和坡度，要能经受暴雨的冲刷。

封场后应继续进行下列维护管理工作，并延续到封场后 30 年。

(1) 维护最终覆盖层的完整性和有效性；

(2) 维护和监测检漏系统；

(3) 继续进行渗滤液的收集和处理；

(4) 继续监测地下水水质的变化。

当发现场址或处置系统的设计有不可改正的错误，或发生严重事故及发生不可预见的自然灾害使得填埋场不能继续运行时，填埋场应实行非正常封场。非正常封场应预先做出相应补救计划，防止污染扩散。实施非正常封场必须得到环保部门的批准。

6.5.11 填埋场的监测要求

对填埋场的监督性监测的项目和频率应按照有关环境监测技术规范进行，监测结果应定期报送当地环保部门，并接受当地环保部门的监督检查。

(1) 填埋场渗滤液的监测

利用填埋场的每个集水井进行填埋场渗滤液水位和水质监测。

采样频率应根据填埋物特性、覆盖层和降水等条件加以确定，应能充分反映填埋场渗滤液变化情况。渗滤液水质和水位监测频率至少为每月一次。

(2) 填埋场地下水的监测

地下水监测井布设应满足下列要求：①在填埋场上游应设置一眼监测井，以取得背景水源数值。在下游至少设置三眼井，组成三维监测点，以适应于下游地下水的羽流几何型流向；②监测井应设在填埋场的实际最近距离上，并且位于地下水上下游相同水力坡度上；③监测井深度应足以采取具有代表性的样品。

填埋场地下水取样频率为运行的第一年，应每月至少取样一次；在正常情况下，取样频率为每季度至少一次。发现地下水质出现变坏现象时，应加大取样频率，并根据实际情况增加监测项目，查出原因以便进行补救。

(4) 填埋场大气的监测

采样点布设及采样方法按照 GB 16297 的规定执行。污染源下风方向应为主要监测范围。超标地区、人口密度大和距工业区近的地区加大采样点密度、采样频率。填埋场运行期间，应每月取样一次，如出现异常，取样频率应适当增加。

6.6 危险化学品废物的安全焚烧

危险化学品废物的热处理就是在一定的装置内主要通过升温来改变危险化学品废物的化学、物理、生物特性或组成的处理方法。在国际上，焚烧法不但为人们熟知，并且技术已经日趋成熟，而其他的像等离子体工艺等目前仍处于发展阶段。

危险化学品废物热处理具有以下的优点：

(1) 减容，特别是对可燃成分高的固体废物；

(2) 消毒，特别适用于可燃性的致癌物、病理学污染的物质、有毒的有机物或者对环境造成污染的生物活性物质；

（3）减轻对环境的影响，例如会产生气体的有机危险废弃物；

（4）回收能量，特别适合于大量的废弃物的处理，以及附近有副产燃料和蒸汽需求市场的情况；

（5）有时还可回收化学副产物。当然，为了满足一些特殊的应用还可以开发某些复杂程度和功能各不相同的热处理系统以适应不同的需要。

6.6.1　危险化学品废物的热处理

热处理工艺分为很多种，每种工艺都针对一定危险化学品废物的处理。通常热处理技术有如下的工艺种类。

6.6.1.1　焚烧工艺

焚烧是一种热氧化过程，生成物为 H_2O、CO_2、酸性气体、粉尘和不易再燃烧的固体残渣。决定危险化学品废物焚烧完全的关键因素是温度、停留时间、湍流、供氧量和进料条件，焚烧适用于不宜回收利用其有用组分、具有一定热值的危险化学品废物。

据国外有关机构研究表明，适于焚烧的废物主要有：

（1）具有生物危害性的废物，如医院废物和易腐败的废物；

（2）难于生物降解及在环境中持久性长的废物，如塑料、橡胶和乳胶废物；

（3）易挥发和扩散的废物，如废溶剂、油、油乳化物和油混合物、含酚废物以及油脂、蜡废物和有机釜底物；

（4）熔点低于40℃的废物；

（5）不可能安全填埋处置的废物，一般危险化学品废物中的固体含量在35%，有机物含量少于1%，毒性废物在经过解毒和预处理后才允许进行填埋处置；

（6）含有卤素、铅、汞、镉、锌、氮、磷或硫的有机废物，如PCBs、农药废物和制药废物等。

易爆废物不宜进行焚烧处置。

一个典型的焚烧系统，通常由废物预处理、焚烧、热能回收、尾气和废水的净化4个基本过程组成。焚烧设施的建设、运营和污染控制管理应遵循《危险化学品废物焚烧污染控制标准》及其他有关规定。危险化学品废物焚烧处置应满足以下要求：

（1）危险化学品废物进入焚烧处置前必须进行前处理，达到进炉的要求，以保证其炉内燃烧均匀、完全；

（2）焚烧炉温度应达到1100℃以上，烟气停留时间应在2.0s以上，燃烧效率大于99.9%，焚毁去除率大于99.99%，焚烧残渣的热灼减率小于5%（医院临床废物和含多氯联苯废物除外）；

（3）焚烧设施必须有前处理系统、尾气净化系统、报警系统和应急处理装置；

（4）危险化学品废物焚烧产生的残渣、烟气处理过程中产生的飞灰，需按危险化学品废物进行安全填埋处置；

（5）工业危险废物的焚烧宜采用以旋转窑炉为基础的焚烧技术，可根据危险化学品废物种类和特征选用其他不同炉型，鼓励改造并采用生产水泥的旋转窑炉附烧或专烧危险化学品废物；

（6）鼓励工业危险废物焚烧余热利用，对规模较大的危险化学品废物焚烧设施，可实施热电联产；

（7）医院临床废物、合多氯联苯废物等一些传染性的，或毒性大或含持久性有机污染成分的特殊工业危险废物宜在专门焚烧设施中焚烧。

焚烧是一种高价操作，在某种意义上是现有废物处理和处置方法中最昂贵的。然而，在长期的运行中，焚烧可能是最大效益/成本的废物处理方案，因为它永久消除有毒有机物，没有更多的废物储存需要。但此法也有明显的缺点，除了一次性投资较大，还存在操作运行费用高、热值低等问题，焚烧过程中产生了导致二次污染的多种有害物质与有害气体。

6.6.1.2 富氧焚烧

富氧焚烧是近几年发展起来的一项新的焚烧工艺技术，它以富氧空气（30%左右氧含量>代替空气作为焚烧过程的氧化剂，从而提高了有害组分的破坏去除率，并且达到节能降耗的目的。这是一项较有发展前途的新工艺。

6.6.1.3 催化焚烧

催化焚烧主要是用催化剂对有机组分进行破坏分解。与焚烧法相比，其特点是运行温度低、节能及高效。这种方法适于气相有机废物的处理，但对废物的组成要求较严格。例如，对能使催化剂中毒的含氯或含硫废物以及含尘量高的废气的处理均不适用。

6.6.1.4 高温热解

针对多数有机化合物具有热不稳定性的特征，在高温缺氧条件下，使化合物裂解成分子量较小的组分，从而达到回收资源和废物无害化的双重目的。这是一种对危险化学品废物进行再利用型热处理的方法，恰当的使用能达到事半功倍的效果。

6.6.1.5 等离子体电弧分解

该方法是利用等离子火焰吹管气化并使废物有害成分在超高温下（2000℃以上）得以彻底分解。这是危险化学品废物处置领域新发展的一种方法，也是破坏去除率最高的一种方法（破坏去除率为99.999999%）。

6.6.1.6 湿式空气氧化

湿式空气氧化已成功地用于含低浓度有机物废水的处理中，其工作原理就是利用一定温度和压力下有机物的氧化速度明显提高这一特点，对含有机物的废水实行加热和加压并通入空气，从而产生液相的氧化反应，使有机组分大部分被破坏分解掉。

6.6.1.7 蒸馏和气提

这是一种用于分离、提纯及回收挥发性有机物的方法，适于处理含有机物的废液和含有挥发性有机物的固体废物。该方法可用于废液中不溶于水的有机物去除或高沸点水溶性化合物的分离，也可用于将挥发性物质转移到蒸气相中以便回收利用或处理。

6.6.1.8 微波处理工艺

微波处理系统用于处理分解气态、液态和固态的有毒化合物。目前认为微波技术处理某些有毒的有机化合物是成功的，但是具有一些局限性。

6.6.2 危险废物焚烧污染控制标准

为贯彻《中华人民共和国环境保护法》和《中华人民共和国固体废物污染环境防治法》，加强对危险废物的污染控制，保护环境，保障人体健康，国家制定了《危险废物焚烧污染控制标准》(GB 18484—2001)。标准以集中连续型焚烧设施为基础，涵盖了危险废物焚烧全过程的污染控制；对具备热能回收条件的焚烧设施要考虑热能的综合利用。

标准从危险废物处理过程中环境污染防治的需要出发，规定了危险废物焚烧设施场所的选址原则、焚烧基本技术性能指标、焚烧排放大气污染物的最高允许排放限值、焚烧残余物的处置原则和相应的环境监测等。

6.6.2.1 概念和术语

(1) 危险废物

是指列入国家危险废物名录或者根据国家规定的危险废物鉴别标准和鉴别方法判定的具有危险特性的废物。

(2) 焚烧

指焚化燃烧危险废物使之分解并无害化的过程。

(3) 焚烧炉

指焚烧危险废物的主体装置。

(4) 焚烧量

焚烧炉每小时焚烧危险废物的重量。

(5) 焚烧残余物

指焚烧危险废物后排出的燃烧残渣、飞灰和经尾气净化装置产生的固态物质。

(6) 热灼减率

指焚烧残渣经灼热减少的质量占原焚烧残渣质量的百分数。其计算方法如下：

$$P=(A-B)/A\times 100\%$$

式中 P——热灼减率,%；

A——干燥后原始焚烧残渣在室温下的质量，g；

B——焚烧残渣经600℃(±25℃)3h灼热后冷却至室温的质量，g。

(7) 烟气停留时间

指燃烧所产生的烟气从最后的空气喷射口或燃烧器出口到换热面(如余热锅炉换热器)或烟道冷风引射口之间的停留时间。

(8) 焚烧炉温度

指焚烧炉燃烧室出口中心的温度。

(9) 燃烧效率(CE)

指烟道排出气体中二氧化碳浓度与二氧化碳和一氧化碳浓度之和的百分比。用以下公式表示：

$$CE=[CO_2]/([CO_2]+[CO])\times 100\%$$

式中 $[CO_2]$和$[CO]$——分别为燃烧后排气中CO_2和CO的浓度。

(10) 焚毁去除率(DRE)

指某有机物质经焚烧后所减少的百分比。用以下公式表示：

$$DRE=(W_i-W_o)/W_i\times 100\%$$

式中 W_i——被焚烧物中某有机物质的质量；

W_o——烟道排放气和焚烧残余物中与W_i相应的有机物质的质量之和。

(11) 二噁英类

多氯代二苯并-对-二噁英和多氯代二苯并呋喃的总称。

(12) 二噁英毒性当量(*TEQ*)

二噁英毒性当量因子(*TEF*)是二噁英毒性同类物与2,3,7,8-四氯代二苯并-对-二噁英对Ah受体的亲和性能之比。二噁英毒性当量可以通过下式计算：

$$TEQ=\sum(\text{二噁英毒性同类物浓度}\times TEF)$$

(13) 标准状态

指温度在273.16K，压力在101.325kPa时的气体状态。本标准规定的各项污染物的排放限值，均指在标准状态下以11% O_2(干空气)作为换算基准换算后的浓度。

6.6.2.2 技术要求

(1) 焚烧厂选址原则

① 各类焚烧厂不允许建设在地表水环境质量Ⅰ类、Ⅱ类功能区和GB3095中规定的环境空气质量一类功能区，即自然保护区、风景名胜区和其他需要特殊保护地区。集中式危险废物焚烧厂不允许建设在人口密集的居住区、商业区和文化区。

② 各类焚烧厂不允许建设在居民区主导风向的上风向地区。

（2）焚烧物的要求

除易爆和具有放射性以外的危险废物均可进行焚烧。

（3）焚烧炉排气筒高度

① 焚烧炉排气筒高度见表6-9。

表6-9 焚烧炉排气筒高度

焚烧量/(kg/h)	废物类型	排气筒最低允许高度/m
≤300	医院临床废物	20
	除医院临床废物以外的危险废物	25
300~2000	除医院临床废物以外的危险废物	35
2000~2500	除医院临床废物以外的危险废物	45
≥2500	除医院临床废物以外的危险废物	50

② 新建集中式危险废物焚烧厂焚烧炉排气筒周围半径200m有建筑物时，排气筒高度必须高出最高建筑物5m以上。

③ 对有几个排气源的焚烧厂因集中到一个排气筒排采多筒集合式排放。

④ 焚烧炉排气筒因按GB/T 16157的要求，设置永久采样孔，并安装采样和测量的设施。

（4）焚烧炉的技术指标

① 焚烧炉的技术性能要求见表6-10。

表6-10 焚烧炉的技术性能指标

指 标	焚烧炉温度/℃	烟气停留时间/s	燃烧效率/%	焚毁去除率/%	焚烧残渣的热灼减率/%
废物类型					
危险废物	≥1100	≥2.0	≥99.9	≥99.99	<5
多氯联笨	≥1200	≥2.0	≥99.9	≥99.9999	<5
医院临床废物	≥850	≥1.0	≥99.9	≥99.99	<5

② 焚烧炉出口烟气中的氧气含量应为6%~10%（干气）。

③ 焚烧炉运行过程中要保证系统处于负压状态，避免有害气逸出。

④ 焚烧炉必须有尾气进化系统、报警系统和应急处理装置。

（5）危险废物的储存

① 危险废物的储存场所必须有符合GB 15562.2的专用标志。

② 废物的储存容器必须有明显标志，具有耐腐蚀、耐压、密封和不与所储存的废物发生反应等特性。

③ 储存场所内禁止混放不相容危险废物。

④ 储存场所要有集排水和防渗漏设施。

⑤ 储存场所要远离焚烧设施并符合消防要求。

6.6.2.3 污染物(项目)控制限值

(1) 焚烧炉大气污染物排放限值

焚烧炉排气中任何一种有害物质不得超过表 6－11 中所列的最高允许限值。

表 6－11 危险废物焚烧炉大气污染物排放限值

序号	污染物	不同焚烧容量时的最高允许排放浓度限值/(mg/m^3)		
		≤300kg/h	300～2500kg/h	≥2500kg/h
1	烟气黑度	格林曼Ⅰ级		
2	烟尘	100	80	65
3	一氧化碳(CO)	100	80	80
4	二氧化硫(SO_2)	400	300	200
5	氟化氢(HF)	9.0	7.0	5.0
6	氯化氢(HCl)	100	70	60
7	氮氧化物(以 NO_2 计)	500		
8	汞及其化合物(以 Hg 计)	0.1		
9	镉及其化合物(以 Cd 计)	0.1		
10	砷、镍及其化合物(以 As + Ni 计)	1.0		
11	铅及其化合物(以 Pb 计)	1.0		
12	铬、锡、锑、铜、锰及其化合物(以 Cr + Sn + Sb + Cu + Mn 计)	4.0		
13	二噁英类	0.5TEQng/m^3		

注：① 在测试计算过程中，以 11% O_2(干气)作为换算基准。换算公式为：

$$c = 10/(21 - O_s) \times c_s$$

式中 c——标准状态下被测污染物经换算后的浓度，mg/m^3；

O_s——排气中氧气的浓度,%；

c_s——标准状态下被测污染物的浓度，mg/m^3。

② 指砷和镍的总量。

③ 指铬、锡、锑、铜和锰的总量。

（2）危险废物焚烧厂排放废水时，其水中污染物最高允许排放浓度按GB 8978执行。

（3）焚烧残余物按危险废物进行安全处置。

（4）危险废物焚烧厂噪声执行GB 12349。

6.6.2.4 监督监测

（1）废气监测

① 焚烧炉排气筒中烟尘或气态污染物监测的采样点数目及采样点位置的设置，执行GB/T 16157。

② 在焚烧设施于正常状态下运行1h后，开始以1次/h的频次采集气样，每次采样时间不得低于45min，连续采样3次，分别测定以平均值作为判定值。

③ 焚烧设施排放气体按污染源监测分析方法执行见表6－12。

表6－12 焚烧设施排放气体的分析方法

序号	污染物	分析方法	方法来源
1	烟气黑度	林格曼烟度法	GB/T 5468—91
2	烟尘	重量法	GB/T 16157—1996
3	一氧化碳（CO）	非分散红外吸收法	HJ/T 44—1999
4	二氧化硫（SO_2）	甲醛吸收副玫瑰苯胺分光光度法	1）①
5	氟化氢（HF）	滤膜·氟离子选择电极法	1）
6	氯化氢（HCl）	硫氰酸汞分光光度法、硝酸银容量法	HJ/T 27—1999
7	氮氧化物	盐酸萘乙二胺分光光度法	HJ/T 43—1999
8	汞	冷原子吸收分光光度法	1）
9	镉	原子吸收分光光度法	1）
10	铅	火焰原子吸收分光光度法	1）
11	砷	二乙基二硫代氨基甲酸银分光光度法	1）
12	铬	二苯碳酰二肼分光光度法	1）
13	锡	原子吸收分光光度法	1）
14	锑	5－Br－PADAP分光光度法	1）
15	铜	原子吸收分光光度法	1）
16	锰	原子吸收分光光度法	1）
17	镍	原子吸收分光光度法	1）
18	二噁英类	色谱－质谱联用法	2）②

注：①《空气和废气监测分析方法》，中国环境科学出版社，北京，1990年。

②《固体废弃物试验分析评价手册》，中国环境科学出版社，北京，1992年，P332～359。

（2）焚烧残渣热灼减率监测

① 样品的采集和制备方法执行 HJ/T 20。

② 焚烧残渣热灼减率的分析采用重量法。依据热灼减率公式计算，取 3 次平均值作为判定值。

6.7 医疗废物及其安全处置

医疗废物，是指医疗卫生机构在医疗、预防、保健以及其他相关活动中产生的具有直接或者间接感染性、毒性以及其他危害性的废物。由于医疗废物具有对生物的感染性、病理性而使其较其他危险化学品废弃物具有更大的危害特性，因此在国家危险废物名录中，医疗机构产生的医疗废物排序在第1位。对医疗废物的安全处置是危险化学品废物安全管理的重要内容。

6.7.1 医疗废物的来源和危害

目前各国对医疗机构产生的废物概念尚未统一。世界卫生组织定义卫生保健废物是指卫生保健机构、研究机构和实验室产生的所有废物及各个分散点（如家庭卫生保健所）产生的废物。

医疗废物通常可分为一般性废物和危险性废物。其中将危险性废物分类为：感染性废物、病理性废物（组织、体液）、锋利物、药物性废物、遗传毒性废物、化学性废物、含重金属的废物、高压容器、放射性废物。

在美国及欧洲，医疗废物是指在诊断、治疗、预防接种等过程中产生的废物，研究机构产生的废物管理也等同于医疗废物管理。医疗机构产生的废物，包括生物学毒性的物质、有感染性的物质、化学物质、医药品、药物、锐利物质、放射性物质等，如人及动物的组织、血液、体液、粪便、尿、药物、绷带、锐利物等。在日本，感染性废物在法律上是指医院、诊所、动物医院、研究机构等医疗机构产生的含有或可能含有病原体的废物。感染性废物指血液、手术产生的病理废物、残留血液的锐利物等，及病原微生物实验用培养物、器具、残留血液的手套等。

国家环境保护总局颁布的《国家危险废物名录》中，药品、感光材料废物、废酸、废碱等列入危险废物名录。其中，医院临床废物指从医院、医疗中心和诊所的医疗服务中产生的临床废物。医院临床废物主要来源于手术、包扎、生物培养、动物试验、化验检查等；废药物、药品指过期、报废的无标签的及多种混杂的药物、药品，主要是积压或报废的药物、药品（包括化验室等）；医疗机构中的废酸（pH≤2 的液态酸）和废碱（pH≥12.5 的液态碱）主要在化学分析、废水处理等过程产生。我国各地方政府对医疗机构产生的废物也相继制定了相应的管理办法。1993 年吉林市人民政府颁布的《吉林市医疗生物垃圾暂行管理办法》中规定，医疗生物垃圾为医疗卫生单位在医疗防治活动中产生的固体废物(不含尸体和肢体)，生物制品厂、屠宰厂(户)在生产活动中产生的固体废物；兽医站(所)、宠物医院(所)在畜、禽的医疗防疫活动中产生的固体废物。要求医疗生物垃圾必须实行统一管理，集中焚烧，不得自行处理。对已收集到专用垃圾容器内的医疗生物垃圾，清运单位必须在24h内完成清运，特殊情况下不得超过48h。医疗生物垃圾处理实行有偿服务。1989年贵阳市政府办公厅颁布的《贵阳市医疗垃圾管理办法》中规定，医疗垃圾指医疗单位在检查、诊断、治疗各类疾病过程中和病员在住院期间所产生的各类固体废物。规定医疗垃圾从生产到清除，不得超过24h。

医疗废物除具有一般固体废物具有的种类繁多、性质复杂的特点外，还可能污染有病原微生物。因此如将医疗机构产生的废物直接混入城市生活垃圾，将严重影响环境卫生状况。导致病菌的繁殖，对居民健康构成潜在威胁。

采取堆存或填埋的医疗废物，其中的有害成分很容易侵蚀渗入土壤中，有害成分进入土壤可杀灭土壤中的微生物，使土壤丧失腐解能力，破坏植物生长环境。

堆存或填埋时防渗措施不当，可使固体废物随天然降水和地表水进入周围地表水体或渗入土壤，或随风落入水体使水面污染；直接排入河流、湖泊或海洋，造成水体污染。

采用焚烧处理的医疗废物，如处理不当，将严重污染大气。因医疗废物中塑料制品的比例高于生活垃圾，在焚烧时也会产生比较高浓度的二噁英类化学物质。在处置医疗废物时应对二噁英类化学物质的生成给予足够的重视。在美国有资料显示，二噁英类化学物质的主要生成来源是医疗废物的焚烧。

医疗废物回收处置不当，直接混入生活垃圾或交给儿童、家长，造成儿童伤害事件也时有报导。特别是使用后的一次性注射器对儿童造成的伤害，后果相当严重，有的致使视力丧失，造成儿童终生残疾。

6.7.2 医疗废物的安全管理

2003年6月16日，国务院公布了《医疗废物管理条例》，对医疗废物的收集、运送、储存、处置以及监督管理等活动进行规范管理。

6.7.2.1 医疗废物管理的一般规定

(1) 医疗卫生机构和医疗废物集中处置单位，应当建立、健全医疗废物管理责任制，其法定代表人为第一责任人，切实履行职责，防止因医疗废物导致传染病传播和环境污染事故。

(2) 医疗卫生机构和医疗废物集中处置单位，应当制定与医疗废物安全处置有关的规章制度和在发生意外事故时的应急方案；设置监控部门或者专(兼)职人员，负责检查、督促、落实本单位医疗废物的管理工作，防止违反本条例的行为发生。

(3) 医疗卫生机构和医疗废物集中处置单位，应当对本单位从事医疗废物收集、运送、储存、处置等工作的人员和管理人员，进行相关法律和专业技术、安全防护以及紧急处理等知识的培训。

(4) 医疗卫生机构和医疗废物集中处置单位，应当采取有效的职业卫生防护措施，为从事医疗废物收集、运送、储存、处置等工作的人员和管理人员，配备必要的防护用品，定期进行健康检查；必要时，对有关人员进行免疫接种，防止其受到健康损害。

(5) 医疗卫生机构和医疗废物集中处置单位，应当依照《中华人民共和国固体废物污染环境防治法》的规定，执行危险废物转移联单管理制度。

(6) 医疗卫生机构和医疗废物集中处置单位，应当对医疗废物进行登记，登记内容应当包括医疗废物的来源、种类、重量或者数量、交接时间、处置方法、最终去向以及经办人签名等项目。登记资料至少保存3年。

(7) 医疗卫生机构和医疗废物集中处置单位，应当采取有效措施，防止医疗废物流失、泄漏、扩散。

发生医疗废物流失、泄漏、扩散时，医疗卫生机构和医疗废物集中处置单位应当采取减少危害的紧急处理措施，对致病人员提供医疗救护和现场救援；同时向所在地的县级人民政府卫生行政主管部门、环境保护行政主管部门报告，并向可能受到危害的单位和居民通报。

(8) 禁止任何单位和个人转让、买卖医疗废物。

禁止在运送过程中丢弃医疗废物；禁止在非储存地点倾倒、堆放医疗废物或者将医疗废物混入其他废物和生活垃圾。

(9) 禁止邮寄医疗废物。

禁止通过铁路、航空运输医疗废物。

有陆路通道的，禁止通过水路运输医疗废物；没有陆路通道必需经水路运输医疗废物的，应当经设区的市级以上人民政府环境保护行政主管部门批准，并采取严格的环境保护措施后，方可通过水路运输。

禁止将医疗废物与旅客在同一运输工具上载运。

禁止在饮用水源保护区的水体上运输医疗废物。

6.7.2.2 医疗卫生机构对医疗废物的管理

(1) 医疗卫生机构应当及时收集本单位产生的医疗废物，并按照类别分置于防渗漏、防锐器穿透的专用包装物或者密闭的容器内。

医疗废物专用包装物、容器，应当有明显的警示标识和警示说明。

医疗废物专用包装物、容器的标准和警示标识的规定，由国务院卫生行政主管部门和环境保护行政主管部门共同制定。

（2）医疗卫生机构应当建立医疗废物的暂时储存设施、设备，不得露天存放医疗废物；医疗废物暂时储存的时间不得超过2天。

医疗废物的暂时储存设施、设备，应当远离医疗区、食品加工区和人员活动区以及生活垃圾存放场所，并设置明显的警示标识和防渗漏、防鼠、防蚊蝇、防蟑螂、防盗以及预防儿童接触等安全措施。

医疗废物的暂时储存设施、设备应当定期消毒和清洁。

（3）医疗卫生机构应当使用防渗漏、防遗撒的专用运送工具，按照本单位确定的内部医疗废物运送时间、路线，将医疗废物收集、运送至暂时储存地点。

运送工具使用后应当在医疗卫生机构内指定的地点及时消毒和清洁。

（4）医疗卫生机构应当根据就近集中处置的原则，及时将医疗废物交由医疗废物集中处置单位处置。

医疗废物中病原体的培养基、标本和菌种、毒种保存液等高危险废物，在交医疗废物集中处置单位处置前应当就地消毒。

（5）医疗卫生机构产生的污水、传染病病人或者疑似传染病病人的排泄物，应当按照国家规定严格消毒；达到国家规定的排放标准后，方可排入污水处理系统。

（6）不具备集中处置医疗废物条件的农村，医疗卫生机构应当按照县级人民政府卫生行政主管部门、环境保护行政主管部门的要求，自行就地处置其产生的医疗废物。自行处置医疗废物的，应当符合下列基本要求：

① 使用后的一次性医疗器具和容易致人损伤的医疗废物，应当消毒并作毁形处理；②能够焚烧的，应当及时焚烧；③不能焚烧的，消毒后集中填埋。

6.7.2.3　医疗废物的集中处置

（1）从事医疗废物集中处置活动的单位，应当向县级以上人民政府环境保护行政主管部门申请领取经营许可证；未取得经营许可证的单位，不得从事有关医疗废物集中处置的活动。

（2）医疗废物集中处置单位，应当符合下列条件：

① 具有符合环境保护和卫生要求的医疗废物储存、处置设施或者设备；②具有经过培训的技术人员以及相应的技术工人；③具有负责医疗废物处置效果检测、评价工作的机构和人员；④具有保证医疗废物安全处置的规章制度。

（3）医疗废物集中处置单位的储存、处置设施，应当远离居（村）民居住区、水源保护区和交通干道，与工厂、企业等工作场所有适当的安全防护距离，并符合国务院环境保护行政主管部门的规定。

（4）医疗废物集中处置单位应当至少每2天到医疗卫生机构收集、运送一次医疗废物，并负责医疗废物的储存、处置。

(5) 医疗废物集中处置单位运送医疗废物，应当遵守国家有关危险货物运输管理的规定，使用有明显医疗废物标识的专用车辆。医疗废物专用车辆应当达到防渗漏、防遗撒以及其他环境保护和卫生要求。

运送医疗废物的专用车辆使用后，应当在医疗废物集中处置场所内及时进行消毒和清洁。

运送医疗废物的专用车辆不得运送其他物品。

(6) 医疗废物集中处置单位在运送医疗废物过程中应当确保安全，不得丢弃、遗撒医疗废物。

(7) 医疗废物集中处置单位应当安装污染物排放在线监控装置，并确保监控装置经常处于正常运行状态。

(8) 医疗废物集中处置单位处置医疗废物，应当符合国家规定的环境保护、卫生标准、规范。

(9) 医疗废物集中处置单位应当按照环境保护行政主管部门和卫生行政主管部门的规定，定期对医疗废物处置设施的环境污染防治和卫生学效果进行检测、评价。检测、评价结果存入医疗废物集中处置单位档案，每半年向所在地环境保护行政主管部门和卫生行政主管部门报告一次。

(10) 医疗废物集中处置单位处置医疗废物，应当按照国家有关规定向医疗卫生机构收取医疗废物处置费用。

医疗卫生机构按照规定支付的医疗废物处置费用，可以纳入医疗成本。

(11) 各地区应当利用和改造现有固体废物处置设施和其他设施，对医疗废物集中处置，并达到基本的环境保护和卫生要求。

(12) 尚无集中处置设施或者处置能力不足的城市，自本条例施行之日起，设区的市级以上城市应当在1年内建成医疗废物集中处置设施；县级市应当在2年内建成医疗废物集中处置设施。县(旗)医疗废物集中处置设施的建设，由省、自治区、直辖市人民政府规定。

在尚未建成医疗废物集中处置设施期间，有关地方人民政府应当组织制定符合环境保护和卫生要求的医疗废物过渡性处置方案，确定医疗废物收集、运送、处置方式和处置单位。

6.7.3 医疗废物的综合治理

各医疗卫生机构对医疗废物的安全管理固然承担着重要的责任，但由于医疗废物的产生直至造成涉及千家万户，医疗废物的综合治理是一项系统工程，需要全社会共同关心和参与。

(1) 尽快制订医疗废物处理指南

我国先后制定了《固体废物污染环境防治法》、《国家危险废物名录》、《危险废物转移联单管理办法》、《消毒管理办法》、《医疗废物管理条例》，在医疗废物，特别是危险废物管理的收集原则及方法、运输管理、包装容器、方式都做出了严格的规定。但目前尚无针对医疗废物特点制订具体的协作规程，应尽快制订切实可行的医疗废物处理指南，使各级医疗机构能够正确开展医疗废物回收处理工作，建立完善实施制度。

（2）加强对医疗机构的管理和监督

《医疗机构管理条例实施细则》明确规定，污水、污物、粪便处理方案不合理的不批准设置医疗机构。应在设立医疗机构时严格考核处理方案，进行监督检查。医疗废物的处理，不仅需要医疗机构自身守法，也需要监督部门的监测和监督。居民的参与，可推动医疗废物的合理处理。如 1994 年 4 月在日本香川县丸龟市所辖区内发现，在生活垃圾废物最终处置场地混有大量的医疗废物，这一违法丢弃医疗废物事件是由当地居民发现报告的。通过社区居民的监督可及时发现存在或潜在的问题，提高各界对医疗废物处理的关注，促进采取相应措施。

（3）遵循"无害化"、"减量化"、"资源化"的废物处置原则

"无害化"、"减量化"、"资源化"的原则，是一切废物的处理原则，医疗机构产生的废物也应遵循这三个原则。由于医疗废物具有对人体更独特的毒害，医疗危险废物的"无害化"处理就显得尤为重要。

（4）制定医疗废物处理环境卫生标准

日本通过制定《废物处置法》及《二噁英类化学物质特别处置法》，提高了对废物处置的要求，制定国家环境保护标准值，控制二噁英类化学物质的产生。对二噁英类化学物质排出浓度超出标准的回收公司，要求改善焚烧或排汽设备。我国在《医疗垃圾焚烧环境卫生标准》中规定，医疗垃圾的焚烧炉应设有除尘净化装置，烟筒高度应高于当地地平线 20m 以上，火焰上方检测温度应 >800℃，炉外温度 >40℃。但对二噁英类化学物质的排放未提出环境标准。应加快研究制订适合我国的医疗废物处置的技术，制定相应的环境卫生标准。

（5）加快医疗废物处置技术的研究和开发

感染性医疗废物用可封闭、坚固、易收集的容器进行回收，回收后进行中间处理后由回收企业处置或直接交与有特定许可的回收企业处置。一般中间处理可采取焚烧、溶解、高压蒸汽灭菌器、干热灭菌、试剂消毒等方法。各国目前采取不同的方式对医疗废物进行处置。日本厚生省在《医疗废物指南》中明确规定，对此类废物进行特殊管理。在欧美目前也采取焚烧、高压蒸汽灭菌等中间处理技术，并在研究开发利用微波、放射线、电子射线等方法，部分已实际使用。在丹麦则认为对于感染性废物最合适的方式是焚烧，在有许可的指定设施中进行焚烧，要求焚烧时感染性废物不能与其他废物混合；也可通过灭菌、灭活感染性废物后作为城市垃圾处理。在法国约有 3400 所医院，其中只有 50 所医院具备焚烧

炉。一般采取焚烧或灭菌后同城市垃圾一起处理的方式，城市垃圾焚烧中心可分为混烧、感染性废物专用焚烧炉、产业废物焚烧设施等，并需要许可。据报道废物在800～900℃焚烧，飞出燃烧炉后，在200～400℃的低温区，前驱物质与氯原子在粉尘颗粒上产生触媒反应可二次生成二噁英类化学物质。如何防止二次生成二噁英类化学物质，如何减少越来越多的医疗废物，尚待继续研究。

参 考 文 献

1 中华人民共和国安全生产法

2 中华人民共和国主席令 第58号 中华人民共和国固体废物污染环境防治法

3 中华人民共和国国务院令 第344号 危险化学品安全管理条例

4 中华人民共和国国务院令 第380号 医疗废物管理条例

5 中华人民共和国国务院令 第408号 危险废物经营许可证管理办法

6 中华人民共和国国务院 医疗废物管理条例 2003年6月16日

7 国家经济贸易委员会令 第35号 危险化学品登记管理办法

8 国家经济贸易委员会令 第36号 危险化学品经营许可证管理办法

9 国家经济贸易委员会令 第37号 危险化学品包装物、容器定点生产管理办法

10 国家安全生产监督管理局 危险化学品生产企业安全生产许可制度实施办法

11 国家安全生产监督管理局等 关于印发《深化危险化学品安全专项整治方案》的通知 2004年5月21日

12 国家安全生产监督管理局 化学品危险性鉴别与分类管理办法(征求意见稿)安监管司危化函字[2003]1号

13 国家安全生产监督管理局 危险化学品经营单位主要负责人和主管人员、安全管理人员培训大纲及考核标准 安监管人字(2003)31号

14 公安部令第6号 仓库防火安全管理规则 1990年4月10日

15 铁道部铁运[1995]104号 铁路危险货物运输管理规则

16 国家环境保护局 化学品首次进口及有毒化学品进出口环境管理规定 1994年5月1日

17 国家环境保护局环发[2003]143号 关于加强废弃电子电气设备环境管理的公告

18 中国民用航空总局令第121号 中国民用航空危险品运输管理规定

19 交通部令1996年第10号 水路危险货物运输规则

20 政府间化学品安全论坛 巴伊亚化学品安全宣言 2000年10月15日

21 国际劳工组织(ILO)作业场所安全使用化学品公约 (第170号公约)

22 国际劳工组织(ILO)作业场所安全使用化学品建议书 (177建议书)

23 国际劳工组织(ILO)预防重大工业事故公约 (174号公约)

24 国际劳工组织(ILO)预防重大工业事故建议书 (第181号建议书)

25 国际劳工组织(ILO)预防重大工业事故实践守则 (基本框架)

26 危险化学品经营企业开业条件和技术要求 GB 18265—2000

27 危险化学品安全技术说明书编写规定 GB 16483—1996

28 化学品安全标签编写规定 GB 15258—1999

29 常用化学危险品储存通则 GB 15603—1995

30 常用危险化学品的分类及标志 GB 13690—92

31 易燃易爆性商品储藏养护技术条件 GB 17914—1999

32 腐蚀性商品储藏养护技术条件 GB 17915—1999

33 毒害性商品储藏养护技术条件 GB 17916—1999

34 危险废物填埋污染控制标准 GB 18598—2001
35 危险废物储存污染控制标准 GB 18597—2001
36 危险废物焚烧污染控制标准 GB 18484—2001
37 建筑设计防火规范 GB 50016—2006
38 汽车危险货物运输规则 JT 3130—88
39 化学品安全信息卡 ISO 11014
40 北京市危险化学品经营单位安全管理制度编制纲要．北京市安全生产监督管理局，2003
41 Abu bakar cbe man & dauid gold、工作中化学品的使用安全与卫生．劳动部职业安全卫生培训中心译
42 周国泰主编．危险化学品安全技术全书．北京：化学工业出版社，1997
43 国家安全生产监督管理局编．危险化学品安全管理法律法规汇编．北京：化学工业出版社，2003
44 国家安全生产监督管理局编．危险化学品安全评价．北京：中国石化出版社，2003
45 赵有才主编．危险废物处理技术．北京：化学工业出版社，2003
46 孙猛等．危险化学品公路运输事故原因分析与对策．中国安全科学学报，2003(8)
47 杨占军等．我国铁路危险货物办理站安全分析与对策．中国安全科学学报，2000(8)
48 秦暘等．废弃危险化学品安全填埋处置的主要环节及控制．环境保护科学，2003(117)
49 张璞等．浅谈危险化学品在生产过程中的事故原因分析及对策．安全，2003(2)
50 陈虹桥等．危险化学品储存场所安全隐患分析．安全，2003(4)
51 炼油与销售安全技术编写组编．炼油与销售安全技术．北京：中国石化出版社，2004
52 田森林，宁平．有机废气治理技术及其新进展．环境科学动态，2000
53 何广湘等．油品蒸发消耗及油气回收技术．现代化工，2001，21(1)
54 吴悦等．中国石油化工废气处理技术进展．石油学报(石油加工)，2000，16(6)